퇴계미학사상의연구

李退溪美学思想研究

马正应 著

2010年度国家社科基金西部项目（10XZX012）

山东大学出版社

图书在版编目(CIP)数据

李退溪美学思想研究/马正应著. —济南:山东大学出版社,2014.11
ISBN 978-7-5607-5065-1

Ⅰ.①李…
Ⅱ.①马…
Ⅲ.①李滉(1501～1570)—美学思想—研究
Ⅳ.①B83-093.12

中国版本图书馆 CIP 数据核字(2014)第 149814 号

责任编辑:刘森文
封面设计:张 荔

出版发行:山东大学出版社
社 址 山东省济南市山大南路 20 号
邮 编 250100
电 话 市场部(0531)88364466
经 销:山东省新华书店
印 刷:济南铁路印刷厂
规 格:720 毫米×1000 毫米 1/16
15.25 印张 282 千字
版 次:2014 年 11 月第 1 版
印 次:2014 年 11 月第 1 次印刷
定 价:36.00 元

序

2004年11月,韩国大邱举办"21世纪文史哲发展的新希望:退溪学国际学术讨论会",邀我参加。为了方便我对李退溪学术思想的研究,主办方还专门为我寄来了一套完整的《退溪全书》。但是由于我当时忙于山东大学文学院的行政事务,无暇认真研读这些材料,虽然勉强提交了会议论文,但对于这位"海东朱子"的学术实为一知半解。于是会议之后,那满满两箱的《退溪全书》也便束之高阁了。直到有一天,我指导的博士研究生马正应论文开题的时候,我才又想起了它们。于是我问小马:愿不愿意研究一下这位韩国的大儒?正应慨然应允,随之把选题定为《退溪美学思想研究》,并像模像样地研究起来。

为了指导正应的学位论文,我请求自己因参与"日韩美学会"和创办"东方国际美学会"时结识的韩国岭南大学教授闵周植先生作为合作导师,与我共同培养这位博士生。毫无疑问,在学位论文的指导工作中,闵先生比我更内行、更专业,付出的心血也更多。正是在闵先生的悉心指导下,正应顺利完成了答辩并获得了博士学位。

光阴荏苒,日月如梭。正应在获得了博士学位之后便回到故乡,在贵州大学继续工作。按照常理,此事恐怕也就告一段落了。然而让我感到意外的是,正应毕业后并没有放弃对这一课题的继续研究。他不仅以此为题,邀请东南大学的甘锋、韩国寿城泛渔图书馆的闵胜俊、山东城乡规划设计院的李军、贵州大学的岑星为课题组的成员,成功地申请到了国家社科基金的资助,而且以访问学者身份远赴韩国继续从事此项研究,于是便有了这本学术专著。

正如有学者所指出的那样,"就哲学的理论形态而言,理学是中国传统哲学中最为精致化、思辨化的形态与体系,这一特色自然也表现在理学美学上。由于理学家是从哲学的眼光看人生中的审美问题,因此,其见解比一般艺术家更富于理论思辨的色彩”[①]。然而，如果从现代知识论的角度来加以审视，宋明理学又是典型的“独断论”，属于既无法证实又无法证伪的旧形而上学。显然，受朱熹等人的影响，李退溪所建立的“性理学”正是这样一种集本体论、道德论、功夫论于一体的思想体系。对于这种学说的历史局限，正应是有察觉的。因此，他不像以往的一些研究者那样，仅仅迷恋于李退溪运用“四端七情说”，使程朱理学中的理、气、性、情关系更加精致的理论建构；而是要剥开这些形而上学的理论外壳，深入到其以主观情感为内在动力，以日常践履为基本方法，以涵泳忧乐为修炼方式，以精神超越为最终目标的审美人生境界之中；即在非宗教的历史背景下，实现一种以“敬”为态度，以“乐”为旨归的“人生一宇宙”论的生命体验。这种体验是哲学的，也是艺术的；是东方的，也是世界的。它既是退溪先生对宋明理学的发展，也是韩国学者对人类美学的贡献。

20 世纪 60 年代以来，随着日本、亚洲“四小龙”和中国大陆经济的相继崛起，东方文化越来越引起世人的重视，这其中具有准宗教意义的美学思想也将作为一份不可多得的文化遗产为当今的人类所共享。从这一意义上讲，正应君的这种努力是很有价值的。

是为序。

陈　炎

2014 年 5 月于山东大学

---

① 潘立勇：《朱子理学美学》，东方出版社 1999 年版，第 39 页。

目　录

绪论

退溪先生，姓李名滉，字季浩，后改景浩，晚年定居退溪之上，故号退溪，又称退陶先生；生于朝鲜李朝燕山君七年（1501 年），卒于宣祖四年（1570 年）；朝鲜李朝儒学代表、性理学家、朱子学家，享“海东朱子”、“东方百世之师”之荣称。

中国传统儒学早在秦汉时期就已传入朝鲜半岛。高句丽时期，半岛正式设立太学，招收王族和贵族子弟，传授儒家经典，儒学得到广泛传播和普及。13 世纪末至 14 世纪后半期，朝鲜陷入极为严重的危机，外患如契丹的入侵和倭寇的骚扰，内忧如皇室和贵族的对外妥协与对内盘剥，大大地加深了社会困境；在意识形态领域，儒学停滞，佛教衰落，而道教的世俗化使得迷信盛行。为了挽救国家命运，解除民族危机，迫切需要新思想的统导，程朱理学正是在这一形势下被引进并普及的。程朱理学于 13 世纪末传入朝鲜，经大量儒者的努力，逐渐普及并成为朝鲜李朝占统治地位的意识形态。16 世纪是朝鲜程朱理学的全盛期，而这一时期正是退溪生活的时期。退溪深受程朱性理学的影响，并以其道统传续为己任，成为程朱理学在朝鲜李朝走向兴盛并具有一定本土特征的重要推动者。

第一节　退溪学研究现状

既尊享“海东朱子”、“东方百世之师”之荣称，退溪在朝鲜半岛的地位不言而喻，退溪学研究在当下韩国是一个学术热点，研究成果极其丰硕，且有不少专门的研究机构如退溪学研究院、国际退溪学会、檀国大学退溪研究所、釜山退溪研究院等。代表性专著有丁淳睦《退溪教学思想研究》(1978)、全斗河《李退溪哲学》(1987)、李家源《退溪学及其系谱的研究》(1989)、丁淳睦《退溪正传》(1992)、《退溪栗谷哲学研究》(1997)、孙五圭《退溪诗和美学》(2012)、李光虎《退溪和栗谷:思想之辩》(2013)等。论文方面,除了各种期刊外,还有专门的退溪学连载学报、丛书,如《退溪学报》(1973 年创刊)、《退溪学研究》(1973 年创刊)、《退溪学论丛》(1995 年创刊)等。如《退溪学报》刊载论文,多角度、多层次地研究退溪思想,作者涵盖韩、中、日、美等国学者,如韩国李家源的《李退溪研究之诸课题》(第 14 辑)、金基铉《退溪的审美意识和超越精神》(第 120 辑),钱穆的《现代对退溪学之再认识》(第 10 辑),日本友枝龙太郎的《四七论辩中退溪高峰的立场》(第 19 辑)等。

东亚地区除韩国外的研究者也越来越注意到退溪对程朱理学的继承、创新及其在儒家体系中的重要地位和作用。如日本学者高桥进《李退溪和主敬哲学》(1991)一书,以李退溪为理学的再集大成者,认为李退溪性理学以"敬"为中心而构造和体系化,而"穷理"的形而上的思索,被有机地包括在"居敬"之中并且重新构筑于作为"心学"的儒学体系里,"敬"是思辨(理论)和实践这两方面的真正原动力。该书具体又有退溪《天命图说》,四德、四理、二气五行与物的生死理论,人、物的差异与性心情论,心与性等研究内容。又如友枝龙太郎《李退溪——生涯与思想》(1995)一书首先介绍退溪的生涯历程,然后从理气论、性情论、物格说等不同方面论及退溪思想,在此基础上与朱子、王阳明、奇高峰、李栗谷等儒者进行比较研究。中国对退溪的认识始于 20 世纪初,自 70 年代开始呈现系统性的研究,成果越来越多。至今,中国大陆和台湾地区的退溪学研究已取得丰硕成果。

一、中国退溪学研究概说

20 世纪初,退溪开始为中国所引介和熟知。梁启超和黎元洪曾作诗盛赞退溪。梁、黎二诗皆附于 1974 年 3 月《退溪学报》第 2 辑中的《退溪先生〈圣学十图〉译解》(退溪学研究院又有 1982 年出版的《退溪先生〈圣学十图〉译解》单行本)后。

该辑学报所附"退溪先生의赞诗由来"(退溪先生赞诗由来)载:"이赞诗는 一九二〇年顷 梁启超가 中国 尚德女子大学에서 《圣学十图》를 刊行하였을 때 그 《图》末에 붙혀진 赞诗의 全篇이다。아울러 孔仁黎元洪의 赞诗도 있다。"言明它是梁启超于 1920 年为《圣学十图》刊行于中国尚德女子大学所作并附于图末的赞诗,同时又附有黎元洪赞诗。梁诗云:"巍巍李夫子,继开一古今。《十图》传理诀,百世诏人心。云谷琴书润,濂溪风月寻;声教三百载,万国乃同钦。"从地位、师承、影响等方面对退溪及其《圣学十图》给予了极高评价,如"风月"之谓,兼含美学品藻意味。黎诗为:"中华之所以异于夷狄,人类之所以异于禽兽。"该赞诗几乎类

同于朱熹"中国之所以异于夷狄，人类之所以异于禽兽"[①]语，是对退溪及其《圣学十图》的整体评价。所指《圣学十图》，部分为前人所创，部分为退溪手绘。退溪根据自己的理论思路，将十图编排为一个整体，使之具有内在的逻辑性。前五图分别为：第一《太极图》，第二《西铭图》，第三《小学图》，第四《大学图》，第五《白鹿洞规图》；后五图分别为：《心统性情图》、《仁说图》、《心学图》、《敬斋箴图》和《夙兴夜寐箴图》。总前五图，"本于天道，而功在明人伦、懋德业"[②]。总后五图，"原于心性，而要在勉日用、崇敬畏"[③]。故《圣学十图》乃为道德规范的纲领条目以及个人修养之总领心法，本于天道而明人伦、懋德业，原于心性而勉日用、崇敬畏。

退溪第十四代孙李家源教授的《退溪学在中国学界之展望》一文转述清末民初儒者夏震武对退溪及其他儒者的评论说："夏震武，于一九二六年丙寅，复沈平仲一书，载在灵峰小识中，而主论我韩诸儒心性理气之说，深斥李震相、郑宗鲁、李承熙心即理之谬，及李珥、金长生、宋时烈、权尚夏、韩元震心即气之误，而退溪所见最正，卓然出罗钦顺、陆世仪、李光地、汪绂之上。"[④]该文还对退溪作了极高的评价，认为退溪之学私淑孔朱，集成东方，水深而回，思返其源，不仅为韩民族之所私自尊崇，实为世界人类之所共高仰景行。其《李退溪研究之诸课题》一文称："中国之士，有称退溪为东圣，如梁启超、黎元洪之题语于《圣学十图》者，辞甚郑重，然未有专著。"[⑤]由此可见，在 20 世纪初，中国已经对退溪和退溪学有所了解，而且对其思想、影响等方面的评价也是中肯的，只是还未形成系统的研究。该文还提到 70 年代的情况："有一个蔡茂松，留学我韩，论述很多，中国人之研究退溪学，实自蔡君始。其先辈钱穆教授，所撰《现代对退溪学之再认识》之一篇，极其精简。"

可以断言，中国对退溪学的系统研究始于钱穆、蔡茂松等台湾学者。试以钱穆为例，其《朱子学流衍韩国考》(《退溪学报第 5、6 合辑》)一文介绍退溪的著述、成就，并认为退溪思想一本朱子而有所创新："退溪为学，一本朱子，而能极谨思慎辨之功，故其进退诸家，辞意敦笃，固非泛泛为寻瑕摘疵者。而所长尤在其论心。……其说极恢宏，亦极亲切。……其心之虚灵知觉，只在理气中，只是此理气之合。非可外于理气而别寻此心，其所陈义，固是一承程朱本旨，然亦不失为退溪之自出

① 《晦庵先生朱文公文集》卷第九十五下《少师保信军节度使魏国公致仕赠太保张公行状下》，《朱子全书》(修订本)第 25 册，上海古籍出版社 2010 年版，第 4438 页。

② [朝鲜李朝]李滉：《进〈圣学十图〉札》，成均馆大学校大东文化研究院编：《增补退溪全书》(一)，景仁文化社 1971 年版，第 204 页。(以下所引本书注释省略作者、编者及出版信息)

③ 《进〈圣学十图〉札》，《增补退溪全书》(一)，第 211 页。

④ 台湾师范大学退溪学会编：《近世儒学与退溪学国际会议(第四届)论文集》，学海出版社 1979 年版，第 13 页。

⑤ [韩]李家源：《李退溪研究之诸课题》，《退溪学报》第 14 辑，退溪学研究院 1977 年版。

见地也。”又如退溪天地心、大人心之论，钱穆亦认为“此固儒家之恒言，然亦不失为退溪之自出见地也”，并指出退溪于程朱学，最守一个“敬”字，奉为心法。又有《现代对退溪学之再认识》(《退溪学报》第10辑)一文高度评价退溪和退溪学，认为退溪涵养新知的工夫，更胜过其商量旧学的工夫，退溪学的独到之处不可不特加注意；若以孔子为大圣、朱子为大贤，退溪亦至少得为一善士；即在孔子朱子，亦不以圣贤自居，而唯期求为一士；退溪不仅为韩国一国之善士，亦实为我东方文化体系里，中、日、韩三国共同所尊重之善士，即天下之善士也，依现代人观念言，退溪至少为我东方天下一善士。钱穆有关退溪的论文，除发表于《退溪学报》外，又收录于其《中国学术思想史论丛》(七)(2011)一书。蔡茂松有《韩儒李退溪的性理学》(第4辑)、《朱子性情论及韩儒李退溪四端七情说研析》(第8辑)等论文。台湾地区其他研究者及研究成果如论文《朱子与李退溪涵养与实践的工夫》(黄锦鋐，《退溪学报》第14辑)、论著《退溪学论集》(王甦，1992)、译著《李退溪小传》(1979)等，不再一一列举和介绍。

大陆退溪学研究始于20世纪80年代初，开创者是中国人民大学张立文教授。张立文教授说：“1984年9月，我作为中国大陆唯一的代表，参加了在德国汉堡大学召开的第七届退溪学国际学术会议。后……参加了第六届以后的各届退溪学国际学术会议。于是我便撰定了退溪思想研究的计划，从各个角度、层面有计划的撰写论文……在退溪学研究院主办的《退溪学报》及其他杂志上发表。”[①]中国人民大学主办并于北京召开的第十一届退溪学国际学术会议及其成果《退溪学在儒学中的地位——第十一届退溪学国际学术会议论文集》(1993)即见证了退溪学在中国的一个阶段性发展。除《李退溪哲学逻辑结构探析》(《哲学研究》1985年第3期)、《退溪教育思想与未来教育》(《孔子研究》1996年第2期)等代表性论文外，张立文有《李退溪思想世界》(2013)等专著，又摘颉退溪原著精华编成《退溪书节要》(1989)，主编《中外儒学比较研究》(1998)等。

除了张立文的著述外，目前具有代表性的研究专著还有周月琴的《退溪哲学思想研究》(1997)、高令印的《李退溪与东方文化》(2002)、贾顺先的《儒学与世界》(2006)等。注译类有贾顺先主编的《退溪全书今注今译》(1991～1996)，共八册。论文集类有退溪学国际会议形成的系列成果，如《退溪学在儒学中的地位——第十一届退溪学国际学术会议论文集》(1993)、《近世儒学与退溪学国际会议(第四届)论文集》(1979)等。各种期刊发表的论文，包括中国学者在韩国刊物发表的论文，因数量众多而不便一一列出，将在下文以分类的方式选取具有代表性的篇章予以介绍。

① 张立文：《李退溪思想研究·自序》，东方出版社1997年版，第2页。

在国际交流方面，除上述中韩学术交流所产生的研究成果外，还有很多韩国学者在中国刊物上发文研究和介绍退溪学，如尹丝淳《退溪自然观所具的生态学意义》(《中国文化研究》1997年春之卷)、张闰洙《退溪的“敬”论与朱熹的主敬思想》(《中国哲学史》1998年第1期)、闵周植《作为美学实践课题的人格形成——退溪李滉的美学思想》(《文艺研究》2001年第1期)、河妧和《朱子学在韩国与退溪美学的成立根据》(《文艺美学研究》第2辑)、金演宰《试论李滉“分而为二”、“合而为一”的思维方式》(《中国哲学史》2003年第1期)、林孝宣《李退溪对朱熹性情观的继承和发展》(《求是学刊》2003年第6期)等。李秀雄《朱熹与李退溪诗比较研究》(1991)、崔根德《韩国儒学思想研究》(1998)、崔英辰《韩国儒学思想研究》(2008)等中文译本有专门研究退溪思想的内容。同时也有日本学者在中国刊书或发文，如高桥进的《李退溪和主敬哲学》(1991)中文译本于延边人民出版社出版，柴田笃的《〈白鹿洞书院揭示〉和李退溪》一文发表于《湖南大学学报》2010年第2期。

二、研究成果分类介绍

(一)退溪性理学研究

退溪思想的主要影响在于其哲学——性理学，退溪学研究在这一方面着力最多，学界在多角度、多层次的相关研究中取得了丰硕成果。

在著作成果方面：(1)张立文《李退溪思想研究》(1997)和《李退溪思想世界》(2013)两书全面地分析了退溪的性理学思想，重点剖析了其中的范畴、命题和逻辑结构。如立太极与立人极，理气与“四端七情”的逻辑结构，身心与自然，心知、穷理、践行，动静、死活、变化；常变数与交变易；理与数思维；义理与功利价值；道心与人心；理欲、居敬和涵养；孝悌忠信与仁民爱物；教育目的、阶段和方法；学思、体察和新故等。(2)周月琴的《退溪哲学思想研究》(1997)一书认为，李退溪的贡献在于他基于强烈的社会使命感对处于特殊历史条件下的朝鲜士林派的人生出路从思想上和实践上所作的努力探索，并因而形成了独特的人生哲学思想体系；运用朱熹的思辨方式成就了自己的人生哲学思想基础——心性论，选择了居敬穷理的现实人生方式，避免了朱子人生哲学的社会负效应，从而成为真正意义上的朝鲜性理学大师。(3)贾顺先的《儒学与世界》(2006)一书从李退溪对义利观、对儒家经典的继承和发展等方面分析退溪思想的功德和价值；分析了孔孟的“四端”、“七情”思想以及二程、朱熹的“天理”、“人欲”和理气思想对李退溪“四端七情”的理气互动思想的影响。(4)韩国学者安炳周等编著的《退溪李滉的哲学思想》(2000)一书从理气论、心性论、敬学等方面剖析退溪哲学思想，比较朱子哲学与退溪哲学的异同，并相应地指出退溪对朱子学的贡献等。

在论文成果方面，张立文《李退溪哲学逻辑结构探析》(《哲学研究》1985年第3

期)、蔡茂松《韩儒李退溪的性理学》(《退溪学报》第4辑)、杨宪邦《论退溪学的体用观》(《社会科学战线》1987年第4期)、周桂钿《退溪〈圣学十图〉评述》(《退溪学报》第83辑)、金昌权等《退溪〈圣学十图〉与主敬思想》(《临沂师范学院学报》2003年第2期)、陈昭瑛《李退溪〈圣学十图〉的诗性智慧与形象思维》(《中山大学学报》2008年第6期)等论文要么从整体上分析退溪哲学的形成、结构、特点等,要么分析退溪的某些重要著作比如《圣学十图》的思想。蒙培元《李退溪心性论概述》(《退溪学报》第62辑)、步近智《论李退溪的天人之学》(《退溪学报》第69辑)、李锦全《李退溪的"天人合一"思想——兼论退溪学对中国儒家思想的运用和发展》(《中州学报》1986年第1期)、辛冠洁《论李退溪的心学思想》(《浙江学刊》1986年第1期)、赵宗正《李退溪的心性论》(《文史哲》1990年第2期)、葛荣晋《李退溪的理气观》(《浙江学刊》1991年第1期)、高令印《论李退溪的道德心性思想》(《齐鲁学刊》1993年第4期)、蔡德贵《韩国大儒李退溪的性情观》(《安徽大学学报》2009年第3期)、林映希《论李退溪的太极动静观》(《辽宁大学学报》2000年第9期)等论文从各个角度分析了退溪的理气、心性、动静等哲学观点。

(二)退溪情感哲学、美学研究

在退溪的性情观、圣人观、美学基础等研究方面,主要有蒙培元《李退溪的情感哲学》(《浙江学刊》1992年第5期)、蒙培元《李退溪的心灵哲学》(《当代韩国》1998年冬季号)、辛冠洁《论儒家的圣人观和李退溪的为圣之道》(《退溪学报》第58辑)、王仁钧《退溪之修养观》(《退溪学在儒学中的地位——第十一届退溪学国际学术会议论文集》1993)、[韩]闵周植《作为美学实践课题的人格形成——退溪李滉的美学思想》(《文艺研究》2001年第1期)、[韩]河娫和《朱子学在韩国与退溪美学的成立根据》(《文艺美学研究》第2辑)等论文。

蒙培元的《李退溪的情感哲学》(《浙江学刊》1992年第5期)一文认为,李退溪从道德本体论的基本前提出发,建立了情感哲学。其情感哲学是以心性论为基础的古代人本主义哲学。人的情感意识及其体验是人性的主要表现,是人的本质的最显著、最直接的存在方式,这是退溪和理学人性论的基本观点,也是儒家精神哲学的重要内容。退溪是道德形上论者,强调情感的理性化、道德化以至审美化,表现了他对理想人格的追求。但他并不否定人的感性情感需要,而是在充分肯定人的自然情感和个人情感的基础上,主张自我超越,实现天人合一境界。退溪所论从容洒落的气象,超出一般认识之外,是一种超言绝象的直觉体验,也是人与自然界合而为一、融为一体的审美境界,它是超功利的甚至是超道德的。王仁钧的《退溪之修养观》(《退溪学在儒学中的地位——第十一届退溪学国际学术会议论文集》1993)一文从四个方面谈及退溪的修养论:其一,下学上达,知行并进;其二,蕴积双修,助忘两离;其三,穷理尽性,收放得当;其四,用敬持节,守一不分。凡上四字皆为修养节目，下四字皆其入德手段，而蕴积双修又复下学上达之所必然，穷理尽性需藉持节予以操持，故分之为四，合之则一，互激互荡，推展敷衍。

韩国学者闵周植的《作为美学实践课题的人格形成——退溪李滉的美学思想》(《文艺研究》2001 年第 1 期)一文认为，东方美学的重点在于实践，即人格形成和社会教化，退溪在吸收朱子美学理念的同时，基于居敬的修养论，形成了人格美育论，并将之付诸实践，提倡通过自然玩赏和艺术活动陶冶人的性情，从而实现清净的美的理想。另一位韩国学者河姃和的《朱子学在韩国与退溪美学的成立根据》(《文艺美学研究》第 2 辑)一文认为，作为实践伦理的"敬"是退溪美学思想成立的根本，换言之，退溪美学思想的根源在作为实践伦理的"敬"。退溪的教育目标在于建立作为实践道学的道德和社会的法度。退溪重视诗和美学，相信通过艺术能形成人，他对诗和音乐的看法就是通过艺术形成人及其实践。通过对情和性的感化追求完成理想的人格，是退溪作为实践伦理的美学思想的核心和实际目的。

(三)退溪文艺观研究

在有关退溪文艺观的研究方面，学者的著述颇多，主要有以下几种：(1)高令印《李退溪与东方文化》(2002)。该书认为，李退溪是儒家天人合一思想传统的继承者，从宇宙理气论、道德心性论、践履知行论以及治心之学等方面充实和完美了东方人的天人合一思想。认为"学文所以正心"是退溪文艺观的主旨，其艺术特色为师古创新的结合。(2)王甦的《退溪学论集》(1992)。该书从六个方面论述退溪的文观：其一，文以明道；其二，文以达意；其三，文以正心；其四，文以述情；其五，识蹊径；其六，尚行气。从六个方面论述了退溪的诗观：其一，诗以言志；其二，诗以适情；其三，诗以善群；其四，诗以为教；其五，知体格；其六尚简淡。又从诗论、诗式、诗教等方面论述了退溪诗学；具体又分析了退溪的咏梅诗、咏月诗等。(3)李秀雄的《朱熹与李退溪诗比较研究》(1991)。该书从文体论、创作论、批评论等方面评述退溪的文学理论；从内容结构上分退溪诗为写景诗、抒情诗、叙事诗、交游诗、说理诗和时调，又专门分析了其中的诗趣与诗境并相应地与朱熹诗比较。(4)韩国学者崔根德的《韩国儒学思想研究》(1998)。该书中的"退溪思想的诗照明"部分认为退溪诗歌的特点在于纯粹和风流，认为其文学价值侧重于自然，即自然美的发现，另又介绍了金河西的历史地位、李栗谷的社会思想和经世论、奇高峰的性理学思想、李退溪与奇高峰的"四七论辩"等。

这方面的论文也有一些。如金东勋《朱熹与朝鲜李滉之汉诗创作联姻关系考》(《延边大学学报》2003 年第 1 期)一文比较朱熹与李滉的山水诗、梅竹诗、田园诗等不同类别，认为二人的诗歌所追求的艺术境界，大多流露在各自的以武夷山和隐山为背景的山水诗和以梅竹为对象的咏物诗中，两人的很多诗以说理为主，但理趣和谐，达到了相互交融的境界。乔清举的《士的"诗意栖居"——李退溪诗中的士精神》(《南昌大学学报》2012 年第 2 期)一文认为,李退溪以其自觉的归隐实现了本真的存在状态,他的诗作表明,他把握了这个儒家的"生生"、"天地之忟",从而通达了"存在",获得一种与物同体的快乐,这种快乐也包含兼济天下的情怀。其他还有徐志啸的《从退溪诗看李退溪与陶渊明》(《韩国研究论丛》1999 年第 00 期)、韩国学者金泰雁的《退溪的爱民诗及其批评意义》(《东岳论丛》1997 年第 3 期)等论文也论及了退溪的文艺观。

(四)退溪教育思想研究

张立文先生的《李退溪思想研究》(1997)一书及《退溪的教育思想与未来教育》(《孔子研究》1996 年第 2 期)一文结合退溪的书院思想和哲学思想,从教育目的、阶段和方法以及读书方法等方面论述退溪的教育思想,认为退溪哲学思想是其从事教育实践活动的指导,教育实践活动是其哲学思想的具体体现,在教育实践中形成了完整的教育思想,影响深远。邓洪波的《中国书院史》(2004)一书中"走向朝鲜:书院制度的移植"一节认为,由于退溪等朱子学说学者的"考证"和"集解",《白鹿洞学规》的原则精神亦为大多数朝鲜书院所接受,成为指导其师生教学授受的普遍准则,从深层影响和规范着朝鲜书院的发展。

潘富恩的《论李退溪的教育观》(《上海师范大学学报》1986 年第 3 期)、李保林的《论李退溪的教学方法》(《开封大学学报》1997 年第 1 期)等论文认为李退溪的教学方式灵活多样,具有学思结合、慎思尤重,因材施教、循循善诱,善于启发、触类旁通,相互切磋、教学相长等特征;以整顿学风、濯旧发新、体察本意等为目的。韩国学者丁淳佑的《韩国初期书院在教育史上的意义》(《湖南大学学报》2007 年第 3 期)一文认为儒学工夫论是书院教育得以巩固的特有理念,退溪的心学道统论对初期书院特征的形成有着巨大的影响。日本学者柴田笃《〈白鹿洞书院揭示〉和李退溪》(《湖南大学学报》2010 年第 2 期)一文则考察了《白鹿洞书院揭示》与李退溪的关系及该揭示在日本江户时代受到重视的原因。

(五)比较研究

在中外儒学比较研究中涉及退溪及其思想的著作有:(1)张立文、李甦平主编《中外儒学比较研究》(1998)一书从比较研究的角度,介绍朝鲜朱子学的发展,比较中朝朱子学的异同,概述朱子学对朝鲜的影响;介绍朝鲜阳明学的发展,比较中朝阳明学的异同,概述阳明学对朝鲜的影响;介绍朝鲜气学的发展,比较中朝气学的异同,概述气学对朝鲜的影响。(2)贾顺先的《儒学与世界》(2006)一书分析了孔孟的"四端"、"七情"思想以及二程、朱熹的"天理"、"人欲"和理气思想对李退溪"四端七情"的理气互动思想的影响。(3)李秀雄的《朱熹与李退溪诗比较研究》(1991)是一部专门比较朱熹诗与退溪诗的著作(见前文介绍)。

分别就退溪思想与孔孟、程朱、王阳明以及李栗谷、奇高峰等儒者思想进行比较研究的论文,有陈来的《略论朝鲜李朝儒学李滉与奇大升的性情理气之辩》(《北京大学学报》1985 年第 3 期)、张立文的《朱熹与退溪价值观比较》(《社会科学辑刊》1990 年第 6 期)、高令印的《李退溪在理气关系上对朱熹思想的继承和发展》(《厦门大学学报》1992 年第 2 期)、步近智的《退溪学与孔孟儒学》(《孔子研究》1995 年第 2 期)、刘长林的《论高峰、退溪"四端"、"七情"之辩》(《哲学研究》1995 年第 9 期)、韩国学者张闰洙的《退溪的"敬"论与朱熹的主敬思想》(《中国哲学史 1998 年第 1 期》)、徐仪明的《朱子心性论对退溪四端七情说形成的影响》(《河南师范大学学报》1998 年第 5 期)、金东勋的《朱熹与朝鲜李滉之汉诗创作联姻关系考》(《延边大学学报》2003 年第 1 期)、金仁权的《论李滉对程朱"主敬"思想的扬弃》(《延边大学学报》2003 年第 4 期)、韩国学者林孝宣的《李退溪对朱熹性情观的继承和发展》(《求是学刊》2003 年第 6 期)、刘宗贤的《退溪与阳明:朱熹哲学的不同走向》(《中国哲学史》2006 年第 3 期)、罗安宪的《李退溪与奇高峰关于四端七情的论辩》(《孔子研究》2009 年第 4 期)等。

在与中国儒者的比较方面,如刘宗贤的《退溪与阳明:朱熹哲学的不同走向》(《中国哲学史》2006 年第 3 期)一文认为,退溪与阳明从不同方向上发展了朱子的心性之学(或可从广义上称为"心学")。阳明学走了体用合一之路,他以"一性"消解心、物对立,将外物移至心中,以期杜绝士大夫外事物以求理的"口耳之学";而退溪学走了体用重整之路,他分析理、气,心、性,心、理之不同,在"心统性情"的基础上主"性情理气分发"说,侧重理、气在性中及情中的分别。退溪的"四端七情"说坚持朱子的以"理"为本体的路线,是对朱子心性学的发展,也是对宋明理学乃至东亚儒学发展的贡献。

在与朝鲜儒者的比较方面,如陈来的《略论朝鲜李朝儒学李滉与奇大升的性情理气之辩》(《北京大学学报》1985 年第 3 期)认为,李、奇辩论的核心问题有两个:一是"四端"是否为"七情"中发而中节的一部分;二是能否说"四端"以外的其他情感是发于气而不是发于性(理)。同时,作者认为在整体上朝鲜李朝朱子学对中国的朱熹哲学确实有相当深入的研究和理解,并在某些问题和方面有所发展。

(六)综合评价

除了前述专著均有评述外,有的论文如钱穆的《现代对退溪学之再认识》(《退溪学报》第 10 辑)、贾顺先的《李退溪对儒家经学的继承、发展及其影响》(《四川大学学报》1996 年第 2 期)、张立文的《退溪哲学精神的现代价值》(《当代韩国》2000 年秋季号)、赵玉、陈炎的《退溪思想中的内在矛盾》(《孔子研究》2004 年第 6 期)、李锦全的《李退溪的人生哲学及其对建设现代精神文明的现实意义》(《浙江学刊》1991 年第 1 期)、颜炳罡的《李退溪敬之哲学与东西方文化》(《孔子研究》2009 年第 4 期)等从各个方面对退溪进行了综合评价。

其中，张立文的《退溪哲学精神的现代价值》(《当代韩国》2000年秋季号)一文指出，退溪学的文化精神，是在格知的追究和人生、社会的遭遇的感悟中得以呈现，而体现为五种时代精神：忧患精神、理性精神、敞开精神、创新精神、力行精神。退溪学所体现的这五大精神，是退溪学的生命智慧和生命价值所在，对于21世纪的东亚社会、经济、文化的发展仍有其重要意义。赵玉、陈炎的《退溪思想中的内在矛盾》(《孔子研究》2004年第6期)一文认为，李退溪思想中的内在矛盾，主要表现在四个方面：(1)在治学方法上，他一方面强调儒家执两用中的“中道”原则；一方面却又将儒门之外的其他学派通通斥之为“异端”；(2)在学术理念上，他一方面主张“吾道自足”，把儒家思想视为完备无缺的体系；一方面却又不得不接受佛、道两教的暗中影响，在某些地方“援引求合”；(3)在生活态度上，他一方面倡导“内圣外王”，把儒家的修身、齐家、治国、平天下作为人生的理想境界；一方面却又一再辞官，用佛、道两教的出世哲学来指导自己的现实生活，热衷于“退隐田园”；(4)在艺术实践上，他一方面宣称“诗为末技”，主张儒者不以诗文辞章为务；一方面却又认为“不可无诗”，并在诗、文、书法的创作中取得了很高的成就。该文指出，正视退溪思想中的这些矛盾，并不意味着抹杀退溪思想的历史贡献，而能使我们更加全面、深刻地理解这位儒学大师丰富而复杂的内心世界。

除上述几个大的研究板块外，退溪学研究还涵盖自然思想、人格修养、处世思想、治世思想等领域。自然观方面，如韩国学者宋载邵的《退溪诗所表现的“自然”》[《退溪学在儒学中的地位——第十一届退溪学国际学术会议论文集》(1993)]一文认为，李退溪许多表现自然的诗歌并不只是单纯地吟咏景物，其诗中如“鸟”、“草”、“禽”、“翼”等并不只是物景的装饰者，而是寓有深刻含义的。它们含有象征的意义，表现的是流行不息的天理运用，暗示的是“自然的理法，天地的运用”——这种天理是控制世界的最高原理之一。诗里的自然并非只是安息处，退溪要找的自然不是单纯的美景，不是寻乐的境地，而是为了与自然同体，靠自然悟道。韩国学者李东欢的《李退溪的自然美观(要旨)》(同上书)一文认为，李退溪的自然之乐背后必然暗藏着一贯从事之事，在其中定可有所得并有所守，内心才得到平安，才能领悟到山水自然之美，终而在主体内部深处可得到山水自然之乐的因果连锁理论。换言之，退溪认为，自然以某种形态与人类的某种力量的实现及深化结下关系时，方能被转化成产生乐的真正审美力量。从乐的情绪以美的价值为前提、为理论的立脚点来看，退溪认为自然美是在自然与“悦道义颐心性”的人类内在力量的实现与深化发生关系之际产生的。这种自然美观可以说是另一种形态的自然的人化。韩国学者尹丝淳的《退溪自然观所具的生态学意义》(《中国文化研究》1997年春之卷)：从李退溪思想中自然的生成论方面，认为退溪把宇宙、自然的全体当作一个生命体(有机体)，这一生命体的变化是必然的变化，同时也是各个部分的变化适应于全体变化的过程,从而使部分和全体协调起来;从对人的自然观等方面,认为退溪把天人合一作为最高理想,并通过实践力求达到这一理论所追求的境界。人格修养及处世方面,如谢宝森的《李退溪与朝鲜朱子学》(1992)一书及其《李退溪处世之道评述》(《浙江学刊》1986 年第 1 期)等论文认为李退溪的处世具有典型的道学家特色,即,其一,安贫乐道,恬淡寡欲;其二,深自韬晦,不妄交游;其三,退隐山林不乐仕宦。认为在进退之义上,退溪力主"退身徇义"并对这一思想作了独到的发挥;"重道义而轻爵禄",深避名利;审时度势,知时善处;从"出处进退一徇于义"的基本原则出发,将自己的处世之道归结为"两持出世之说"。周月琴的《退溪哲学思想研究》(1997)一书对李退溪的处世之道和社会历史地位给予了很高的评价,认为其处世之道并非"明哲保身",而是以"退身徇义"的原则完成了士祸政治根源的思想探索,从退身为学至处世教育实践了对抗士祸政治的人生使命。此外还有周月琴《从中国传统人生哲学在朝鲜的发展看李退溪的义利观》(《中州学刊》1990 年第 4 期)、谢桂娟《朱熹与李退溪仁政说之比较》(《东疆学刊》2004 年第 3 期)等评价文章。

综上可见,退溪学的研究领域已涵养性理学、情感哲学、美学、文艺思想、教育思想、人格修养诸多方面,成果斐然。以上分类只是为了叙述上的方便,很多研究内容其实是相互联系的,不能截然分开,比如比较研究必然包含思想研究。另需指出的是,以上所列,只是退溪学研究的部分成果,限于篇幅,不便一一枚举。相关成果在研究内容、研究方法诸方面,对作者全面系统地研究退溪李滉的美学思想极具借鉴意义。

第二节　研究意义和研究方法

退溪美学的核心范畴是"乐"和"践履",内容包括:(1)审美主体或曰审美心理(性情之发)。(2)审美客体(理;自然山水;文艺)。(3)审美方法(庄敬涵养;亲切体认、优游涵泳的践履工夫)。(4)审美功能与目的(美育;人格美)。在这些内容中,有的思想继承于古人,有的思想虽为继承但又有所发挥甚至超越。

比如在退溪美学的哲学基础方面,性分理气,是退溪之前(包括朱熹)已有的观点,而退溪认为情亦可以理气分言之,因而情有善恶。情兼善恶,乃气禀清浊之故。气清情善而气浊情恶,因此善的性情之发有赖于心体应诸外物的日用工夫中禀气之清。因此,虽然要求以理率气,但气却因此变得更为重要,更要通过践履工夫禀气之清。又如本体、知觉和工夫三义,朱子学三者并重;退溪则更深入地重视和发挥其中的知觉义和工夫义,由形上而入形下,由本体论而入人生界,注重人生践履(这与朱熹"下学上达"的立场是一致的,只是强调的程度更为加深)。在人生境界上，德美合一之乐与纯粹审美之乐，二者均不忽视，特别是后者已经超越了理学家的普遍立场。总体说来，退溪建立于性理学基础上的美学思想对于儒家美学的有一定的超越和贡献，具有重要的研究价值。

其一，就研究内容而言，本研究认为退溪性理学涵盖丰富的美学思想并指出退溪美学重在践履，为解读退溪思想提供新的维度。学界一般认为，退溪思想主要在于性理学，在于对朱子哲学的继承和发挥，对退溪性理学所包含的美学思想的重视程度不够。从美学角度来对李退溪进行解读，更能深入地解读其人格思想、人格教育思想的内涵。再次，退溪美学对于学术风气的意义在于其哲理性、思辨性启发促进了朝鲜李朝当时整个时代的美学思维，其理气观、与奇高峰的四七论辩都达到了较高的哲学思辨水平。在人生境界上，退溪对德美合一之乐与纯粹审美之乐二者均不忽视，特别是后者已经超越了理学家的普遍立场。虽然退溪力斥异端，但其思想里却暗藏着道佛的因子。要解释儒道的矛盾与互补，退溪美学思想即为典型个案。

其二，所谓"以铜为鉴，可以正衣冠；以古为鉴，可以知兴替；以人为鉴，可以明得失"。退溪作为朝鲜李朝的理学集大成者，在儒家文化、程朱理学中起着承前启后的作用，同时深深忧思和积极推进自身民族文化的存在。因此，退溪重视人格的形成，努力实现人格美的理想，通过净化人的情绪形成美的人格，进而教化社会。退溪美学思想中忧乐纠缠的心理、人格美、美育思想等等，对于现代人格美的培养和美育具有借鉴意义。张立文教授指出："退溪学既是韩国传统文化精神，又是韩国现代化精神。因此，在当今理解、诠释退溪学，并非无现实的理论价值。要探究历史人物本身的价值和意义，是不能把历史人物孤立起来的，而必须将其放置在时代的政治、经济、文化环境之中，探索历史展示的人物与历史隐蔽的'理势'的联系，才能真正理解历史人物的本来面貌。历史人物的价值和意义，既是历史人物内在地意蕴着的，又是历史学家、历史哲学家发现的。这是因为，任何时候的历史学家和历史哲学家作为历史的存在，其本身就是历史传统凝聚的总和，他们既不能脱离历史传统，亦不能超越其生活于其中的现实世界，也不能跳跃到他们所要理解、诠释的历史人物心灵之中。历史人物作为历史人物，在其诞生成熟之时，其意义和价值是内在的、隐蔽的、潜在的，只有在后来的机遇中才得以呈现和展开。这就是说，传统与现代、古与今，是既冲突，而又融合的。"[①]中韩两国同属儒家文化圈，具有相似的历史传承和文化传统。退溪思想既传承于中国传统文化，又代表着韩国传统文化精神，同时还影响着现代韩国社会。因此，研究退溪思想的当代意义在于促进两种文化在现代语境中的交流与共生，在交流中既呈现共性，又展现出各自的独特

① 张立文：《传统与现代之间》，《当代韩国》2001年冬季号，第75页。

性。而且在全球文化交流日渐加深的趋势下，研究退溪美学思想对于促进中韩文化交流具有积极作用。

其三，退溪美学思想，包含和散见于其各种遗著包括书信、诗歌之中。对古人美学思想进行整理、提炼和总结，本是美学研究者分内之责。退溪是朝鲜李朝的儒学大师，在整个儒学体系中也占据着重要地位，对其美学思想在儒学中的贡献及其本身的局限进行评介和定位，更具有深远的意义。

钱穆先生认为："在现时代人之观念及其学术系统中来了解退溪，恐将不得退溪为人与其为学之真。惟有从现时代之束缚中解放出来，虚心逊志，尊尚退溪遗书，直从其遗书中来寻求退溪之为人与其为学，庶乎可于退溪有真了解，亦庶乎可于现时代有真贡献。"[①]对于退溪学、退溪美学的研究，在总体方法上，既要把退溪学置于当时的政治、经济、文化环境之下来理解退溪的为人与其为学，又要从当代视域来呈现和展开其内在的、隐蔽的、潜在的意义和价值。具体而言，既然退溪美学是对退溪性理学中所涵盖的美学思想或曰审美哲学的提炼和总结，那么就须注意退溪美学与性理学的分界。哲学思想只有被赋予形象性的表达才能成为美学，因此，"与点之欢，何以特发于沂水之上？卒岁之愿，何以独咏于芦峰之颠乎"、"无欲自得"、"兴趣超妙"、"从容洒落"、"气象"等应该成为美学问题，普遍化的思想表述诸如"四则理发而气随之，七则气发而理乘之"等命题则应作为美学沉思的背景而显示其价值。另外，本研究在一定程度上遵循退溪忧与乐、进与退的矛盾斗争与两难解决这一二元角度进行论述。"忧"，是其坚守士人人格关心国事、关心内圣之学向外延伸的政治与社会效用的心理表现；"乐"，在退溪美学中，是现代术语"美"的代名，是通向善(理)的桥梁，它是学理概念，也是人生境界。其进退受辞的人生实践，是在忧与乐二者的纠缠中完成的。"忧"与"乐"集中于退溪一生，是退溪实践人生的写照。如果说"忧乐"侧重于学理与心理，那么"进退"则侧重于实践人生，但二者又是紧密相系的。

① 钱穆：《中国学术思想史论丛》(七)，九州出版社 2011 年版，第 475 页。

第一章

社会之忧与人生之乐

退溪祖籍真宝县，五代祖松安君因避倭扰而移居安东府丰山县南磨崖里，后又迁于周村，祖父判书公又迁居于礼安县北面的温溪（现庆北安东陶山面温惠洞），退溪即出生于此。先祖李硕为生员，后世累代为官。父亲李埴为进士，叔父李堣进士及第。退溪虽出身于诗书官宦世家，但家境并不富裕。在他出生七个月时，父亲去世。由于子女众多，生活贫困，母亲不得不更加勉力地耕田养蚕。这为退溪后来的进退思想埋下了伏笔。

退溪思想的核心在于性理学，却也包含着丰富的美学思想。退溪的美学思想，与当时的社会环境及其性理学的知识背景和人生经历有着莫大的关联。

第一节　人生态度

朝鲜李朝开国初期，休养生息，人民安居乐业，经济相对繁荣，政治相对安定，文化也有了较大发展。至退溪所处的时代，李朝统治陷入停滞和颓废状态，天灾频降，经济凋敝，边乱不断。政治环境也十分复杂、混乱，党争愈演愈烈，在短短五十年里竟发生了四次严重的牵涉到士林的政治风波：戊午士祸（1498 年）、甲子士祸（1504 年）、己卯士祸（1519 年）、乙巳士祸（1545 年）。由儒者组成的新进士林派要求改革，主张社会正义，与代表贵族官僚特权利益的勋旧派形成冲突，两派之间的权力之争呈愈演愈烈之势。1498年戊午士祸发生时退溪尚未出生，1504年甲子士祸发生时退溪四岁(指虚岁，下同。当代韩国人仍习惯以虚岁计年龄)。在甲子士祸中，退溪岳父权碩之父被处死，权碩也因此受到株连。1519年己卯士祸后，权碩弟权碵"以己卯士类与安处谦之狱被罪死"，权碩又受到株连。退溪在三十四岁时也成为受害者，该年退溪得赐进士出身，"选补承文院权知副正字，荐授艺文艺馆检阅，兼春秋馆记事官"，但因他是权碩的女婿而"不可为史官"。其叔父李堣、兄长李瀣也是政治风波的受害者。退溪六岁那年即1506年，朝鲜发生宫廷政变，燕山君李隆被废，迎立晋城大君即位，是为中宗。李堣因"反正"有功，被封为"奋义救国功臣"，得志于一时。但八年之后，受到"靖国之日无功而有过"的弹劾，被追夺了勋资。兄长李瀣因议论当时的奸相李芑不合为相，为李芑所构陷并被杖流，于1550年(时年退溪五十岁)死于流放途中。岳父、叔父、兄长等人的遭遇以及本身的经历，对退溪出处进退思想具有某种程度的影响。

在己卯士祸中，拥立中宗登基的功臣派铲除了以新进士林派代表、名儒赵光祖为首的士林派，赵光祖以及相关士林人物被处死。己卯士祸后，李朝政治环境越发恶劣，朋党政治大行其道，朝政落入权势奸佞之手；新进士林派一蹶不振，处于岌岌可危的境地；士林连遭杀戮，受祸不绝，冤狱横生。在分别以尹任和尹元衡为首的大尹派和小尹派的党争中，仁宗即位之初，士林派与大尹一派得势；仅一年后，明宗继位，形势逆转，小尹派于1545年发动乙巳士祸，铲除异己，许多士人惨死狱中，士林派受到沉重打击。对于朋党的出现和危害以及时事之艰难，退溪说："所谕分形色、类界限之患，厥终必至于不好。若非自天如日烛破，如山镇定，将何以收拾弥缝，永为祚宋之地耶？只如辞铨长一事，亦可见时事之难为矣。"[①]据收录入《增补退溪全书》第三册的《年谱》记载(本章记述退溪经历处，除另有标注外，均出自《年谱》)："时权奸用事，士祸大起。诛窜相继，人皆重足以立。右相芑尤凶险，知士论不与，欲尽去异己，以钳制众口。"在这次士祸中，退溪亦被株连，与丁公熿数人被同日削职，引起朝野骇愤。退溪于二十多年后回忆这次士祸时说："乙巳诸人，为仁庙多积忠愤之余，事执忽尔大变，授受以正，则忠反疑邪，邪反似正。于是邪得托正以报仇，大加诬陷，率被以反逆之罪。此滉所谓无罪者糜烂而俱焚者然也。"[②]对己卯士祸等的过程以及所造成的严重后果，退溪也了然于胸：明宗继位之时尚为年幼，权臣奸人得志于一时，即使有一人败坏，又会有其他人跟上，相继使权用事。士祸在退溪所处时代频频发生，己卯士祸造成大批贤人君子被罪、入狱甚至遭到杀戮。从此邪正相杂，有奸人佞臣得势、挟私报复的，必是己卯士祸之恶果。故而他说：

① 《答柳而见》，《增补退溪全书》(二)，第213页。

② 《答郑子中·别纸》，《增补退溪全书》(二)，第46页。

"士林之祸一起，则非但伤残士林，国脉也从而断丧。"[①]其祸害如此，一如他在庚午年(1570年)答奇明彦的信中说："党分已形，邪正混淆。向使天心少有变动，山移河决之势，谁能御之？又闻复职削勋等事，终年不停，以必得为期，亦恐圣贤处此必不至此。深可忧惧，奈何奈何！"[②]悲痛之情，溢于言表。

退溪一生，不乐仕宦，"趣尚高洁，常有急流勇退之志，虽处荣官，非其所乐也"。这种态度在其青年时候就已显现出来。如他十五岁作《石蟹》诗："负石穿沙自有家，前行却走足偏多。生涯一掬山泉里，不问江湖水几何。"后二句写蟹的生活态度，喻指乐于林泉、与世无争、悠然自得的淡泊心境，颇具哲学、美学意味。四十二岁时所作《玉堂忆梅》诗亦云："一树庭梅雪满枝，风尘湖海梦差池。玉堂坐对春宵月，鸿雁声中有所思。"他多次请辞，但屡辞屡召而屡召屡辞。实际上，退溪应举为官，很大程度上是由于家境贫寒而亲老劝其由科第取利禄的结果。

二十七岁，退溪赴庆尚道乡解进士试，居首，生员第二。二十八岁中进士会试二等，自此无意举业。兄长大宪公和母亲劝其赴举。三十二岁时文科别举初试，居第二。三十三岁赴庆尚道乡举，居第一。三十四岁及第出身，同年四月选补承文院权知副正字，荐授艺文馆检阅，兼春秋馆记事官。但由于其岳父权碩等人在士祸中受到株连的原因而"不可为史官"，改为承文院副正字。当时的权相金安老有田庄在荣川郡，而荣川郡是退溪夫人许氏的家乡。金安老因同乡关系，愿见退溪，遭退溪拒绝。金安老从而怀恨在心，嗾使台谏官论劾退溪。从此事可以看出，退溪从入仕开始即表现出一种不屈服于权贵的独立的士大夫人格。

四十三岁时，退溪萌生退意，辞官不就。郑惟一云："先生本少宦情，又见时事有大机关，自癸卯始决退休之志。是时先生年盖四十三矣。自是以后，一意退归，虽屡被召还，常不久于朝。"[③]四十五岁时，奸相李芑当权用事，杀戮、放逐连续不断，人人自危。退溪等人在同一天被削职，朝野骇愤。四十六岁，筑养真庵于退溪之东岩，开始将人生重心移向为学一端。四十八岁时，退溪请求外任，被任命为丹阳郡守。治郡期间，他诚信恳恻，政事清简，官吏、百姓均感其德。四十九岁时请辞。回家时，退溪"行橐萧然，惟书籍数箧而已"。其为官之清廉可见。五十岁时，他决然退隐，安居于退溪，构"寒栖庵"，堂名"静习"，读书其中，并作《退溪》诗云："身退安愚分，学退忧暮境。溪上始定居，临流日有省。"自是从游之士日众。此后屡召屡辞而屡辞屡召，直到他辞世的最后一年，鉴于他的声望地位对当时的影响，朝廷仍然不允其完全归隐。

退溪的这一人生历程，"集中反映了退溪对士祸政治的失望—绝望—对抗的思

① 《退溪先生言行通录》卷四，《增补退溪全书》(四)，第78页。

② 《答奇明彦·别纸》，《增补退溪全书》(一)，第459页。

③ 《退溪先生言行通录》卷一，《增补退溪全书》(四)，第18页。

想变化过程，他之退归绝不像有的论者所言是‘明哲保身’，而是决心对抗士祸政治，为士林、民族与国家寻求新的人生与社会出路的责任心与使命感的体现”①。

退溪集思想家、教育家、诗人于一身，官宦进退只是其人生历程的一部分。实际上，退溪一生特别是其后半生，更多的是游历名山大川，上书请建书院并为书院选址、订立规约以导后学，或在往来信件中辩论学问，著书立说、吟诗作词等。如《年谱》载（部分）：

四十八岁　丹阳郡地多奇胜，如龟潭、岛潭等处尤佳。任丹阳郡守期间，于簿领之暇，游陟吟赏，萧然有出尘之趣。

四十九岁　以为东方旧无书院，今始创见，然教不由于上，则恐遂废坠。上书监司，监司沈通源以闻于朝，于是赐号曰“绍修书院”，颁布降四书五经、《性理大全》等书。书院之兴始此。

五十岁　安居退溪，构“寒栖庵”，堂名“静习”，读书其中。

五十三岁　通文四学谕诸生（即《论四学师生文》）；改订郑之云《天命图》并叙其后。

五十六岁　《朱子书节要》成书。自四十六岁始，编次计用十年时间。

五十七岁　游太紫山，寻大方洞。《启蒙传疑》成。

五十八岁　筑“沧浪台”，后改名“天渊”；游鳌潭，为禹祭酒倬欲建书院于潭上，相其地。

六十岁　陶山书堂成。自是又号“陶翁”。堂凡三间，轩曰“岩栖”；斋曰“玩乐”；精舍七间，名曰“陇云”。先生每至陶山，常居“玩乐斋”，左右图书，俯读仰思，夜以继日。与奇高峰书信往来，辩四端七情达数年之久。

六十一岁　筑“节友社”。步出访梅，有诗。六十二岁时，出陶山，乘舟抵青溪。临溪筑台，名曰“青溪台”。

六十六岁　作《心经后论》。于白沙《诗教》、阳明《传习录》等书，皆有论辩，以正其失。

六十八岁　上疏陈六条。上《圣学十图》并札子。

七十岁　五月，与诸生会易东书院。出陶山，与诸生讲《启蒙》。七月，至易东书院，与诸生讲《心经》。八月，易东书院落成，往赴。

从这些记载中大致可以看出，退溪作为理学家的人格追求及其美学自然观、人格美论和人生修养论等也具体地体现在他的这些活动中。退溪美学思想的理论论述，除了见于《圣学十图》之外，又散见于各种往来信件、序文、记识、跋文等。试举

① 周月琴：《退溪哲学思想研究》，杭州出版社1997年版，第20～21页。

几例：

> 四十二岁作《过清平山有感（并序）》，有云：于求富贵、取青紫，不啻如拾地芥。然乃能辞荣避位、高蹈远引，蝉蜕于浊秽之中，鸿冥于万物之表，住此山盖至于三十七年之久。虽卑辞厚礼不足以屈其节，千驷万钟不足以动其心。非有所乐于胸中者，安能如是哉！

是为孔颜乐处论。

四十八岁作《书〈渔父歌〉后》。有云：

> 以小舟短棹啸傲于烟波之里，徘徊于钓石之上，狎鸥而忘机，观鱼而知乐，则其于江湖之乐可谓得其真矣！

是为隐者之乐。

作《书周景游〈题金秀珍诗贴〉后》。有云：

> 夫以颜子之学，不出乎日用动静语默之间毫厘之谨；而曾点之志，则有凤凰翔于千仞底气象。

是为圣贤气象与践履论。

五十二岁作《周景游〈清凉山录〉跋》。有云：

> 自鸿蒙剖判，融结高深之既形，不知其几千万劫，而天藏其胜、地秘其奇。

是为自然美论。

六十五岁作《〈陶山十二曲〉跋》。有云：

> 吾东方歌曲，大抵多淫哇不足言。如《翰林别曲》之类，出于文人之口而矜豪放荡，兼以亵慢戏狎，尤非君子所宜尚。惟近世有李鳖《六歌》者，世所盛传，尤为彼善于此，亦惜乎其有玩世不恭之意而少温柔敦厚之实也。老人素不解音律，而犹知厌闻世俗之乐。闲居养疾之余，凡有感于情性者，每发于诗。然今之诗异于古之诗，可咏而不可歌也。如欲歌之，必缀以俚俗之语，盖国俗音节所不得不然也，故尝略仿李歌，而作为《陶山六曲》者二焉，其一言志，其二言学，欲使儿辈朝夕习而歌之，凭几而听之。亦令儿辈自歌而自舞蹈之，庶几可以荡涤鄙吝、感发融通，而歌者与听者不能无交有益焉。”

是为文艺观。

退溪美学思想亦体现在他的诗歌之中。退溪一生创作了大量诗歌，现存两千余首，包括说理诗、叙事诗、抒情诗、写景诗等。诗歌最能体现人的心灵性情，退溪诗不但包含着美学思想，也体现了退溪在人格修养等方面的高致雅怀。如以朱熹诗《观书有感》为典，作《琴闻远东溪惺惺斋》其三：“上台真觉洗心肠，对此虚明一镜光。若使襟灵千物累，天云那得似方塘。”《光影塘》：“小塘清澈底，天光共云影。更待月印心，真成洒落境。”退溪有不少以朱诗为典的诗歌，以《观书有感》诗为典的也不止这两首。其中“洒落”的美学境界，是退溪美学的重要思想之一。在人格方面，退溪仰慕陶渊明，在其诗歌中也多有表现。如《九日独登北山次瀛奎律髓九日诗寄士遂》其四："争似东篱见山客，风流遗世乐衔环。"又如《次韵金道盛三绝》其一："闻昔浔阳归卧客，结庐人境每关门。平生叹仰高风处，不要逃喧自绝喧。"虽然退溪在修养心法上极力反对和排斥道家，但却极为欣赏庄子"知鱼之乐"的物我两冥所表现出来的审美境界，在其诗歌中也多有和及。如《次答金龙宫舜举》其二："鱼乐本无分物我，木生那更愿青黄。"又如《临羡亭》："泼泼潜鳞得意游，小亭临玩自夷犹。非鱼已信庄知乐，结网翻嫌董有求。"总之，退溪美学思想受到其儒家文化知识背景以及当时社会环境的影响，同时又反过来指导和影响着退溪的人生实践。

第二节　学源关系

退溪从识字始即开始接受儒家思想教育。据《年谱》记载，退溪自小聪慧，六岁时随邻家老夫子学习《千字文》，每天早晨梳洗后，先在邻居的篱笆外默诵往日讲授的功课再入内，恭敬地俯伏着听讲，如同面对严师，一副少年老成的模样。八岁时，退溪兄长手被刀伤，他抱着兄长哭泣，母亲问他，你哥哥受伤而不哭，你为什么哭泣呢？退溪回答说：哥哥虽然不哭，但怎么会流那么多的血而不痛？这一记载，明显带有孟子恻隐之心的处理手法。《孟子·公孙丑上》云："所以谓人皆有不忍人之心者：今人乍见孺子将入于井，皆有怵惕恻隐之心……无恻隐之心，非人也；无羞恶之心，非人也；无辞让之心，非人也；无是非之心，非人也。恻隐之心，仁之端也；羞恶之心，义之端也；辞让之心，礼之端也；是非之心，智之端也。"而"恻隐"、"羞恶"、"辞让"、"是非"四端，日后成为退溪的重要理论——"四端七情说"的源头。

十二岁时，从其叔父李堣学习《论语》。他曾就"理"字问叔父："凡事之是者，是理乎？"叔父甚喜，称赞他已经理解文义了。这可以看作退溪接受性理文化思想的第一步。十四岁时，喜好读书，喜爱陶渊明诗，仰慕其为人。不乐仕途的思想已初现端倪。十五岁作《石蟹》诗："负石穿沙自有家，前行却走足偏多。生涯一掬山泉里，不问江湖水几何。"表现出乐于林泉、与世无争、悠然自得的淡泊心境。十八岁作《野池》一绝云："露草夭夭绕水涯，小塘清活净无沙。云飞鸟过元相管，只怕时时燕蹴波。"其天理人欲的性理学思想，已从该诗中显现出来。

十九岁时研读《性理大全》。如退溪所云："试读之，不觉心悦而眼开，玩熟盖久，渐见意味，似得其门路。自此始知性理之学，体段自别也"[①]。并作《咏怀》一诗："独爱林庐万卷书，一般心事十年余。迩来似与源头会，都把吾心看太虚。"诗中"太虚"一词，其实已融汇了儒、释、道三家思想，虽然退溪直接得之于儒家，但其思

---

① 《退溪先生言行通录》卷二，《增补退溪全书》(四)，第23页。

想中其实已暗含着其他两家的基因(宋代理学本身就部分地包含着释、道两家的思想)。结合该诗与言行录所记,退溪十九岁时似已得窥性理学门径。二十岁时读《周易》,探索书中的义理到了废寝忘食的境界,竟落下羸悴之疾。

二十三岁时始游太学。当时刚经历己卯之祸,士习浮薄,但退溪举止极有法度,起居、出行、言行等严遵朱子学道德规范。强调并身体力行持敬的心法和对日用践履工夫,在其青年时就已奠定了坚实的基础。还乡时,同游太学的金河西麟厚以诗赠别云:"夫子岭之秀,李杜文章王赵笔。"其中的"李杜"无疑是指诗人李白、杜甫,"王赵"指书法家王羲之、赵孟頫(退溪在其初年临摹王体,后学赵体)。

退溪博学多能,在诗文和书法上均有很高的成就。据《年谱》记载,朝鲜使臣向明朝告讣,讣文和请谥两本奏表均由时年四十四岁的退溪撰文和书写。使臣到中国后,明朝礼部官员叹其表辞甚好,书法亦妙。在诗章字画方面,其后学在《退溪先生言行通录》中说他"典雅研精,早有能声"。作为理学家,退溪认为诗章字画虽为余事,但其修身养性之功不可没,且在这一方面恒力至深,一如其求学问道。在书法态度和成就上,韩国李家源先生评价说:"退溪之笔法,端劲雅重,不事奇怪,鲜有胡写,景福宫重新、殿额门题,皆出其手。又善隶书,或为人书屏簇。在其初年学王,中年以后学赵,以余浅见,晚年自有金生(金生,新罗时代书法家,有"海东书圣"之称)神韵。盖退溪书法,取三家之遗贴残碑,集诸体之长,自成一家,兼有文学书卷之气香,时人谓之退体,为宣祖代以后儒家之正轨焉。"[①]书法之妙已为可贵,"自成一家"更是难得。这几乎已成学界共识,这方面的评价还有很多,比如:"退溪不仅学问精博,且旁通诗书画等一切文艺。"[②]兹不一一列举。由此看来,退溪除了在学问、行止等方面为学人中的佼佼者之外,其诗歌和书法在年轻时就已经有了很高的造诣。

退溪志于性理之学,"于书无所不读",在学理上对诸说之异同了然于胸,突出一点而通贯全局,"为文本诸六经,参之诸子,华实相兼,文质得中"[③]。笃信程朱理学,服膺之极而虔诚之至,"学问一以程朱为准,敬义夹持,知行并进,表里如一,本末兼举,洞见大原,植立大本"[④]。对理学道义敬如神明并全力维护、继承和发展孔孟之道和程朱理学,以儒家道统特别是其中的程朱相传之统的传续为己任。一生学问事业本于朱熹,一生孜孜不倦地研习朱子学,以朱熹为理学家的最高模范,甚至为人处世、起居语默,也无不以朱熹为榜样,并希冀天下之人皆以朱为师:"古人

① [韩]李家源:《退溪学研究之诸课题》,《退溪学报》第14辑,第65页。

② [韩]郑飞石:《李退溪小传》,丁范镇、陈祝三译,台湾师范大学、退溪学研究会1979年版,第8页。

③ 《退溪先生言行通录》卷一,《增补退溪全书》(四),第20页。

④ 《退溪先生言行通录》卷一,《增补退溪全书》(四),第24页。

不云乎,不敢自信而信其师。朱子,吾所师也,亦天下古今之所宗师也。”[①]期望天下人皆学朱学、尊朱道而成其徒。对朱熹从不吝赞美之辞,如其《朱子书节要》所赞:“晦庵朱夫子挺亚圣之资,承河洛之统,道巍而德尊,业广而功崇。其发挥经传之旨以幸教天下后世者,既皆质诸鬼神而无疑,百世以俟圣人而不惑矣。”[②]《朱子书节要》为退溪参稽《近思录》编纂而成,该节要“集朱子思想之精髓,乃朱子道学入门之作”[③],极大地推动了朱子学说在朝鲜的传播与普及。

钱穆在评述退溪的学问思想时曾写道:

> 退溪是一意尊朱的。但朱子学体大思精,在朱子学派中求一具体而微的颜子,此事甚难。在朱子学派中,不免各就其性之所近,而走上各自的道路。我曾草退溪学述一篇,认为退溪之学,重要主于心术隐微与夫躬修实践。而不喜泛论。若从上引朱子诗之两语来说:退溪涵养新知的工夫,更胜过其商量旧学的工夫。更可注意者,退溪每径称朱子学为心学,而又深辨陆王,斥之曰:禅学。此处正可见退溪学之特着精神处。[④]

“草退溪学述一篇”指钱穆《朱子学流衍韩国考》一文。“朱子诗之两语”指朱子诗《鹅湖寺和陆子寿》中的“旧学”、“新知”句:“德义风流夙所钦,别离三载更关心。偶扶藜杖出寒谷,又枉篮舆度远岑。旧学商量加邃密,新知培养转深沉。却愁说到无言处,不信人间有古今。”钱穆于此论及两个方面:一是探微心学、涵养新知和躬修实践,二是斥质异端以维护正学。在退溪心目中,程朱相传之理学方为正统而陆王相传之心学为异端,为程朱之后中国理学学术之差和陈白沙、王阳明诸学说之盛以及程朱相传之统的日就湮晦而深忧叹息,并撰文辩论陆王之失和佛老之异。从这一意义上,退溪思想可分为“破邪”和“显正”两方面:“‘破邪’是排斥中国‘陆王’之学,抨击朝鲜‘卢(守慎)、徐(敬德)’之论;‘显正’是振作赵光祖殉难以来萎靡士风,发扬光大朱子之学”[⑤]。除了“陆王”、“卢徐”之外,退溪所指的异端还包括佛、老之学。

退溪把异端之害看作人心不正的原因之一。其《戊辰六条疏》认为,在朝鲜的异端中,以佛氏之害最为严重,高丽朝甚至因之而亡国,“既而为奸邪所中、异端所感,以败功殄国,如宋之哲、徽、宁、理之为者,何可胜数”。当时的情况是:“虽以我朝之盛治,犹未能绝其根柢,往往投时而炽漫。虽赖先王旋觉其非,而汛扫去之,余波遗烬,尚有存者。”故而退溪要求时时严防佛氏。同时,有不少人喜欢虚诞的老庄

---

① 《答奇明彦论四端七情第二书》,《增补退溪全书》(一),第413页。

② 《〈朱子书节要〉序》,《增补退溪全书》(二),第348页。

③ 张立文主编:《退溪书节要·序》,中国人民大学出版社1989年版,第1页。

④ 钱穆:《中国学术思想史论丛》(七),第471～472页。

⑤ 朱仁夫等:《儒学国际传播》,中国社会科学出版社2004年版,第33页。

思想，因而侮辱圣贤、蔑视礼法的风气时常发作；管子、商鞅的术业，虽然侥幸无人传述，但计较和谋取功名利禄之心仍是顽疾。不仅如此，从其他多种不良风气如披着忠厚的外衣而实际上内心伪善、举子逐名等，也可见人心不正。魑魅魍魉、舞术眩怪百般攻击，人一旦失足就会走入邪道，危害极大。“我欲看佛经，以核其邪遁。而恐如涉水者，初欲试其浅深，而竟有没溺之虞耳。学者但当读圣贤书，知得尽，信得及，如异端文字，全然不知，亦不妨也。”[①]退溪对佛学的深恶痛绝，到了对其全然不知亦无妨的地步；即使是为了证明其邪遁而读，也是战战兢兢如履薄冰，深恐没溺其中。退溪年少时曾游于清凉山并写成《白云庵记》，寺僧将其刊刻于庵壁，晚年听说这件事，立即命令除去。时有山僧来请赠诗，虽然不拒绝，但只创作关于烟霞山石等自然美景诗歌来回应，而绝无一字赞及僧家的话。又如在服饰上，《言行录》载：“金就砺造幅巾、深衣以送。先生曰：‘幅巾似僧巾（言失其制），着之似未稳。’乃服深衣而加程冠。”退溪对其他流派的排斥同样如是。退溪认为，儒家自己的学问完全是自足的，不必从异端学问援引求合，否则反会深受其毒，“吾道自足，何必匍匐于异学而援引求合乎？向者公欲看《庄子》，吾意谓况观以资博耳，今觉已中其毒如此。异学移入之易，深可畏”[②]。如批评墨家爱无差等，批评嵇康、阮籍的放肆莽荡，批评“原壤夷俟，庄周灭礼，东坡打破这敬字”[③]等，不一而足。

对于力斥异端的，退溪从来不吝赞扬。《西厓先生年谱卷三·附录·行状》载：

> 己巳……以圣节使书状官赴京师。将入班，序班引僧道二流序于前列。公谓诸生曰：“诸君冠章甫，顾反居彼后乎？”诸生曰：“彼有官，故也。”公招序班谓曰：“吾辈以冠裳之人，不可立于道释之后。”序班言于鸿胪，却二流置后。庭中动色。大学生数百人来聚观，公问：“本朝名儒，以何人为宗？”相顾良久曰：“王阳明、陈白沙为宗。”公曰：“白沙见道未精，阳明乃禅学之换面者，不如薛文清一出于正也。”有新安人吴京者，喜而前曰：“近来学术讹舛，士失趋向。公能发正论以斥之，吾道之幸也。”遂对立语良久，甚加敬服。……李先生以书贺曰：“陆禅怀襄于天下，公能遇数百诸生，点检其迷，不易得也。”

西厓先生（1542～1607）即柳成龙，字而见，号西厓，封号丰原府院君，谥号文忠，在军事上是平定壬辰倭乱的名将，在学问上是继承退溪学问的名儒，收入退溪全书中的《退溪先生年谱》即为其所作。这段话主要记述了三件事：一是柳而见在序班时看到儒者排在道释之后，从而要求将序班倒过来，使儒者排前而官职人员“二流置后”；二是认为陈白沙道学不精而王阳明之学为禅学，儒者不应以二者为宗，进而纠正“学术讹舛，士失趋向”的不良状况；三是退溪对柳而见的行为大加赞

---

① 《退溪先生言行通录》卷二，《增补退溪全书》（四），第 42 页。

② 《答南时甫》，《增补退溪全书》（一），第 368 页。

③ 《答金惇叙》，《增补退溪全书》（二），第 72 页。

赏，认为柳而见在陆九渊、王阳明异端学术流行的情势下能够点检儒生之迷，殊为不易。可见，柳而见也是极力排斥异端的，同李退溪一样把道释及陈白沙、王阳明列入驱逐之列，并且对当时道释思想和陈、王心学的盛行了然于胸。退溪称赞柳而见的言论又见于退溪全书中退溪的《答柳而见》的信中：

京师，四方之极，声名所萃。士习学术，污舛如彼。不知是天然耶？抑人实为之？以今云云，揆前日尹子固问答及魏时亮诸说，陆禅怀襄于天下乃如是，令人浩叹不已。然入燕者数多，能遇此等人、作此等话头者亦无几。公能遇数百诸生，发此正论，略点检其迷，不易得也。第吴京欲相送，与之相违，果是为恨事耳。

可见，退溪对异端的排斥，对象之一是上述之儒家之外的诸家，对象之二是儒家内部以王阳明为代表的心学。在退溪看来，在他那个时代的中国（明朝）学术几乎都带有佛氏气味，故撰《白沙诗教辨》、《〈传习录〉论辩》等以明其非，并有诗《白沙诗教》云：“屹立颓波陈白沙，名悬南极动中华。如何不重吾家计，极处终归西竺邪。”退溪认为，陈白沙、王阳明等人的学问与程朱格格不入而误入了邪道。其批评对象包括上蔡谢良佐、龟山杨时、五峰胡宏、象山陆九渊、白沙陈献章、医闾贺钦、阳明王守仁等人，其中对阳明批评最甚，在《〈白沙诗教〉、〈传习录〉抄传因书其后》中严厉指责阳明“贼仁义、乱天下，未必非此人也”。

总之，退溪终身不遗余力地辟异端、阐正学，其后学说他远承孔子之学，为朱子嫡传，对他在儒家道统中的地位给予了很高的评价：“集大成于群儒，上以继绝绪，下以开来学，使孔孟程朱之道涣然复明于世。求之东方，箕子以后，一人而已。”①

退溪一生著述丰厚，涵盖诗词歌赋、教、疏、札、策、讲义、启议、辞状、启辞、书契修答、书信、序、记、跋、箴、铭、表、笺、祭、祝、志等等领域，代表性专著有《圣学十图》、《自省录》、《启蒙传疑》、《四书释义》、《三经释义》、《宋季元明理学通录》等。在编著方面，退溪参稽《近思录》编纂《朱子书节要》。相关录著有《年谱》、《李子粹语》、《言行通录》、《言行录》、《挽祭录》、《陶山及门诸贤录》、《峤南宾兴录》、《退溪先生文集考证》等。以上原著、编著和录著，经韩国研究机构整理和编辑，先后集成《退溪全书》(1958)、《增补退溪全书》(1971)、《陶山全书》(1988)等汇编，又有《国译〈退溪集〉》(1985)、《退溪全书》(1991)等中韩译文集。中国有《退溪全书今注今译》白话文译本(1991～1996)。

① 《退溪先生言行通录》卷一，《增补退溪全书》(四)，第16页。

第二章　退溪性理学与美学

退溪作为理学家、朱子学家，主要探讨的问题毫无疑问是性理学。性理学本身包含着丰富的美学思想，学界早有定论。同样，退溪性理学与美学有着莫大关联，换言之，退溪性理学必然包含着丰富的美学思想，其性理学与美学具有内在的一致性，同时也暗含着佛道的因子。退溪诸如理与气、“四端”与“七情”、忧与乐诸问题的论述与践履，无不体现出丰富的美学思想。

第一节　理气性情论

退溪思想直宗朱熹，因此，在探讨退溪理气性情论以及退溪性理学与美学的关系之前，有必要先简要梳理中国原始儒学和宋代理学。从先秦到南宋或者说从孔子到朱熹，在思维方式和思考重心上均有所变化。“仁”是孔子思想的核心，孔子认为“克己复礼为仁”(《论语·颜渊》)，仁者“爱人”、“泛爱众”(《论语·学而》)，讲的是个人与社会的道德关系问题，或者说“仁”是道德的核心内容。朱熹亦讲“仁者，爱之理，心之德也”(《四书章句集注·论语》卷三)，然而在朱熹的理论体系中，“理”成为最高范畴，宇宙万物皆统摄于“理”，即所谓“理一分殊”：总天地万物的，只是一个理；具体事物是千差万别的，但都是整一的理的体现。在总合天地万物的理的统摄下，“爱人”、“泛爱众”等关于“仁”的解释便有了本体论上的根据。以天理为本体的宋代儒学，强调通过对天理的体悟，完善自我，自我成圣，成就理想人格，达到理想的人生境界,“理学儒学将元典儒学中的仁爱精神展现为对人的终极关怀。它不仅把人的安身立命植根于经邦济民的入世生活,还主张通过对天理的透悟,由体用一源、显微无间之路把人提升到超越的层面,追求人的价值的永恒和本质的完善”[①]。

这种衍变的原因,一是当时佛家和道家思想的冲击,二是传统儒学本身的不完善。宋代理学即是儒学部分地吸收和融合了这两家思想的产物。思辨性的理学有没有美学思想呢?潘立勇教授认为,“在理学范畴系统四大组成部分中,‘理气’部分包含着对美的本体和现象的解释,‘心性’部分包含着对审美情感及其心理机能的认识,‘知行’部分包含着审美认识和审美修养方面的内容,‘天人’部分则更是集中地包含了理学家对人生的审美体验和审美理想”[②]。朱子学重本体义、知觉义和工夫义,所谓理气部分即是本体义,心性部分为知觉义,知行部分为工夫义,而天人部分则为人生境界,是这三义经由“下学上达”所达到的人生境界。

既然朱子学中包含有美学思想,而退溪以朱子学为“障川之柱、指南之车、烛幽之鉴”[③],据此推测,退溪思想也应包含有美学思想。其核心在于性理学,但它不仅仅是纯粹的哲学或道德伦理学,其中也包含着审美的见解,包含着审美哲学。美学的基本品格是精神哲学、情感哲学,因而,要证明退溪思想中是否包含美学内容,须从退溪的哲学思想入手。

退溪思想与中国古代儒家一脉相承,直宗于朱熹而有所发展。《言行录》载:“先生之学,盖以朱子为宗。不为功利所夺,不为异端所惑。博而不杂,约而不陋。论学必本于圣贤而参之以自得之实。”[④]朱熹为理学的集大成者,建立了一套蔚为大观的思辨哲学体系;而退溪被称为理学的又一集大成者,其著名的“四端七情说”,继承并发展了儒家的理气论。

一、相须相待——理气关系

> 盖理之与气,本相须以为体,相待以为用。固未有无理之气,亦未有无气之理。
>
> ——李退溪《答奇明彦论四端七情第二书》

退溪性理学的核心以及对理学的最大贡献在于“四端七情说”,退溪对理本体的思索也体现于其中。在退溪性理学系统中,理和气、性和情以及其他相关范畴包

① 张立文、李甦平主编:《中外儒学比较研究》,东方出版社1998年版,第367页。

② 潘立勇:《朱子理学美学》,第23页。

③ 《答郑子中》,《增补退溪全书》(二),第28页。

④ 《退溪先生言行通录》卷二,《增补退溪全书》(四),第30页。

含着退溪对美的本体和现象的理解和阐释。

"理"范畴在宋代理学家思想中被提升到本体论的高度，成为宇宙的最高本体和人伦道德的最后根据。退溪亦认为：

第一，理是宇宙万物的本原、根柢，是"源头本然处"[①]。朱熹认为，理是上天之载，无声无臭，为造化之枢纽，品汇之根柢。退溪亦认为，理虽然无形无迹，但至虚之中有至实之体。理为一，一生二……乃至万物，为生物之本源、万事之根柢。理产生生物、有万事，虽无形，却是万物的根本，故宇宙万物一切均以其为存在根据。

第二，理是宇宙万物的最高主宰，乃宇宙万物之至尊。理无形无迹，是形上的本体，高高在上，没有与之对应之物，无法增加也不能减损。其位尊如此，故为万物之主宰而不为万物所左右。就另外一个范畴"气"而言，理凌驾于气之上。但气却是使理处于主宰地位的质料、材具；然而，理与气之间却是辩证的关系，"凡发用应接，率多气为用事。气能顺理时，理自显，非气之弱，乃顺也；气若反理时，理反隐，非理之弱，乃势也"[②]。

第三，理是宇宙万物的规律与法则。朱熹曾作《分水铺壁间续赵仲缜留题二十字戏续其后》诗："水流无彼此，地势有西东。若识分时异，方知合处同。"退溪下转语云："由气而有万别，原理则无不同。"[③]万物虽殊，但无不贯通着这个理，"大抵通天下万物只此一理"[④]。它不但先于万物而存在，而且也存在于万物之中。理又是形而上的、超时空的观念，"浩浩然不可捉摸，浑浑然不可涯涘"[⑤]。凡是具有貌象形气而存在于天地之内的，都是器。器所具有的理，即为道。器不离道，因为具有形象，是具体的事物，所以器是形而下的。道不离器，因为没有形影而不能直接看到，所以道是形而上的。故而，"事有大小而理无大小。放之无外者，此理也；敛之无内者，亦此理也。无方所，无形体，随处充足，各具一极，未见有欠剩处"[⑥]。

第四，既然理是宇宙万物的规律与法则，它无疑也是伦理道德的准则。他认为："圣人与天地合德，而人极以立，众人违天自肆，固不能立天下大本，何以应天下之事哉?"[⑦]纯理无不善。顺于理，如同舟当行水、车当行陆；反之，舟行于陆、车行于水，则悖于理。推而论之，君当仁、臣当敬、父当慈、子当孝，这是理；君而不仁、臣而不敬、父而不慈、子而不孝，则悖于理。道德伦理是理的落实处：凡天下所当行、

---

① 《答奇明彦论四端七情第二书》，《增补退溪全书》(一)，第 411 页。

② 《答李达李天机》，《增补退溪全书》(一)，第 354 页。

③ 《答柳希范》，《增补退溪全书》(二)，第 250 页。

④ 《重答黄仲举》，《增补退溪全书》(一)，第 482 页。

⑤ 《天命图说》，《增补退溪全书》(三)，第 144 页。

⑥ 《退溪先生言行录》卷四，《增补退溪全书》(四)，第 216 页。

⑦ 《静斋记》，《增补退溪全书》(二)，第 358 页。

可行的，则为理；不当行、不可行的，则非理。儒家的伦理道德，即在于以预设的标准判断当行与不当行，如其所言："腔子外是甚底？亦只是这个物事。这个物事是甚底？即满腔子底物事。曰：然则恻隐之心亦在外耶？曰：自这一个腔子通天地万物，只此一理。"①人心与万物相通，正是由于伦理道德之"理"的存在；"与天地合德"即为与理（"天"）为一。"存天理"成为退溪思想中人生伦理的最高目的。

理学体系中包含着丰富的辩证法。宇宙万物皆统摄于"理"，总天地万物的，只是一个理，此"理"为"一"，是指整体或一般，代表世界的统一性；具体事物都是整一的理的体现，共有这个"理"、这个"一"，但分而不同，千差万别，如月印万川。这种理一分殊的思想，在方法上是辩证的，也是值得肯定的。退溪性理学中"理"的这些多层次含义，决定了其美学思想的思辨品格。形而上的超时空的理既然是宇宙万物的最高本体，当然也应该是自然美、艺术美、社会美的本原；既然它是宇宙万物的规律与法则，当然也应该是林林总总的审美现象的规律与法则；既然它是伦理道德的准则，当然也应该是人的心灵美的准则，因而退溪美学带有浓厚的伦理色彩。然而，退溪性理学与美学在理论上究竟是如何相系的呢？从其理气关系论及"四端七情说"，可一窥端倪。

朱熹认为："盖气则能凝结造作，理却无情意、无计度、无造作。只此气凝聚处，理便在其中。"（《朱子语类》卷一）对此，牟宗三先生认为："伊川朱子亦常不自觉地顺习惯说性发而为情，实则严格言之，彼所说之性理实不能发也，只是心气依性理而发，统属于性，遂谓性之发矣。"②朱子的"理"是"只存有而不活动的"③。可见，朱熹的矛盾之处在于，理既"无造作"，又要保持为世界万物的本原与主宰。因而朱熹用"气"这个范畴作为二者的矛盾解决。换言之，理的本原与主宰地位要依托于气这一实体。退溪也认为气与理是紧密不可分的，如人骑马。但与朱熹稍有不同的是，在理本身的规定上，退溪认为："是知无情意、造作者，此理本然之体也；其随寓发见而无不到者，此理至神之用也。向也但有见于本体之无为，而不知妙用之能显行。殆若认理为死物，其去道不亦远甚矣乎！"④又云："无情意云云，本然之体；能发能生，至妙之用。"⑤这是一分为二、二合为一的方法，即理本身是一而二、二而一的。具体而言，理本身（其体）无情意、无造作，这是其"本然之体"；理并非死物，本身就具有活动性、运动性，理之用（其用）"随寓发见而无不到"，这是其"至神之用"。由于"本然之体"和"至神之用"，道无所不在，流行发见于天地宇宙万物之间：就"鸢

① 《答黄仲举》，《增补退溪全书》（一），第485页。

② 牟宗三：《心体与性体》（上），吉林出版集团2013年版，第80页。

③ 牟宗三：《心体与性体》（上），第87页。

④ 《答奇明彦·别纸》，《增补退溪全书》（一），第465页。

⑤ 《答李公浩·问目》，《增补退溪全书》（二），第299页。

飞戾天”而言，鸢之飞而戾于天，为理之流行发见；就“鱼跃于渊”而言，鱼之跃而出于渊，也是理之流行发见；就儒家所重视的人与人的关系而言，日用之间、人伦之际，夫妇所知所能而圣人之所不知不能的，仍然是理的流行发现。因此，理之流行发见于天地上下之间彰明较著，所以说，“冲漠无朕者，在乾坤则为无极太极之体而万象已具；在人心则为至虚至静之体而万用必备；其在事物也，则却为发见流行之用而随时随处无不在”①。以体用关系来阐释理的内涵，认为理并非死物而是能发能用即理本身是活动的，应该说比朱熹更进了一步，也更为辩证。

在退溪性理学中，理与气是密不可分的一对范畴。除了理本身兼体用外，理气互为体用，二者相须相待，不相离、不可分。人物所禀，均是天地之气。气是成形的、人物化生的质料、材具，“气以成形之后，却是气为之田地材具，故凡发用应接率多气为用事”②。如果说，理具有完全的无形迹的形上的性质，那么，气则具有有形迹的形下的特点。二者的关系体现在：第一，理为帅而气为卒，“天地之间，有理有气。才有理便有气朕焉，才有气便有理从焉。理为气之帅，气为理之卒，以遂天地之功。”③理统气，气从理，理气之间为上下、主从关系。第二，在体用关系上，“盖理之与气，本相须以为体，相待以为用。固未有无理之气，亦未有无气之理。”④二者相须相待，气以理为体，理以气为用。然而，无论帅卒也好，体用也罢，二者均是不离不杂的，“理终不杂乎气而亦不离乎气也。”⑤理外无气，气外无理；没有无气之理，也没有无理之气，二者顷刻不可分离。理气虽不相离，然也不相杂，“不分而言，则混为一物，而不知其不相杂也；不合而言，则判为二物，而不知其不相离也。”⑥气不离理而又与体相分；理寄于气而又与用相离。因此，虽说退溪认为理气之间为帅卒、体用关系，但他并不轻视气范畴；相反，正因为理气二者不离不杂的关系，退溪更加注重气的作用，要求以理率气，通过日用践履禀气之清，达到人生之乐的境界和天理之善的目的。

二、随之乘之——四端七情

> 四端感物而动，固不异于七情，但四则理发而气随之，七则气发而理乘之耳。
>
> ——李退溪《答奇明彦论四端七情第二书》

① 《心无体用辨》,《增补退溪全书》(二),第 329 页。

② 《答李达李天机》,《增补退溪全书》(一),第 354 页。

③ 《天命图说》,《增补退溪全书》(三),第 141 页。

④ 《答奇明彦论四端七情第二书》,《增补退溪全书》(一),第 411 页。

⑤ 《天命图说》,《增补退溪全书》(三),第 141 页。

⑥ 《退溪先生言行通录》卷五,《增补退溪全书》(四),第 83 页。

退溪对理气关系的论述，形成了著名的“四端七情说”。其核心命题“四则理发而气随之，七则气发而理乘之”[①]，论证的是理气性情关系。人心性情在美学中的地位，相当于审美主体的审美心理，因而退溪“四端七情说”与退溪美学紧密相关，是退溪美学的哲学基础。

就性而言，退溪认为：“性即理，固有善无恶；心合理气，似未免有恶。然极其初而论之，心亦有善无恶，何者？心之未发，气未用事，唯理而已，安有恶乎？惟于发处理蔽于气，方趋于恶，此所谓几分善恶，而先儒力辩其非，有两物相对而生者也。”[②]由于“性即理”，既然理纯善无恶，那么性也纯善无恶。人禀受天地之气、天地之理而成，人与天地自然是合而为一的，无内外彼此的差别。既如此，为何又有善、恶之别，上智、中人、下愚之分呢？其原因在于气禀清浊。感于外物后丧失自我，是人自身的原因，与人自身的修为相关：“人始生，未感物时，固真而静。其省事之人，当其未感物也，亦真而静矣。故未与物接之前，未发之中，即降生之初，本然之性也。此事无前无后、无小无大，贯通只一理，只是才感物后丧之者，人耳。”[③]

“心即理”是与程朱理学“性即理”相对的命题，它把理看作是心的体现：“心即理也。天下又有心外之事，心外之理乎？”“身之主宰便是心，心之所发便是意，意之本体便是知，意之所在便是物。如意在于事亲，即事亲便是一物；意在于事君，即事君便是一物；意在于仁民爱物，即仁民爱物便是一物；意在于视听言动，即视听言动便是一物。所以某说无心外之理，无心外之物。”(《传习录·徐爱录》)“性即理”的主要观点则是性本于理，性是理在心中的自然状态；理具有客观性和独立性，包含于心但并不依附于心。退溪认为“贯通只一理，感物而后丧之者，人耳”，因而批评阳明学与释氏无别，因为阳明开始时只是因为厌恶事物为心之害，从而想要消除之，但又不愿像释氏那样灭绝伦理、摒弃外物，于是创造了“心即理”之说，认为天下之理，只在于吾心之内而不在于事物，学者唯当务必存此心，而不应当有丝毫从外部征求事物之理的行为和想法。

退溪的性理论，又集中体现在其《天命图说》和《〈天命图说〉后叙》中。在《〈天命图说〉后叙》中，退溪不但介绍了《天命图》(即图 2-1 中的《天命新图》)的制作由来——根据郑静而的《天命图》(即图 2-2 中的《天命旧图》)修订而来[④]，而且对自己的制作思路作了详尽的说明；《天命图说》则从天命之理、五行之气、理气之分、生物之原、人物之殊、人心之具、性情之目、意义善恶、气质之禀、存省之要等方面详细论证了自己的性理观。

---

① 《答奇明彦论四端七情第二书》，《增补退溪全书》(一)，第 417 页。

② 《与洪应吉》，《增补退溪全书》(一)，第 349 页。

③ 《答黄仲举》，《增补退溪全书》(一)，第 501～502 页。

④ 《天命新图》、《天命旧图》据《增补退溪全书·退溪先生文集内集》卷四一的原图绘制而成。

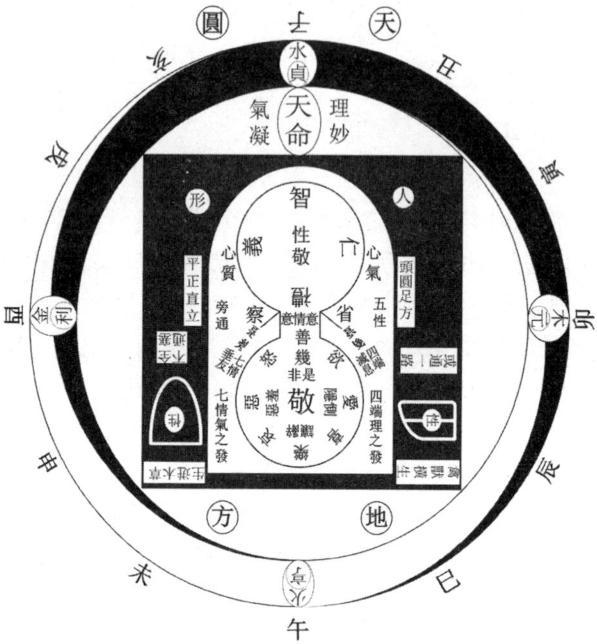

图 2-1　天命新图

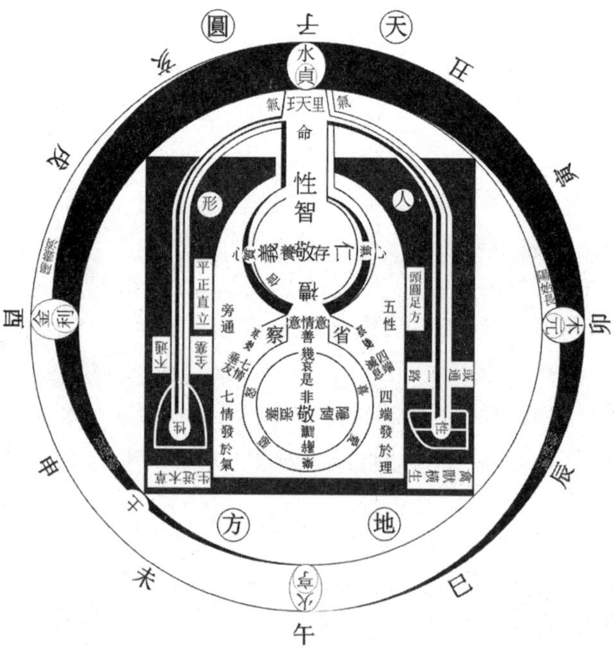

图 2-2　天命旧图

首先，退溪认为无论是人或是物皆因气禀而成性。性分物性和人性，其原因不过是气禀偏正而已。退溪《天命图说》云：

> 凡物之受此理气者，其性则无间而其气则不能无偏正之殊矣。是故人物之生也，其得阴阳之正气者为人，得阴阳之偏气者为物。人既得阴阳之正气，则其气质之通且明可知也，物既得阴阳之偏气，则其气质之塞且暗可知也。然就人物而观之，则是人为正，物为偏。就禽兽草木而观之，则禽兽为偏中之正，草木为偏中之偏。……其性之所以或通或塞者，乃因气有正偏之殊也；其形之所以或白或黑者，乃示气有明暗之异也。

得阴阳之偏气者为物，得阴阳之正气者为人。物得阴阳之偏气，为物性所拘，气质塞且暗。人得阴阳之正气，气质通且明。就人性而言，人虽得阴阳之正气，但气分阴阳，有清有浊，有粹有驳，故人性因气禀之异也有不同：

> 人之气正则正矣，而其气也有阴有阳，则其气质之禀亦岂无清浊粹驳之可言乎？是以人之生也，禀气于天，而天之气有清有浊，禀质于地，而地之质有粹有驳，故禀得其清且粹者为上智，而上智之于天理，知之即明，行之又尽自与天合焉。禀得其清而驳，浊而粹者为中人，而中人之于天理，一则知有余而行不足，一则知不足而行有余，始与天有合、有违焉。禀得其浊且驳者为下愚，而下愚之于天理，知之既暗，行之又邪，远与天违焉。此人之禀大概有三等者也。虽然，理气相须，无乎不在，则虽上智之心不能无形气之所发，理之所在不以智丰，不以愚啬，则虽在下愚之心不得无天理之本然。故气质之美，上智之所不敢自恃者也；天理之本，下愚之所当自尽者也。①

人性因气禀之异也有不同，因而“气”范畴对于人性的形成至关重要。

其次，理与气不相离，但可分别言之；性与情亦如是。其原因在于：

> 就天地人物上看，亦非理在气外，犹可以分别言之，则于性于情，虽曰理在气中，性在气质，岂不可分别言之？盖人之一身，理与气合而生，故二者互有发用，而其发又相须也。互发则各有所主可知，相须则互在其中可知。互在其中，故浑沦言之者固有之各有所主，故分别言之而无不可。论性而理在气中，思孟犹指出本然之性，程张犹指论气质之性。论情而性在气质，独不可各就所发而分四端七情之所从来乎？兼理气有善恶，非但情尔，性亦然矣（从理在气中处言，故云性亦然矣）。安得以是为不可分之验耶？②

退溪把性分成本然之性与气质之性。如此一分为二得出的结论是：所谓本然之性，是心之未发、气未用事的性；而气质之性则为已夹杂了已发之气、气清则善气浊则

---

① 《天命图说》，《增补退溪全书》（三），第143～144页。

② 《答奇明彦论四端七情第二书》，《增补退溪全书》（一），第416～417页。

恶的性。虽然一分为二，但不能认作二性看，它们是一而二、二而一的关系："盖性非有二，只是不杂乎气质而言，则为本然之性；就气质而言，则为气质之性，今认作二性看，误矣。"①

就性与情的关系而言，朱熹认为："恻隐、羞恶、辞让、是非，情也。仁、义、礼、智，性也。心，统性情者也。端，绪也。因情之发露，而后性之本然者可得而见。四端本诸人心，皆因所寓而后发见。"(《朱子语类》卷五三)"恻隐、羞恶、辞让、是非，情也。仁、义、礼、智，性也。心，统性情者也。端，绪也。因其情之发，而性之本然可得而见，犹有物在中而绪见于外也。"(《四书章句集注·孟子》卷三)在朱熹看来，性为端绪，为内在根据，情则是由此端绪而发之情；性为未发，为理，情为已发，为流出运用。并由此推知，性是体，情是用(《朱子语类》卷五)。在退溪看来，性为未发，情为已发，但在本质上是一样的。有人问退溪，是否太极未发于外是性，已发于外是情？退溪回答说："譬如水，潴为性，流为情；潴者出而为流，流者自乎潴。潴与流，水岂有异哉？"②情为性的已发状态，为性之用，二者相互依存，合不可分，其差别只在毫厘之间。

在性情与理气的关系上，退溪认为，先儒虽在性与情之间的关系上有详辩，但就"四端"、"七情"关系而言，只是以"情"浑沦说之，未曾以理气关系对其进行分解。因此，他进一步以理气分说性情。具体而言，退溪《答奇明彦论四端七情第二书》中辩论说，"四端"、"七情"皆为情但又有所区别，而子思、程子等二者不分，"浑沦"而论之："子思之论中和，言喜怒哀乐而不及于四端，程子之论好学，言喜怒哀惧爱恶欲而亦不言四端，是则就理气相须之中而浑沦言之也。斯二者，岂非就异中而见其有同乎！"③在退溪看来，子思及程颐论只讲"七情"而不言及"四端"，并不是因为他们只知其一不知其二，而是从理气相须之中浑沦而言，这是异中见同。如《答奇明彦论四端七情第二书》所云："滉意以谓就异中而见其有同，故二者固多浑沦言之；就同中而知其有异，则二者所就而言，本自有主理主气之不同，分属何不可之有斯理也。"二者异中见同，因此言及一方而不必及于另一方，所谓"浑沦言之也"。然而二者并不完全相同，而是同中有异、异中有同的关系："就同中而知其有异，就异中而见其有同。分而为二而不害其未尝离，合而为一而实归于不相杂，乃为周悉而无偏也。……昔者孔子有继善成性之论，周子有无极太极之说，此皆就理气相循之中剔拨而独言理也。孔子言相近相远之性，孟子言耳目口鼻之性，此皆就理气相成之中兼指而主言气也。斯四者，岂非就同中而知其有异乎？"理气之发，相随相乘；"四端"、"七情"亦如是，"四端"出而有"七情"，"七情"发而涵"四端"。"理发而气随

---

① 《答李宏仲》，《增补退溪全书》(二)，第219页。

② 《退溪先生言行通录》卷二，《增补退溪全书》(四)，第41～42页。

③ 《答奇明彦论四端七情第二书》，《增补退溪全书》(一)，第412页。

之”，则成“四端”，为有善无恶之情，具有形上的本体义，如“继善成性之论”、“无极太极之说”；“气发而理乘之”，则成“七情”，为有善有恶之情，为形下的应用义，如“相近相远之性”、“耳目口鼻之性”。

对于用理气分而论之的原因，退溪在《答奇明彦论四端七情第二书》中说：“情之有四端七情之分，犹性之有‘本性’、‘气禀’之异也。然则其于性也，既可以理气分言之，至于情，独不可以理气分言之乎！”“四端”（恻隐、羞恶、辞让、是非）由仁、义、礼、智之性发出；“七情”（喜、怒、哀、惧、爱、恶、欲）由外物触动人的形体感官并因此触动人心、随着所处的外部环境的影响而发出。“四端”之发主于理，因为仁、义、礼、智之性纯粹地包含于其中；“七情”之发则兼有理气但主于气，因为对于外物的来临，最先感觉到、最先受到触动的莫过于形气，“七情”则是其苗脉、萌芽。在心中为纯理，刚发出来则不可能都有杂气而没有理；外物感于形气，其发则也不可能只有理而没有气。“四端”皆为善，“七情”本善但易流向恶的一面，发而中节者，才能称为“和”。故此，“四端”与“七情”虽然说都不外乎理气，但根据其所从来各自有其所主之不同而言，把它们说成某些为理、某些为气，是合理的。这是一种整体的辩证思维方法。如有学者指出：“李退溪把不离不杂的辩证思维方法，扩展为浑沦与分别、分与合的不离不杂，而成为构成整体的思维方法。”并认为退溪继承和发展了朱熹的一分为二的思想，对分而为二与合而为一的关系作了辩证的论述，超越前人。①

《圣学十图》第六图为《心统性情图》，是其“四端七情说”的图示性、形象性表达。

该图分上、中、下三图，如图 2-3 所示②。上图为程林隐所作，中、下二图为退溪所作。如其自言：“上一图林隐程氏作，自有其说矣。其中、下二图，臣妄窃推原圣贤立言垂教之意而作。”③在《心统性情图说》中，退溪先引用程林隐原文：

> 所谓心统性情者，言人禀五行之秀以生。于其秀而五性具焉，于其动而七情出焉。凡所以统会具性情者，则心也。故其心寂然不动为性，心之体也；感而遂通为情，心之用也。张子曰：“心统性情。”斯言当矣。心统性，故仁、义、礼、智为性，而又有言仁义之心者；心统情，故恻隐、羞恶、辞让、是非为情，而又有言恻隐之心，羞恶、辞让、是非之心者。心不统性，则无以致其未发之中，而性易凿；心不统情，则无以致其中节之和，而情易荡。学者知此，必先正其心，以养其性而约其情，则学之为道得矣。

---

① 参见［韩］安炳周等：《退溪李滉的哲学思想》，国际退溪学会 2000 年版，第 160 页。

② 据《增补退溪全书·退溪先生文集内集》卷七所载原图绘制而成。本书中以下《圣学十图》中的其余九图的出处与此相同，不再一一注释。

③ 《心统性情图说》，《增补退溪全书》（一），第 205 页。

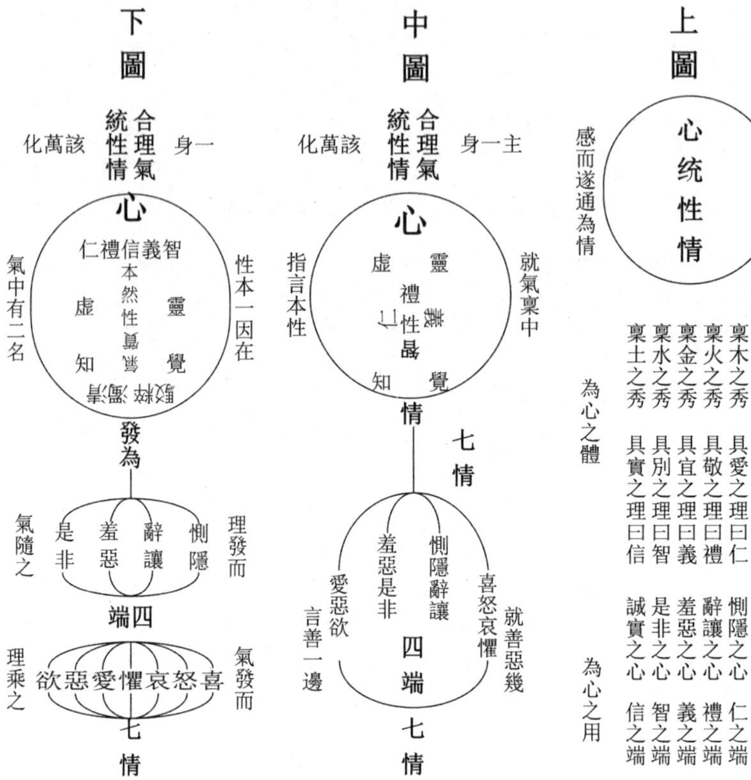

图 2-3　第六心统性情图

程林隐图说并解，认为人是禀受木、火、金、水、土五行之秀而产生的，于五行之秀而产生仁、礼、义、智、信五性，由五行之动而产生喜、怒、哀、惧、爱、恶、欲七情。心则是统会性与情的枢纽。心寂然不动为性，为心之体；心感而遂通为情，为心之用。按图，未发之性是人禀木、火、金、水、土五行之秀而产生爱、敬、宜、别、实之理，它们分别对应仁、礼、义、智、信五性；已发之情是恻隐、辞让、羞恶、是非、诚实之心，分别发为仁、礼、义、智、信之端。从源头上讲，譬如五行、五性、体用等，朱熹说：

人禀五行之秀以生，故其为心也，未发则具仁义礼智信之性，以为之体；已发则有恻隐、羞恶、恭敬、是非、诚实之情，以为之用。盖木神曰仁，则爱之理也，而其发为恻隐；火神曰礼，则敬之理也，而其发为恭敬；金神曰义，则宜之理也，而其发为羞恶；水神曰智，则别之理也，而其发为是非；土神曰信，则实有之理也，而其发为忠信。是皆天理之固然，人心之所以为妙也。”[①]又如心与性

① 朱熹：《四书或问·论语或问》卷一，清文渊阁四库全书本。

情，张载有“心统性情”之说，而朱熹亦有评：“‘心统性情。’性情皆因心而后见。心是体，发于外谓之用。……性是体，情是用。性情皆出于心，故心能统之。”(《朱子语类》卷九八)可以说，程林隐之图，实为张载、朱熹此论的综合性的图示表达。

退溪所作的中、下二图，核心是“合理气，统性情”，即阐述性情与理气之间的相互关系。退溪解释说，中图的目的是说明人的本然之性不掺杂任何后天禀受的气，这种性，就如同子思所说的天命之性，孟子所说的性善之性，程子所说的即性之性，张子所说的天地之性。既然性是本来如此之性，是善的，那么发而为情之情也应该是善的，这样的情，就如同子思所说的发而皆中节之情，孟子所说的仁、义、礼、智“四端”之情，程子所说的只能以善来命名之情，朱子所说的从性中流出而本无不善之情。下图则合理气二者而言，它所表现的，就是如同孔子所说的性相近的性，程子所说的性即是气、气即是性的性，张载所说的气质之性，朱子所说的性虽在气中但气自是气而性自是性、二者不相夹杂的性，“其言性既如此，故其发而为情亦以理气之相须或相害处言。如四端之情，理发而气随之，自纯善无恶，必理发未遂而揜于气，然后流为不善；七者之情，气发而理乘之，亦无有不善，若气发不中而灭其理，则放而恶也”[①]。在此，理气、性情结合起来了，情之善恶在于理气(后者有“驳粹”、“浊清”)变化。总心统性情图，退溪认为，心统摄理气、性情，性发动变化为情之际，乃是一心之几微，千变万化之枢纽，是要么成善、要么成恶的关键所在。

本然之性与气质之性、“四端”与“七情”之间的关系，只有在性情与理气的结合中才能体现出来。“四端”与“七情”皆是情，“四端”包含于“七情”之中；“四端”纯善，而“七情”有善有恶。主于理，则为“四端”；主于气，则为“七情”，所谓“四则理发而气随之，七则气发而理乘之”。理气之间相须相发，两者相须互发，“盖人之一身，理与气合而生，故二者互有发用，而其发又相须也。互发则各有所主可知，相须则互在其中可知”[②]。就“四端七情”而言，所发所用各有所主，又各不相离、相互渗透，“大抵有理发而气随之者，则可主理而言耳，非谓理外于气，四端是也；有气发而理乘之者，则可主气而言耳，非谓气外于理，七情是也”[③]。理发，则理为主而气随之；气发，则气为主而理乘之。理气相互包含对方于其中，即“非谓理外于气”，也“非谓气外于理”。“四端七情”因理气的这种关系而形成，故“四端”与“七情”之间亦是相互包含、相须不相离的关系：“四端理发而气随之，七情气发而理乘之。理而无气之随，则做出来不成；气而无理之乘，则陷利欲而为禽兽。”[④]

① 《心统性情图说》，《增补退溪全书》(一)，第205页。

② 《答奇明彦论四端七情第二书》，《增补退溪全书》(一)，第416页。

③ 《答奇明彦论四端七情第二书》，《增补退溪全书》(一)，第419页。

④ 《答李宏仲问目》，《增补退溪全书》(二)，第226页。

退溪以人乘马比喻这种关系：

> 古人以人乘马出入比理乘气而行正好。盖人非马不出入，马非人失轨途，人马相须不相离。人有指说此者或泛指而言，其行则人马皆在其中，四七浑沦而言者是也；或指言人行则不须并言马，而马行在其中，四端是也；或指言马行则不须并言人，而人行在其中，七情是也。公见滉分别而言四七，则每引浑沦言者以攻之，是见人说人行马行，而力言人马一也，不可分说也；见滉以气发言七情，则力言理发，是见人说马行，而必曰人行也；见滉以理发言四端，则又力言气发，是见人说人行，而必曰马行也。此正朱子所谓与迷藏之戏相似，如何如何？[①]

这正是“四则理发而气随之，七则气发而理乘之”的道理之所在：理气之发，相随相乘；“四端七情”亦如是，“四端”出而有“七情”，“七情”发而含“四端”，如人乘马行，是相互包含的关系。

学者蔡茂松指出：“退溪以四端属义理，七情属形气，此固退溪说之特色，而义理形气之说，本朱子论人心道心之不同。退溪曾因朱子道心义理人心形气，而以四端属道心，七情属人心。《朱子语类》中虽有是语，然朱子人心道之说之定论，用在义理形气之分。以四端七情分说义理形气，则与朱子不同。”[②]性分理气，是退溪之前(包括朱熹)已有的观点，而退溪认为情亦可以理气分言之，因而情有善恶。“四端”与“七情”均为情；“四端”有善无恶，而“七情”在理气互动中有善有恶。情兼善恶，乃气禀清浊之故。形成纯善不恶之性情，达到“存天理”的目的，气在其中举足轻重；直接触于外物的乃是气，因此善的性情之发有赖于心体在应诸外物的日用工夫中禀气之清。这种日用工夫，退溪称之为“践履”。

就退溪思想中的美学因素而言，如果说理是美的本体，同时又是无形迹的形上的审美客体，那么气则是这种无形迹的形上客体得以显现的中介因素；如果说理气关系论是关于美的规律和法则的学说，那么“四端七情说”则是关于审美主体、审美心理的理论；如果说气禀清浊是形成人格美的关键，那么践履则是气禀性情得以形成的必要条件。

第二节　心物与践履

如前所述，物性的形成乃“得阴阳之偏气”，为形气所拘，“其气质之塞且暗”，与天理相违；人性乃“得阴阳之正气”，但亦为形气所拘，因为“气质也有阴有阳”，有清

---

① 《答奇明彦论四端七情第二书》，《增补退溪全书》(一)，第417～418页。

② 蔡茂松：《朱子性情论及韩儒李退溪四端七情说研析》，《退溪学报》第8辑，第145页。

有浊，有粹有驳，人性因气禀之异也有不同。但人可通过心的作用而摆脱形气之拘而“自与天合”。这种人心的作用即在于主敬与日用践履的结合，以禀气之清与粹，直通天理。

一、缘境而出——心物动静

> 恻隐羞恶辞让是非，何从而发乎？发于仁义礼智之性焉尔。喜怒哀惧爱恶欲，何从而发乎？外物触其形而动于中，缘境而出焉尔。
>
> ——李退溪《答奇明彦论四端七情第二书》

关于“万物”、“人心”、“美”的关系，荀子曾提出“虽无万物之美而可以养乐”的观点。荀子关于“万物之美”与“养乐”的关系是以“物”与“己”的关系为出发点的。在物己关系上，荀子总结出“己为物役”与“重己役物”两种不同的态度。何谓“己为物役”？荀子认为，人心与外物的关系是修内而制外。人心若与“理”背离则会遭受外物之危，心受外危则无不内恐。他说：“心忧恐，则口衔刍豢而不知其味，耳听钟鼓而不知其声，目视黼黻而不知其状，轻暖平簟而体不知其安。故向万物之美而不能嗛也。假而得间而嗛之，则不能离也。故向万物之美而盛忧，兼万物之美而盛害，如此者，其求物也，养生也？粥寿也？故欲养其欲而纵其情，欲养其性而危其形，欲养其乐而攻其心，欲养其名而乱其行，如此者，虽封侯称君，其与夫盗无以异；乘轩戴绕，其与无足无以异。夫是之谓以己为物役矣。”（《荀子·正名》）所谓“己为物役”，即“纵其情”、“危其形”、“攻其心”、“乱其行”，表现为内心忧虑而食不知味、闻不知声、目不知状、体不知安，即使享有万物之美也得不到满足和快乐。这是荀子所反对的。

荀子这里所谓“心忧恐”，当然是指对于自己的小己得失即个人的利害荣辱的忧虑，而不是指涉及个人进德修业以及家国天下的忧患意识。儒家历来强调“修身、治国、平天下”，其忧患意识即是从这一层面而言的。人心之“忧恐”，自然也分成这两个方面，不过荀子这里所指显然是前者，为荀子所不为。在此也可以看出孔子“仁者不忧”（《论语·子罕》）对荀子的影响。另外，荀子对“孔颜乐处”的继承与发挥在此也有所体现。孔子称赞颜渊：“贤哉回也！一箪食，一瓢饮，在陋巷，人不堪其忧，回也不改其乐。贤哉回也！”（《论语·雍也》）荀子则从其反面出发，批评“心忧恐”之人“口衔刍豢而不知其味，耳听钟鼓而不知其声，目视黼黻而不知其状，轻暖平簟而体不知其安”，如此则虽有万物之美而难改其忧。

既如此，如何才能改其忧？与“己为物役”相反，荀子提倡“重己役物”与“无万物之美而可以养乐”的观点。他说：“心平愉，则色不及佣而可以养目，声不及佣而可以养耳,蔬食菜羹而可以养口,粗布之衣,粗紃之履,而可以养体。局室、庐帘、稿蓐、敝机筵,而可以养形。故虽无万物之美而可以养乐,无势列之位而可以养名。如是而加天下焉,其为天下多,其私乐少矣。夫是之谓重己役物。"(《荀子·正名》)"重己役物"需要保持"心平愉",使本来不及平常之美的色、声、食、衣、住等可以"养目"、"养耳"、"养口"、"养体"、"养形",并进而达到"无万物之美而可以养乐"的效果。概言之,作为"己为物役"的反义,"重己役物"即指作为主体的人不受外物的控制、驱使和影响,从而达到"心平愉"的目的,如此则"无万物之美而可以养乐"。

所谓"无万物之美而可以养乐",就是指仅需内观即有美的体验和美的享受而不需借助于外物的观照。"人之性恶,其善伪也。"(《荀子·性恶》)荀子持性恶论,所谓"伪"强调的是后天的学习、实践和改造。与之相应,"荀子较注重于人之行为之外部规范,较注重礼"[①]。荀子的"礼"是由自然之道引申出来的人文之道、社会法则,其基本层面还是儒家一贯重视的伦理道德,因为就其内涵而言,礼有三种根源:"天地者,生之本也;先祖者,类之本也;君师者,治之本也。……故礼,上事天,下事地,尊先祖而隆君师。"(《荀子·礼论》)荀子认为人性本恶,故需"伪"而使之至善。人性之善以"伪"为途,是后天学习"礼"并以之规范自身行为的结果。所谓"性者,本始材朴也;伪者,文理隆盛也。无性则伪之无所加,无伪则性不能自美"(《荀子·礼论》)以及"君子之学也,以美其身"(《荀子·劝学》)等,其意言明"伪"的目的是为了加强人的品德修养,使人性至善而至美。

由此可见,"虽无万物之美"而可以得到"乐"的观照是一种内观。但这种内观并非空观,而是对"礼"的观照。荀子所说的"万物"是与后天培养出来的"礼"性、存在于人的内心的"礼"相比较而言的。"无万物之美"并不是指没有审美对象,这种审美对象是存在于人心深处的伦理道德之"礼"。与其说是"无万物之美而可以养乐",毋宁断为"存礼而乐"——即使身外万物之美阙如,但"礼"存心中仍然可以养乐。

应该说,这是一种独立于万物之表的人格之美或人格审美,或者说这种美是一种独立的精神上的、人格心灵的美。《论语·子罕》记载:"子欲居九夷。或曰:'陋,如之何?'子曰:'君子居之,何陋之有?'"孔子在这里说的是精神人格的美。唐刘禹锡《陋室铭》亦云:"山不在高,有仙则名;水不在深,有龙则灵。斯是陋室,唯吾德馨。"随之引孔子"何陋之有"作为结语,其意义亦当如孔子所指。从孔子"何陋之有"到荀子"无万物之美而可以养乐"再到刘禹锡《陋室铭》,其中贯穿着的一条主线就是独立于外物的精神人格的美。

这种心物关系,在儒学历史上具有内在连贯性。方东美先生指出:"充其量周

① 冯友兰:《中国哲学史》上册,华东师范大学出版社2000年版,第223页。

濂溪只得到孔孟的一半的真传，而大部分是得了荀子的真传。”[1]这一判断是否完全正确暂且不论，但荀子思想对周敦颐、对朱熹的影响确实存在。朱熹认为，天地之间，只是一个理；天命之性充塞天地，但须从自己心中寻来。退溪亦说：

> 腔子外是甚底？亦只是这个物事。这个物事是甚底？即满腔子底物事。曰：然则恻隐之心，亦在外耶。曰：自这一个腔子，通天地万物，只此一理。理一，气亦非二。故曰：“一人之心即天地之心。”（程子语）腔子外更别有甚？只是这个。无方体可言，无内外可分。此仁者所以与天地万物为一体。恻隐之心，足以普四海弥六合也。然这也不是悬空底物事。人有腔子，乃其为枢纽总脑处。故这个物事充塞在这里，为天下之大本。由其无方体、无内外，故充塞在这里底心，即是体万物普四海底心。……朱子语黄毅然曰：“天命之性，不只是这处有，处处皆有。只是寻讨先从自家寻起”云云，若人不于自家身上求，却去腔子外寻觅，是舍枢纽大本之所在而向别处驰走求索，如吾性分有何交涉耶。[2]

充塞在人的腔子里的是“体万物普四海”之心，乃为“天下之大本”，而且人心“通天地万物”，故求“吾性”与“天命之性”之相符，不必“向别处驰走求索”而须“从自家身上求”。因此，要达成“存天理”这一最高目的，最基本也最重要的是从“心”做起。

虽然退溪说“向别处驰走求索，如吾性分有何交涉耶”，但他的意思并不是要否认外物的作用；相反，退溪十分重视心与物的交互作用。并且其侧重点在于强调大本在于人心：“心为万事之本，性是众善之原。故先儒论学，必以收放心养德性为最初下手处。乃所以成就本原之地，以为凝道广业之基。而其下功之要，何俟于他求哉！亦曰主一无适也，曰戒慎恐惧也。主一之功，通乎动静，戒惧之境，专在未发，二者不可阙一，而制于外以养其中，尤为紧切。故‘三省’、‘三贵’、‘四毋’之类，皆就应接处言之。是亦涵养本原之意也。”[3]其“最初下手处”在于“收放心养德性”，保持心之“主一无适”、“戒慎恐惧”。所云“三省”即“吾日三省吾身：为人谋而不忠乎？与朋友交而不信乎？传不习乎？”（《论语·学而》）“三贵”即“君子所贵乎道者三：动容貌，斯远暴慢矣；正颜色，斯近信矣；出辞气，斯远鄙信矣。”（《论语·泰伯》）“四毋”即“子绝四：毋意，毋必，毋固，毋我。”（《论语·子罕》）人心的这些特点和表现“皆就应接处而见之”，正是所谓的日常践履工夫，也是退溪所强调的心与物之间的关系。退溪十分强调外物对人心的作用，并批评了老、佛的心物观。他认为，人们只看到人心为外界事物所干扰而认为事物为心害，因此憎恶外物而从心中求忘。老、佛之徒即是由此而陷溺其心。即使是儒家学人，在思想上即便毫发之差，也很

---

① 方东美：《新儒家哲学十八讲》，中华书局2012年版，第141页。

② 《答黄仲举》，《增补退溪全书》(一)，第485～486页。

③ 《答奇明彦》，《增补退溪全书》(一)，第404～405页。

容易沦入这种境地，有如二程高徒谢上蔡等资质之高者，也难免于此。因此，“明道引孟子养气之说，转作存心之法以教之，此敬义夹持，直上达天德最紧切用功处。苟能从事于此而真积力久，一朝而有得焉，则心之于事物，未来而不迎，方来而毕照，既应而不留。本体湛然，如明镜止水，虽日接万事，而心中未尝有一物，尚安有为心害哉！”[①]可见，退溪认为心物关系应该辩证看待：根本心法是“敬义夹持”；具体方法是脚踏实地、渐融渐通、“真积力久”的践履工夫；心理运作方式是物未来而心不迎，物方来而心毕照，日接万事而心未尝有物、应物而不滞于物。

在心物关系中，“静”与“敬”是一对重要的范畴，又是相似的范畴。退溪更强调敬，强调主敬、持敬。他认为，始于二程的静坐之学疑近于禅学。“陈白沙、王阳明之学，皆出于象山，而以本心为宗，盖皆禅学也。”[②]不过退溪认为，陈白沙的学说还不算是纯粹的禅学，仍近似于儒学。陈白沙自云：

> 仆才不逮人，年二十七，始发愤从吴聘君学。其于古圣贤垂训之书，盖无所不讲，然未知入处。比归白沙，杜门不出，专求所以用力之方。既无师友指引，惟日靠书策寻之，忘寝忘食，如是者累年，而卒未得焉。所谓未得，谓吾心与此理未有凑泊吻合处也。于是舍彼之烦，求吾之约，惟在静坐，久之，然后见吾此心之体隐然呈露，常若有物。日用间种种应酬，随吾所欲，如马之御衔勒也。体认物理，稽诸圣训，各有头绪来历，如水之有源委也。于是涣然自信曰：“作圣之功，其在兹乎？”[③]

《四库全书总目》称：“史称献章之学，以静为主。其教学者，但令端坐澄心，于静中养出端倪，颇近于禅，至今毁誉参半。”[④]退溪则认为，陈白沙并没有完全背弃圣言书训，没有完全丢掉事物之理，因此还不算是对儒学的叛离，但其“悟入处，终是禅家伎俩。故虽自谓非禅，而其言往往显是禅语”。陈白沙、贺医闾因为厌事而求定，错误地理解这些关系，所以流入了禅学，王阳明则似禅非禅却又不专主于静，但在延平、朱子那里却是心学之本原而非禅。他解释说：

> 滉既为此说，而颇自觉语意之疏，后得丰城杨廉《伊洛渊源录新增》，见其于《明道录》下引朱子《答张元德书》所论明道教人静坐之说，而廉自为之辩曰：“按：静坐之说，明道尝举以告上蔡。而伊川每见人静坐，亦叹其善学。但伊川又谓，才说静，便入于释氏之说；不用静字，只用敬字，则已虑静之为有偏矣。惟明道他日复谓性静者可以为学，则夫朱子独言明道教人静坐者，岂非静。在明道则屡言之，在伊川，则虽言之而不复以为然乎？要之，明道言静即敬字之

---

① 《答金惇叙》，《增补退溪全书》(二)，第63～64页。

② 《〈白沙诗教〉、〈传习录〉抄传因书其后》，《增补退溪全书》(二)，第335页。

③ 陈献章：《复赵提学佥宪》，《陈献章集》卷二，中华书局1987年版，第145页。

④ 永瑢：《白沙集九卷》，《四库全书总目》卷一七〇，清乾隆武英殿刻本。

> 义。伊川恐学者未悟，故加别白焉。其后如龟山，如豫章，如延平一派，皆于静中观喜怒哀乐未发气象，而上蔡亦谓'多着静不妨'。此岂非明道之教乎？至和靖，终始一个敬字做去，岂非伊川之教乎？"杨公此论与鄙说相发，而辨析完密，今备录于此，以自考饬。[①]

退溪所引文字，出自朱熹撰、杨廉辑补的《伊洛渊源录》卷三《明道先生》"新增"部分。退溪极为赞赏杨廉的这段新增，因为退溪也认为，"静"与"敬"二者的含义本来并无多大区别，如明道程颢、伊川程颐、龟山杨时、豫章罗从彦、延平李侗、上蔡谢良佐、和靖尹焞诸儒，无不通"静"、"敬"而不堕异端。只是，退溪更强调"敬"，其原因之一正是因为"静"很容易与异端之学相混淆，儒者一不留神便会堕入其中。退溪概朱熹"敬"意云：

> 持敬尤须就视听言动、容貌辞气上做工夫。盖人心无形，出入不定，须就规矩绳墨上守定，便自内外贴然。诚能庄整齐肃，则放辟邪侈，决知其无所容矣。此日用工夫至要约处。于此验之，则知内外未始相离，而所谓庄整齐肃者，正所以存其心也。[②]

退溪以此强调内外不离、渐修渐进、力久功深作为持敬和践履工夫的最基本要求。只有在此基础上，"静"才不会脱离儒家根本，否则稍有不慎就会堕入禅学窠窟。

这一点，还体现于退溪对张栻、真德秀等理学家关于"静"、"敬"思想的评价。真德秀主张"合敬静为一"，"所谓主一者，静时要一，动时亦要一。平居暇日，未有所为，此心亦要主于一，此是静时敬；应事接物，有所作为，此心亦要主于一，此是动时敬。静时能敬，则无思虑纷纭之患；动时能敬，则无举措烦扰之患。如此，则本心常存而不失，为学之要莫先于此"[③]。可见，"主一"贯穿动静，无论是动还是静，都要保持心体湛然的本然状态，"存而不失"，物来而应，静无纷扰。真德秀是退溪最为推崇的儒者之一。李平叔向退溪请教真德秀的"敬静如一论"，其敬与静是否可以分别看作动与敬。退溪给出了否定的答案，认为敬自身已兼有动与静，不应当与静一起对分动与静，虽然静是相对于动而言的，但既然说它与敬是合而为一的，则不应与敬一起对分动与静。他继而从历史角度解释说，尧、舜、汤、武、孔子等圣人，都是以敬修己。敬的工夫本就通贯动静而自足的，不必再加个"静"字。如《大易》、《孟子》、《大学》等都只讲静的道理而不专讲静学。至程朱理学，周敦颐虽有主静之说，但也只是说圣人保全动静之德因而常常以静为本源，并未说到为学处。程门开始阐发静坐之旨，是因为当时的学人多患心多纷扰之病而以之教人以治病之方。

---

① 《抄〈医闾先生集〉，附白沙、阳明抄后复书其末》，《增补退溪全书》(二)，第336页。

② 《答李宏仲》，《增补退溪全书》(二)，第225页。

③ 真德秀：《西山先生真文忠公文集》，四川大学古籍研究所编：《宋集珍本丛刊》第76册，台湾线装书局2004年版，第280页。

退溪认为，无论是周敦颐的静还是程门的静，都讲求心之主一无适、戒慎恐惧，但程门说静虽然不无道理，但稍有偏差则容易流于禅学。张栻则做得很好，既知道主静之意又能专意于敬，从而感受到主静的真味，因而不会流于禅学却能够得到周、程的本旨。退溪由此要求："学者当求南轩何以知敬即主静之意，又当求南轩所以能专力于敬字上者如何而觉主静之有味，以是勉勉加工可也，恐不当枉费心于分动静也。"[①]同理，退溪解释《大学图》云："而敬者又彻上彻下着工收效，皆当从事而勿失者也。故朱子之说如彼，而今兹十图皆以敬为主焉。——《太极图说》言静不言敬，朱子注中言敬以补之。"[②]

退溪批评名象山之学为异端，原因正在于此："为佛者灭绝天理，亏毁发肤。今象山非有此事，只是为一超顿悟之学，以穷理为疲精神，不做问学工夫。正如释氏不立文字、见性成佛何异？此象山所以为异于吾道也。然儒释之间，判于毫厘，吾道之功浅，则定归于释矣。"[③]对庄子的批评也如是。《宋元学案·明道学案下》载：

> 谢子曰："吾尝习忘以养生。"明道曰："施之养生则可，于道有害。习忘可以养生者，以其不留情也。学道则异于是。夫'必有事焉而勿正'，何谓乎？且出入起居，宁无事者，正心以待之，则先事而迎，忘则涉乎去念，助则近于留情。故圣人之心如鉴，孟子所以异于释氏，心也。"

在《答洪胖》书信中，退溪以此批评洪胖关于人心应首先如赤子般无所知、无所能然后施行涵养工夫的观点批评洪胖说，当年谢上蔡的"习忘"云云，明道已作过批评，指出了其中的过失，然而，"今君患心之纷扰，不以持敬为治病之药，乃以明道所斥之说从事，何耶？古人格物致知而后诚意正心，其法明如日星。今乃云如赤子无所知、无所能，而后可以施涵养之功，是欲人盲目而后能行路耶！君之所见甚似老庄，可骇"[④]！具体就庄子而言，退溪认为，其"铓刃不钝"(《庄子·养生主》)云云所言清玄，儒者可以借鉴其善于比喻的言辞来体悟儒者观物之妙，却不能说庄子也有、也在做"不忘不助"的工夫，因为庄子逃避现实而远离外物，毁损四肢形体，废却视听，是完全逃避外物之"忘"，是忘到极点的"忘"，与儒家的"敬"学全然不能等同。因此在《答南时甫》书信中，退溪引朱熹"若知一病而欲去之，则即此欲去之心便是能去之药"、"勿倚靠他人，勿等待后时"等语，要求南时甫随时随事对私意私欲加以克治，勿忘勿助，敬义夹持，不能有任何间断，这样才不会受到异学的荼毒。

由此可见，退溪对于持敬是极为严格的。不仅内心要立定脚跟，以敬为本，作为外在表现的日用之间也要时时持敬，同时在心境上要时时向圣贤之乐看齐。

---

① 《答李平叔》，《增补退溪全书》(二)，第 260 页。

② 《大学经》，《增补退溪全书》(一)，第 203 页。

③ 《李子粹语》卷四，《增补退溪全书》(五)，第 440～441 页。

④ 《答洪胖》，《增补退溪全书》(二)，第 297～298 页。

> 归去故里，兴致如何？揆之以古人心事，为乐复如何？熟看来书云云，似不免介介于中者，至发于酒而见于色，何耶？古人岂尽无上辞下违之叹，然其有并行不悖之乐，实浩然而泰然。若如今所为，则归后亦似难安于蓬荜之处，未甘于箪瓢之味，郁郁乎悲愁，荡荡处放旷，业不进而过已积，岂不为向来排摈者所大嗤訾耶？则吾所谓志道树脚者，果安在耶？……以为千古家计，自古安有理欲并用、敬肆双行之道？今岂有内程朱、外嵇阮之君子乎？[①]

浩然而泰然"之乐与"难安于蓬荜之处，未甘于箪瓢之味，郁郁乎悲愁，荡荡乎放旷"之忧，前者为心性的自然、坦然状态，后者为为物所扰、无静无敬的阻滞状态；前者起于明理、持敬，后者起于儒者未能立稳脚跟的理欲并用、敬肆双行。在退溪看来，持敬是不二之法门，并应同时贯彻于人生的方方面面，在日用之间如嵇康、阮籍等人般莽莽荡荡，无论如何是不可能成为圣贤君子的。

由此出发，退溪强调外物对人心、对情感的触动作用。他认为，"四端"与"七情"不相离、不相异，原因之一就是二者都因外物的作用而运行，同时，恻隐、羞恶、辞让、是非发于仁义礼智之性，而喜、怒、哀、惧、爱、恶、欲、因"外物触其形而动于中，缘境而出焉尔"[②]。外物作用于人心，与心之动静有着很大关系。同时，在所动静的形态与所以动静的根源上，"动静者，气也；所以动静者，理也"[③]。性情本一，性为未发，情为已发；静为未发，动为已发，所谓"静则寂而未发之谓也，动则感而已发之谓也"[④]。外物触心动情，气禀清浊，形成或善或恶的性情。而动静之机，要求以理率气，禀气之清。

心与物体现在美学上是审美主体与审美客体的关系。就其美学意义而言，一方面，如夏夫兹博里所说："眼睛一看到形态，耳朵一听到声音，就立刻认识到美，秀雅与和谐。……那分辨的能力本身也就应该是自然的，而且只能来自自然。"[⑤]美的"外物"能够引发单纯的、和谐的、平静的、温柔的、舒畅愉悦的美感。我们在欣赏优美的艺术作品时，心情是平静愉悦的，犹如在苏州园林，信步走来，峰回路转，曲径通幽，在山穷水复、柳暗花明之中感受到人与自然的和谐共处，在错落有致、参差互补之中体验到道法自然的天人妙趣。这样的审美对象，只会对主体产生亲和力而非抗拒力，只能给人们带来快感而非痛感。宗白华说："空间随着心中意境可敛可放，是流动变化的，是虚灵的。"[⑥]正是外在的空间形式或者说形象与心中内在志

---

① 《答奇明彦》，《增补退溪全书》(一)，第460～461页。

② 《答奇明彦论四端七情第二书》，《增补退溪全书》(一)，第411～412页。

③ 《静斋记》，《增补退溪全书》(二)，第358页。

④ 《答黄仲举》，《增补退溪全书》(一)，第486页。

⑤ 北京大学哲学系美学教研室编：《西方美学家论美和美感》，商务印书馆1980年版，第95页。

⑥ 宗白华：《美学散步》，上海人民出版社1981年版，第64页。

趣相通契合,使主体获得宁静和谐的审美愉悦。

另一方面,退溪"本体湛然,如明镜止水"之谓,是欣赏美的对象的条件。"君能洗尽世间念,何处楼台无月明?"(陆游《排闷》)优美者如"楼台"、"月明"等自然现象,世间何处无有?但只有在心境平悦的"洗尽世间念"之人的眼中才是审美的对象,才会显出美来,罗丹就曾说过,美无处不在,缺少的是发现美的眼睛。从反作用方面来说,优美如"楼台"、"月明"等审美形象,对"洗尽世间念"的平悦情感又有着引发的作用。退溪诗《游枕流亭次亭韵》其一云:"谬戏夸孙楚,风流寓此亭。但能心境净,何患耳尘盈。"强调的也是审美主体的湛然心境。亭台等景物作为审美对象,构成了赏心悦目的画卷,但这种美的形象,心境不净之人不可能欣赏。对美的欣赏,不仅仅是在于欣赏对象的外在形式和形象,更在于清净的心境,这样的心境包含着无欲自得、清明高远的情致和无欲无贪、坦然自得的心态,是一种超越一切外物的纷扰、从名缰利锁中解脱出来、回归自然和保持生命本真的审美情怀。有了这种审美情怀,"耳尘盈"亦无所患;在这种审美情怀之下,作为审美对象的画卷所体现出来的优美,与主体心境相融通,审美主体在这种审美关系中达到景与意会、从容洒落的天人合一之境。

然而,退溪认为动与静二者均不可忽视:"静而涵天理之本然,动而决人欲于几微。如是真积力久,至于纯熟,则静虚动直,日用之间,虽百起百灭,心固自若,而闲杂思虑自不能为吾患。"[①]心的动静之间是辩证的关系。心不静则不能皆备万物、主宰万事,就像山静而生物、水静而鉴物。这种静不是泯然无用之静,不是虚无寂灭的静,而是蕴涵着天理人伦的静。它不排斥外物,对外物不是漠然不应,而是以静御动。退溪认为,如庄子、列子诸人,只知道讨厌事物烦乱而求静,把"坐忘"看作最高境界,但却不懂得"心贯动静、该事物"即心统括动静、具备和包容万事万物的道理,故而"流遁邪放,驰骛于汗漫广莫之域"。这是因为他们只强调静而忽视动。他认为,儒家的动静观与老、佛的动静观有着质的区别,"若当诚意之后,厌动而求静,收视反听曰:吾将以正心,此乃异端之事,非吾儒事也。况心不在焉,亦曰:心不在视,则视而不见;心不在听,则听而不闻。岂静在腔中之谓哉"[②]?心在躯壳且在视听,于静中求动,动入于静,方能静主于内而动应于外。佛老耽于静而完全绝于外物,犯了偏僻的毛病,偏僻到了极致,就把天理人伦全部抛弃了。静坐之学是不是禅,关键在于是否能处理好物我关系、内外关系、动静关系。在退溪看来,对于李延平、朱子而言,它是心学之本源而非禅;陈白沙、贺医闾因为厌事而求定,错误地理解这些关系,所以流入禅学;犯错最严重的是王阳明,"似禅非禅,亦不专主于

① 《答金惇叙》,《增补退溪全书》(二),第71页。

② 《得其正正其心分体用之说;心不在焉在躯壳在视听之辨》,《增补退溪全书》(二),第337页。

静"[1]，所以危害也最大。

退溪认为，心是动静的辩证统一，"静而存养，动而省察，固学者所共知也；而吾所谓静与彼之虚无寂灭者绝不同，此则非人人之所能知也。故其用功也，每沦于禅寂，若或患是然也，遂欲舍静养而专用力于动察，则又非所以为全体大用之学，故学以不偏为贵……一动一静，互为其根，不容间断"[2]。所谓"静而存养，动而省察"，即是心与外物的动静辩证观：平常之时，心须如明镜止水，安然勿动；物来则随物而动而不滞于外，日接万殊而心无一事。退溪认为，这与老、佛的"静"是不同的，老、佛全身心沉溺于"静"，耽于"坐忘"，忽视了"动"，忽视了外物对心、性情的触发功用，而诸理学家如杨时、胡宏等也未能免此等病痛，在这方面的认识也有误区。如杨龟山极力谈论道的高妙，认为仁、义不足以完全表现道，这是庄子、列子蔑视儒家的仁义而认为道是窈冥昏默的思想；胡五峰极力谈论性的高妙，认为善不足以完全表现性，这种贬低善来谈性的思想，反而堕入告子"湍水东西"的学说；胡广仲极力谈论动静之妙，却说"动静之外，别有不与动对之静，不与静对之动"。这与前述说法表达虽异，意思却无不同。相应地，退溪肯定了朱熹的思想："善乎！朱夫子之破胡说，曰：'不与动对，则不名为静，不与静对，则不名为动。愚亦曰：'既指静为体，则更无可指为无体处；即指动为用，则更无可指为无用处矣。'"[3]

退溪总结说：

> 圣人之主静，所以一天下之动，非谓其泯然无用也；学者之求静，所以立万用之本，非欲其漠然不应也。故主静而能御动者，圣贤之所以为中和也。耽静而绝事物者，佛老之所以为偏僻也。中和之极，位天地而育万物。偏僻之极，灭天理而殄人伦，故程朱门下屡以是警切于学者，而门人之贤者，往往亦流入于虚无寂灭而不自返，何哉？知静之汩于动，而遂乃厌动而求静，则未免遣粗而索精，去器而探道，不知不觉而陷溺至此，所谓差之毫厘，谬以千里者，甚可畏也。[4]

因此，退溪极力反对以心观心的寂灭空见，力倡于动静之间格物穷理的工夫论，即通过身心性情的真切体验，以通天理。

二、用功亲切——践履而乐

> 推其极也，可谓明并日月，幽参造化，而其用功亲切之处，常不离于日用酬酢、动静语默之际。
>
> ——李退溪《〈延平答问〉跋》

---

① 《抄〈医闾先生集〉，附白沙、阳明抄后复书其末》，《增补退溪全书》（二），第 336 页。

② 《静斋记》，《增补退溪全书》（二），第 358 页。

③ 《心无体用辩》，《增补退溪全书》（二），第 330 页。

④ 《静斋记》，《增补退溪全书》（二），第 358 页。

退溪强调以静为本，以静制动，“寂然不动，心之体也；感而遂通，心之用也。静而严肃，敬之体也；动而齐整，敬之用也”①。静强调的是心的平常状态，动强调的是心的接物状态，动静观即为二者的辩证统一。无论在哪一方面，其实质都在于强调日用践履工夫。

退溪思想知行并重，真知与实践并举而更倾向于实践的工夫义，他说：

《易》乃理数渊源之书，诚不可不读。但不如《语》、《孟》、《庸》、《学》之切于学者日用工夫。故先正或以为非学之急，其实莫急于穷理尽性之学也。所喻学不践履，虽有所知，奚贵？此真切至之言。②

可见，对于本体义、知觉义与工夫义，退溪更注重工夫义，注重日用工夫。这种日用工夫就是践履，反过来，践履就在于日用工夫，正如他评延平李侗曰：

夫晦庵夫子未见先生之前，犹出入释老之间，及后见先生，为学始就平实而卒得夫千载道统之传。是则凡晦庵之折中群书，大明斯道于天下者，皆自先生发之。而其授受心法之妙备载此书。今骤读其言，平淡质悫若无甚异，而其旨意精深浩博，不可涯涘！推其极也，可谓明并日月，幽参造化，而其用功亲切之处，常不离于日用酬酢、动静语默之际。此先生静坐求中之说，所以卓然不沦于禅学，而大本达道靡不该贯者也。③

这一评论与其性情动静观、工夫论是完全一致的。

如前所云，气有清有浊，有粹有驳，故须于践履之际禀气之清与粹者，“由其清浊定于有生之初，故其有生之后，清者能知，而浊者不能知也。由其粹驳定于有生之初，故其践履之际，粹者能全，而驳者不能全也”④。在退溪看来，天理是从洒扫之节等日用践履工夫中表现出来的，如果不能踏实地做好这样的日常工夫却口谈天理，人心就会沉溺于声色而放弛莽荡，退溪以此劝励后学云：“请各更加策励，以反躬实践为口谈天理之本，而日事研穷体验之功，庶几知行两进，言行相顾，不得罪于圣门而免受诃于高世之士矣。”⑤与之相应，践履的目的当然在于求道，“道之大原出于天，而且于人心者，知非丰而愚非啬，圣贤之言谕诸人，而布在方策者，昔始至而今悉备，人病不求耳，求则无不知之理；人病不践耳，践则皆可行之道”⑥。从性情上言，情兼善恶，乃气禀清浊之故，善的性情之发有赖于心体应诸外物的日用工夫中禀气之清，因而退溪极为重视心与外物的互动而强调日用践履。退溪之乐，

① 《答李宏仲》，《增补退溪全书》(二)，第234页。

② 《答郑子中》，《增补退溪全书》(二)，第5页。

③ 《〈延平答问〉跋》，《增补退溪全书》(二)，第378页。

④ 《答李宏仲》，《增补退溪全书》(二)，第214页。

⑤ 《与郑子中》，《增补退溪全书》(二)，第24页。

⑥ 《易东书院记》，《增补退溪全书》(二)，第371页。

本于庄敬涵养，从日用工夫、身心体认中来，“一以庄敬涵养为本，沉潜研索为学。见得此个道理，真不可须臾离处，将此身心亲切体认，得以优游涵泳于其间，庶积渐悠久之余，忽然有融释脱洒处，便是真消息也，方有可据，以为造道积德之地”。这一点是退溪反复强调的。反言之，在强调日用践履的同时又特别强调心的主宰作用，他说：“心能主宰，则物各付物，物不能为心害；心不能主宰，则虽作诗写字，游山玩水，程朱之门皆以为戒者，为此故也，亦不可不知也。”[①]本体、知觉和工夫三义，朱子学三者并重；退溪则更深入地重视和发挥其中的知觉义和工夫义，由形上而入形下，由本体论而入人生界，而人生境界和人格美的完成则在于通过工夫践履使人心性情禀气之清（这与朱熹“下学上达”的立场是一致的），使理为气之帅。

践履工夫，不可稍有间断。对于颜子的三月不违仁，在退溪看来，颜子的心与天理浑然一体，专一而不挠乱，如同未染灰尘的镜子、波澜不兴的水面。其涵养功夫一直持续着，以至于数月之久而不受任何私意的干扰、没有一刻的懈怠疏忽。只是有些许地方还做得不够彻底，因此数月之后未免有一点间断的意思。才间断了，便更了解到了自己的不足，更了解到自己与圣人还有距离。那么，退溪自己是否有所间断呢？答曰：“何敢便道无间断。吾于静中庄敬之际，虽或免放倒，若宴饮酬酢之时，或不免驰放走作。”[②]酬酢应接之间，不免会人心受扰、情感躁动，从而间断了天理的涵养践履，因退溪不喜欢宴饮酬酢等事。其惕惧之心如此。

践履可从方方面面入手，随时随地体认潜玩方能融会贯通，但又不可操之过急，要适当加以调节之法——调节之法本身也是践履。南时甫为学求道“凿空以强探，操心昧方而揠苗以助长”，有“心气之患”，退溪在《答南时甫·别幅》中批评他说：“大抵公前日为学，穷理太涉于幽深玄妙，力行未免于矜持，紧急强探助长，病根已成，适复加之以祸患，驯致深重，岂不可虑哉！”为学求道应松弛有度，太过紧切于穷理格物，反而为其所累。解决方法有：第一，在人心与名利的关系上，“须将世间穷通得失、荣辱利害一切置之度外，不以累于灵台”。第二，在人心与日常待物和山水的关系上，“凡日用之间，少酬酢，节嗜欲，虚闲恬愉以消遣。至如图书花草之玩，溪山鱼鸟之乐，苟可以娱意适情者，不厌其常接，使心气常在顺境中，无咈乱以生嗔恚”[③]。一方面要硬着脊梁去做，同时不必计较短期成效，另外还须时时虚闲修养，“当知毋欲速、毋惮难、毋一不得而遂辍，直要硬着脊梁依此法做去，仍勿屑屑计较其近效，孔子所谓‘先难而后获’，正谓此也。然而又有不可一向如此辛苦者，亦必有时时虚闲休养意思，乃与向所谓忍辛耐苦，不快活之功互相滋益，不可阙一也。

① 《答郑子中》，《增补退溪全书》（二），第27～28页。

② 《退溪先生言行通录》卷二，《增补退溪全书》（四），第29页。

③ 《答南时甫·别幅》，《增补退溪全书》（一），第361页。

故《学记》有‘息焉’、‘游焉’之说”[①]。要之则是要求在随时随地无间断无懈怠的日常践履中排除邪思妄想，不为物欲所累，不为功利所动，使身心虚闲恬愉、娱意适情，心体湛然若水。

践履与审美心境特别是“乐”的态度和目的是紧密相关的。退溪之“乐”，即是天理之乐，又是感性人生之乐，它本于庄敬涵养，从日用工夫、身心体认即践履中来。因而，以“乐”为取向的践履，不但是退溪思想的又一个重要范畴和突出范畴，也是退溪美学思想的又一个重要范畴和突出范畴，它更多地体现在退溪审美体验思想中。“从自然界和生活中体验生命意义，在追求个体人格的道德完善的同时，心灵也获得一种情感的满足和美的愉悦，这是儒家心学的诗意所在。”[②]个体人格的道德完善、个体精神的超越之“乐”，都可来自于自然游历、文艺赏适和生活实践。有研究文章指出退溪“以重视人格形成的儒家实践哲学为出发点，努力实现人格美的理想。自然玩赏和艺术活动是其实现方法之一。……是一位极为重要的实践美学思想家”[③]，“他强调通过对情和性的感化追求完成理想的人格，这就是退溪的作为实践的伦理，是退溪美学思想的核心和实际目的。”[④]

退溪不但在理论上强调践履工夫，而且也亲历亲为躬行实践，以下又摘录《退溪先生言行通录》所载的部分退溪言行，以窥一斑：

> 先生之学，于日用动静语默上用功，平易明白，无甚高远之事。而动容周旋中礼，自有人不可及之妙。
>
> 先生谦虚为德，无一毫满假之心，见道已明，而望之若不见；德已尊矣，而歉然若无得，向上之心，到死如一日。其设心，以为宁学圣人而未至，不欲以一善成名。尝见世人有自许太过者，深以为非，必举以为戒。
>
> 或燕居从容，或对人酬酢，未尝见其着力矜持，而亦未尝见懈慢之容。自始至终，所见如一。
>
> 言敬动静兼举、表里俱该者，若如程子所谓“正衣冠，一思虑，庄整齐肃，不欺不慢”之训，其可不服膺乎！
>
> 居处必整静，几案必明净。图书满壁，常秩秩不乱。晨起，必焚得静坐。终日观书，未尝见其惰容。
>
> 平居未明而起冠带，出就书室。敛形端坐，不少跛倚。终日观书，或默坐

---

① 《答李平叔》，《增补退溪全书》(二)，第262～263页。

② 张毅：《儒家文艺美学——从原始儒家到现代新儒家》，南开大学出版社2004年版，第244页。

③ [韩]闵周植：《作为美学实践课题的人格形成——退溪李滉的美学思想》，《文艺研究》2001年第1期，第49页。

④ [韩]河炡和：《朱子学在韩国与退溪美学的成立根据》，《文艺美学研究》第2辑，山东大学出版社2003年版，第431页。

思索，或取笔习书，或吟咏诗句。自世俗所好，未尝一经于心。

先生之燕居，终日端坐。虽或气疲身困，未尝有偏倚放肆之容。至于精神倦惫，则乍出江台以发舒之，或陷几而少休憩焉。

先生坐必端严，手足不动。与诸生相对，有如尊宾之在座，侍坐不敢仰视。及进前授学，和气薰然，诲谕谆谆，从头至尾，洞然无疑晦。

先生平日在家、在山，非讲学应接之时，则左右静无人焉。尝言："某独寝玩乐斋，中夜而起，拓窗而坐。月星明概，江山寥廓。凝然、寂然，有未判鸿蒙底意思。"

先生对人应物，动静语默，各有其节。人若有不当问而问、不当言而言，则必正色不答。

为举子时，尝游郡痒。衣冠必整，言动必谨。其接人之际，虽不为崖岸，而自有难犯之色，肃然人敬而爱之。

总之，为了发现人与世界的关系，包括退溪在内的理学家对理与气、四端与七情、心与物等关系进行了深入而充分的探讨。这些探讨，已经比较完备地包括了人类"知"、"情"、"意"三方面的精神活动。我们知道，"知"是认识世界的能力，属于逻辑学；"意"是自我实现的愿望意志，属于伦理学；"情"是心灵情感，属于美学。什么是"美学"？美学以处于理智与意志的关系之中的情感为研究核心，"是有关于人类情感发生机制、种类特征和呈现方式的一门学科"[①]，是精神哲学、情感哲学。退溪学问，于美学层面言，核心是情感问题。可以说，退溪美学的逻辑起点是情感，研究退溪美学的逻辑起点也应该是情感；退溪对情感问题的探讨是以忧乐为线索进行的，退溪自身的情感也以忧乐纠缠为运行方式，而忧乐均出于情感，都属情感范畴，故而对退溪忧乐的分析也是退溪美学研究的题中应有之义。

第三节　退溪之乐与退溪美学

李泽厚认为中国文化是乐感文化，在乐感文化中，天地宇宙和人类社会都处在情感性的群体人际的和谐关系之中，"乐"在中国哲学中实际具有本体的意义，它正是一种"天人合一"的成果和表现，它所指向的最高境界即主观心理上的"天人合一"：人与整个宇宙自然合一，即所谓尽性知天、穷神达化，从而得到最大快乐的人生极致。[②]"天人合一"之乐，是心性的烂然显露，是审美达成的情感状态。在中国美学史上，"乐"是极为重要的范畴，是美学因素最为突显的范畴。

---

① 陈炎主编：《美学》，高等教育出版社2013年版，第9页。

② 参见李泽厚：《中国思想史论》(上)，安徽文艺出版社1999年版，第315～316页。

"美"这一范畴在中国古代尽管不乏论述，但说得最多的应该是"乐"，"美"的最终指向也是"乐"。儒家所谓"不亦说乎"、"不亦乐乎"、"乐以忘忧，不知老之将至云耳"、"贫而乐"、"饭蔬食饮水，曲肱而枕之，乐亦在其中矣"、"回也不改其乐"、"乐山乐水"、"知之者不如好之者，好之者不如乐之者"、"知者乐水，仁者乐山"以及"乐者，乐也"等自不必说，道家所谓"天地有大美……原天地之美"的"美"，目的却也在于"得至美而游乎至乐"，而佛家所谓"禅悦为食，法喜充满"、"吃茶吃饭随时过，看水看山实畅情"等等，不也还是一种"乐"趣吗？

从此层面言，"美"是"乐"的从属范畴、次级范畴，或者说，"乐"在中国古代是现代术语"美"的代名，抑或"乐"是中国古代美学的一级范畴、最高范畴。至少，就儒家而言，其"诚"、"仁"、"乐"大致可分别对应于现代术语"真"、"善"、"美"，"所谓真、善、美，是从真理境界、伦理境界和美学境界上说的，它们分别由'诚'、'仁'、'乐'三个范畴所代表"①。其"乐"(美)是人性完满的桥梁，同时又是一种独立的、纯粹审美的人生境界，其本身亦为目的；它是学理概念，也是人生境界。中国古人非常注重通过身心性情的体验、体悟来与天相合，以感性的身心体验，体味涵咏，达于"乐"的人生境界——"乐"的境界，本身就是一种审美的人生境界。这种"乐"的境界与以滑稽为核心的喜剧所引发的"乐"(笑)不同，滑稽以"喜"为心理内容，以"笑"为反应形式，所引发的情感或是平静的会心一笑，或是开怀大笑，而中国古人所谓"乐"是平静而和谐的，其最高境界是物我一体、天人合一。

退溪美学中，理气性情论奠定了"乐"的目的与践履方法的基础。退溪性理学思想中，"乐"同样是极为重要的范畴，同时也是美学因素最为明显和突出的范畴，在某种程度上可以说是退溪美学的最高范畴。

一、自有其乐——道德之乐与审美之乐

> 反诸吾心，而得其实而已。苟吾心有仁、智之实，充诸中而畅于外，则乐山乐水不待切切然求，而自有其乐矣。
>
> ——李退溪《答权章仲》

《论语》之乐是儒家"乐"的理论源头。李泽厚认为"知之者不如好之者，好之者不如乐之者"(《论语·雍也》)的三个层次与"兴于诗，立于礼，成于乐"(《论语·泰伯》)是相映对的，就心理状态而言都是指向"乐"——既是音乐，又是快乐的最高层

① 蒙培元：《理学范畴系统》，人民出版社1989年版，第423页。

次、最高境界。[①]“知之”处于认识层面，属于“真”、“知”；“好之”处于伦理层面，属于“善”、“意”；“乐之”处于情感层面，属于“美”、“情”。从《论语》这句原文来看，这三个层面是递进式的、由低向高的，其最高层次是乐的境界。《论语·述而》载孔子语：“饭疏食饮水，曲肱而枕之，乐亦在其中矣。不义而富且贵，于我如浮云。”因此，《论语·雍也》一篇中孔子连赞颜回：“贤哉，回也！一箪食，一瓢饮，在陋巷，人不堪其忧，回也不改其乐。贤哉，回也！”《论语·先进》载孔子问及弟子们的志向，有云治国勇兵的，有云富民化民的，有云公西华问学知礼的，而曾点的回答与众不同：“暮春者，春服既成，冠者五六人，童子六七人，浴乎沂，风乎舞雩，咏而归。”孔子听后“喟然叹曰：‘吾与点也！’”《孟子·离娄下》载：“禹、稷当平世，三过其门而不入，孔子贤之。颜子当乱世，居于陋巷，一箪食、一瓢饮，人不堪其忧，颜子不改其乐，孔子贤之。孟子曰：‘禹、稷、颜回同道。禹思天下有溺者，由己溺之也；稷思天下有饥者，由己饥之也。是以如是其急也。禹、稷、颜回，易地则皆然。’”至宋儒，“孔颜乐处”发展成儒家的一个重要理论问题。

如果说，先秦的“孔颜乐处”还是朴素的安贫乐道思想，在一定程度上仍属于道德伦理学范围，那么宋代理学对“孔颜之乐”的追问则进入了哲学思辨的领域。胡瑗尝以“颜子所好何学论”为题试诸生；二程向周敦颐求学时，周敦颐一开始便令二程“寻颜子、仲尼乐处，所乐何事”。程颢主张“反身而诚”而得“大乐”：“孟子言‘万物皆备于我’，须反身而诚，乃为大乐。若反身未诚，则犹是二物有对，以己合彼，终未有之，又安得乐？”[②]后来程颢“自再见周茂叔后，吟风弄月以归，有‘吾与点也’之意”[③]。鲜于侁向程颐请教“颜子何以不能改其乐”，程颐回答“知其所乐，则知其不改”并反问：“谓其所乐者何乐也？”鲜于侁回答说：“乐道而已。”但程颐却认为，如果颜子真是以道为可乐而乐的话，就不是颜子了。[④]

宋代儒者如周敦颐、二程、朱熹、张载、真德秀等对“所乐何事”的理解，基本立场大致是相同的，但在“乐”的目的以及如何获得“乐”的方法上有一些细微的分歧。朱熹在注释“孔颜之乐”时说：“圣人之心，浑然天理，虽处困极，而乐亦不无在焉。”（《四书章句集注·论语》卷四）在他看来，达到“浑然天理”即获得纯粹天理、与道合一方为至乐，因此他更侧重于理想中的道德之乐，即与道合一之乐而非现实人生的感性之乐。至于达到“浑然天理”的方法，他说：“颜子之贫如此，而处之泰然，不以害其乐，故夫子再言‘贤哉回也’以深叹美之……学者但当从事于博文约礼之诲，以至于欲罢不能而竭其才，则庶乎有以得之矣。”（《四书章句集注·论语》卷三）可见

---

① 参见李泽厚：《论语今读》，天津社会科学院出版社 2007 年版，第 114 页。

② 程颢、程颐：《河南程氏遗书》卷二上，《二程集》，中华书局 1981 年版，第 16～17 页。

③ 程颢、程颐：《河南程氏遗书》卷三，《二程集》，第 53 页。

④ 程颢、程颐：《河南程氏粹言》卷二，《二程集》，第 1237 页。

“博文约礼”乃是获得这种“乐”的主要方法。王阳明则明确把“乐”提到了心之本论的高度:“乐是心之本体,虽不同于七情之乐,而亦不外于七情之乐;虽则圣贤别有真乐,而亦常人之所同有,但常人有之而不自知,反自求许多忧苦,自加迷弃。虽在忧苦迷弃之中,而此乐又未尝不存,但一念开明,反身而诚,则即此而在矣。”(《传习录·答陆静元书》)“乐者心之本体也,得所乐则喜,反所乐则怒,失所乐则哀。不喜不怒不哀时,此真乐也。”①

退溪的“乐”论,源自《论语》的孔颜之乐,受到宋代理学特别是朱熹思想的极大影响,在其基础上又有所发挥。在退溪看来,“乐”可分为两个层次:第一层是获得纯粹天理的至乐;第二层是感性的、自由赏适的人生乐趣。第一层带有道德色彩,颐养心性,达到德美合一之乐;第二层是纯粹审美之“乐”,在这种“乐”的境界中,情景交融、物我两忘——但又区别于释老之乐。获得这两种“乐”的基本心法是“持敬”,即“庄敬涵养”;具体方法是亲切体认、优游涵泳的践履工夫,包括自然山水、文艺等的赏适。

在心理态度上,退溪说:

> 夫人会理气而为心,理为主而帅其气,则心静而虑一,自无闲思虑。理不能为主而为气所胜,则此心纷纶胶扰无底极,邪思妄想交至叠臻,正如翻车之环转无一息之定贴也。……人不可无思虑,只要去闲思虑耳。其要不过敬而已。敬则心便一;一则思虑自静矣。”②

敬的要点在于以理率气而使心静如一,弃除“邪思妄想”、“闲思虑”等私累的干扰。退溪美学是其性理学中的组成部分,而美学的基本品格属于精神哲学、情感哲学,退溪美学自然受到其性理学的理论形态和思维模式的影响,特别是受其性情理气论的影响。因此,其性理学的“持敬”理论自然成为退溪之乐的形成基础。

在具体方法上,退溪极为重视朱熹的工夫义并有所发挥,由形上而入形下,由本体论而入人生界。退溪之乐的根本特征是注重工夫论,注重亲切体认、优游涵泳的践履工夫,它不是纯客观的,也不是纯主观的,而是心物的互动。退溪的自然之乐、文艺之乐以及人生实践之乐等,均以持敬和践履一以贯之,以“乐”的人生境界为追求目的。态度与方法——持敬与践履,一内一外,成为至乐境界的不二法门,所谓“敬以为本,而穷理以致知,反躬以践实。此乃妙心法而传道学之要”③。

然而,道德之乐与纯粹审美之乐并不是各自独立的,而是相互交织在一起的,二者既起桥梁、媒介的作用,同时又是目的本身,只是在不同的“格物穷理”的场合下,各有所专而已。

---

① 王阳明语,见黄宗羲:《明儒学案》卷二五《南中一》,清文渊阁四库全书本。

② 《退溪先生言行通录》卷二,《增补退溪全书》(四),第29~30页。

③ 《戊辰六条疏》,《增补退溪全书》(一),第186页。

在第一层含义上，退溪认为：

孔子称颜子不改其乐，其旨深矣。而周之于两程，令寻其乐处，所乐何事，固非悬空坐悟之谓也。亦见两程之学已几及于其乐，故令寻而得之耳。若在他人，岂能一朝强探而得之耶？故程子不露，而朱子只以“博文约礼”微露其用力之端而已。然求颜子所以到此地位，亦不过从事于此二事，而至于欲罢不能处仍不离此，而胸中自有乐耳。[①]

这里的“其旨之深”，乃为天理，为道。求孔颜之乐，在这一层含义上，乃为求得与道合一，即“圣贤旨意与吾身心性情吻合无疑”[②]。而与道合一的方法，非老、佛的“悬空坐悟”，而是朱熹的“博文约礼”。这是理想中的安宁之乐，带有浓厚的道德色彩，是德美合一之乐。

退溪注重“格物穷理”的工夫，强调从日用践履中体验天理。应诸外物，反诸吾心，二者合一，方为“格物穷理”之要道。除了在学问修养上“博文约礼”、“格物穷理”外，对文艺、自然山水等“外物”的践履也是至乐之道。就文艺而言，比如诗歌，其《步自溪上逾山至书堂》云：“花发岩崖春寂寂，鸟鸣涧树水潺潺。偶从山后携童冠，闲到山间问考槃。”其弟子德弘赞曰：“诗有沂上之乐，上下同流，各得其所之妙也。”退溪谦虚地回答说：“虽略有此意思，推言之太过高耳。”[③]

就山水之乐而言，在回答“古人之乐，得之心而不假于外物。夫颜渊之陋巷、原宪之瓮牖，何有于山水？故凡有待于外物者，皆非真乐也”的问题时，退溪给出了否定答案：“不然。彼颜、原之所处者，特其适然而能安之为贵尔。使斯人而遇斯境，则其为乐岂不有深于吾徒者乎？故孔孟之于山水，未尝不亟称而深喻之。若信如吾子之言，则与点之欢，何以特发于沂水之上？卒岁之愿，何以独咏于芦峰之颠乎？”[④]真乐并非不假外物，并不是有待于外物者都非真乐。退溪认为可分两种情况来看待：一是颜渊、原宪之乐处，是适意而安，当然很可贵；二是孔孟对于山水未尝不是赞叹有加而深以为乐。后者与传统儒家思想是一致的，是对孔子“知者乐水，仁者乐山”（《论语・雍也》）的发挥。朱熹对孔子山水之乐的注释为：“知者达于事理而周流无滞，有似于水，故乐水；仁者安于义理而厚重不迁，有似于山，故乐山。”（《四书章句集注・论语》卷三）以“事理”、“义理”释乐山乐水，朱熹的山水之乐是达于纯粹天理、与道合一之乐。同样，退溪认为孔孟之于山水，“深喻之”以道德人格，即为人格山水比德，道德之美寄寓于自然之美，自然之美包含着道德之美。圣人眼中的山水，是仁、智的象征。作为外物的山水，触动于内，运行于心，激活胸

① 《与金而精》，《增补退溪全书》（二），第 75 页。

② 《答权章仲》，《增补退溪全书》（二），第 252 页。

③ 《退溪先生言行通录》卷三，《增补退溪全书》（四），第 59 页。

④ 《陶山杂咏（并记）》，《增补退溪全书》（一），第 103 页。

中的仁、智,得山水之乐,乃是得仁、智之乐,“反诸吾心,而得其实而已。苟吾心有仁、智之实,充诸中而畅于外,则乐山乐水不待切切然求,而自有其乐矣”①。所谓“得其实”,在于体得无处不在的天理流行,与天地万物上下同流即与万物同在、与天理同流。上引退溪之叹“与点之欢,何以特发于沂水之上?卒岁之愿,何以独咏于芦峰之颠乎”的审美心态,仍然源于孔子。“吾与点也”即曾点之乐也应是一般意义上的“孔颜之乐”的题中之意。对于曾点之乐,朱熹按照他一贯的理学立场,从人欲、天理的角度来理解:

> 曾点之学,盖有以见夫人欲尽处,天理流行,随处充满,无少欠阙。故其动静之际,从容如此。而其言志,则又不过即其所居之位,乐其日用之常,初无舍己为人之意。而其胸次悠然,直与天地万物上下同流,各得其所之妙,隐然自见于言外。视三子之规规于事为之末者,其气象不侔矣,故夫子叹息而深许之。(《四书章句集注·论语》卷六)

天理流行无处不在,故与天地万物上下同流即是与万物同在、与天理同流。可见,在朱熹看来,曾点之乐是与道合一之乐,是德美之乐。虽然退溪在此强调的是外物即自然山水对人心性情的作用,但不难看出,一方面,他认为自然山水如“沂水”、“芦峰”有助于激发胸中的仁、智——山水比德;另一方面,他又强调身心与自然的合一,这已显露出退溪从德美合一之乐向纯粹审美之乐的过渡。

如前所述,退溪极为重视外物对人心的触动作用。动静之机,要求以理率气。外物触心动情,气禀清浊,形成或善或恶的性情。退溪力倡于动静之间格物穷理的工夫论,即通过身心性情的真切体验,禀气之清,以通天理。性情之发,需应诸外物,反诸吾心。无论是在“乐”的第一层还是第二层的意义上,都需要内外结合。与之相应,退溪对自然山水的游历几乎到了痴迷的地步。其《陶山记》交代陶山书堂地址不选清凉山而选陶山,正是这个原因,即“乐山乐水,缺一不可”。除此,退溪多处提及山林之愿,比如:“仆独卧漳滨,日觉衰耗离索之忧,知古人之实获我心也,若非林泉鱼鸟之乐,殆难度日。每思如公辈长在城中,不知有此乐,其何以消遣耶?”②诸如此等言论,比比皆是,同时在践履上以山水为乐,超然物外、潇洒尘表、乐山乐水,老而不倦。退溪对山林之乐作了这样一番阐释:

> 观古之有乐于山林者,亦有二焉。有慕玄虚、事高尚而乐者;有悦道义、颐心性而乐者。由前之说,则恐或流于洁身乱伦,而其甚,则与鸟兽同群,不以为非矣。由后之说,则所嗜者,糟粕耳,至其不可传之妙,则愈求而愈不得,于乐何有?虽然,宁为此而自勉,不为彼而自诬矣。又何暇知有所谓世俗之营营者

① 《答权章仲》,《增补退溪全书》(二),第251页。

② 《答郑静而》,《增补退溪全书》(一),第346页。

而入我之灵台乎?[①]

第一种山林之乐,是指老、佛向内诉求之乐,最终会导致洁身乱伦甚至与鸟兽同群。这种老、佛的避世态度、厌世主义,是退溪极力反对的;第二种山林之乐,第二种"悦道义、颐心性"之乐,当指儒者以山林为媒,通向道义、颐养心性之乐,在退溪看来,这种乐带有功利目的,在过程和结果上"愈求而愈不得"。值得注意的是,退溪作为理学家,却认为儒家这种"悦道义、颐心性"之乐为"糟粕",只是与老、佛之乐相较,不得已而二取其一罢了。退溪这里所表达的意思,与前述的比德之说,显然相去甚远,甚至相互矛盾。无论是"慕玄虚,事高尚"还是"悦道义,颐心性",都有功利目的。撇开理学家的身份,退溪更愿意把山林看作纯粹的审美对象,把山林之乐看作纯粹的审美而抛开一切事功心理,使心灵如明镜止水,至虚至静,不使世俗之营营者入我之灵台。由此,退溪要求尽量减少宴饮酬酢、节制嗜好欲望从而保持虚闲消遣,图书花草、溪山鱼鸟等可以娱意适意的,不妨时时赏玩从而心和气顺,要求在日常践履中排除邪思妄想,不为物欲所累,不为功利所动,使身心虚闲恬愉、娱意适情,心体湛然若水。这正是退溪之乐的第二层含义。在这种纯粹的审美活动中,生命与天地万物融为一体,进入情景合一的意境之中。

二、观鱼知乐——自得之乐与合一之美

> 等富贵于浮云,寄雅怀于物外。常以小舟短棹啸傲于烟波之里,徘徊于钓石之上。狎鸥而忘机,观鱼而知乐,则其于江湖之乐可谓得其真矣!
>
> ——李退溪《书〈渔父歌〉后》

无论是道德之乐还是纯粹审美之乐,最终都指向圣贤气象。圣贤气象是理学家最为崇尚的最高理想人格,其内核是伦理道德,但又不限于此而包括由道德彝伦、伦理操守衍生出来的"为天地立心,为生民立命,为往圣继绝学,为万世开太平"的社会责任感、忧患意识和理性精神,"民胞物与"的博大的胸怀以及个体精神的超越即兴趣超妙的洒落胸襟。如果说道德之乐偏向于社会责任感、忧患意识、理性精神等等,那么纯粹的审美之乐则与个体的洒落胸襟的关系更为密切。二者虽有不同,却密不可分。内心体得"孔颜乐处"之妙而入随处充满、无少欠阙的天人合一的精神境界,内见于外则为兴趣超妙、洒落自得的情怀胸襟。

古代社会不强调人类与自然、个体与社会、感性与理性、情感与理智等因素的对立,在物我关系上不自觉地趋向于素朴的和谐,追求人类与自然、个体与社会的

① 《陶山杂咏(并记)》,《增补退溪全书》(一),第102页。

和谐，主体与客体的统一，因此古人更加向往优美的情感类型。优美的对象在形式和内容上的和谐属性很容易适应主体的感官需要和精神需求，产生赏心悦目的快感。这种和谐统一，就主体而言是合目的性，就客体而言是合规律性。康德在《判断力批判》的“美的分析”部分提出“鉴赏判断”的四个“契机”，即美的四个原则：一、不带利害观念；二、不凭借概念而普遍令人愉悦；三、无目的的合目的性；四、不依赖概念而被当作一种必然的愉悦对象。换言之，人们对美感的获得既不涉及现实的利害关系，又不凭借概念的判断推理，而且还没有明确的目的性，它仅仅凭借对象的形式，引起主体想象力和理解力的协调运动，获得一种愉悦的心理状态。一言以蔽之，美是对象“合规律”与主体“合目的”的内在统一。这种统一是“内在”的，是直接的、舒缓的、不留痕迹的。因此，在欣赏美的对象时，既不需要理智的过多思考，也不需要意志的过多参与，人们会在悠然自得中获得一种温馨中的满足、宁静中的欢愉。因此我们说，美不仅在于对象形式和内容的和谐，在内涵上更是对人的主观欲望的满足、主体地位的肯定。主观欲望的满足、主体地位的肯定，在古代典型体现为“乐”，换言之，“乐”与“美”在古代是合而为一的。

这种对象的和谐与完整同主体的满足与肯定即是合目的性与合规律性的统一。这种统一所体现出来的美，正是前辈古人的深切向往。如孔子“吾与点也”之乐，周敦颐“窗前草不除”之趣，陶渊明“采菊东篱下，悠然见南山”式的逸情，刘禹锡“无丝竹之乱耳，无案牍之劳形”式的清悠，司空图“玉壶买春，赏雨茅屋，坐中佳士，左右修竹”式的典雅……此类活泼泼的情感状态，正是主客浑然无间、合目的性与合规律性完美统一的典型体现。周敦颐独爱莲，因其“出淤泥不染，濯清涟而不妖”；留“窗前草不除”，因其“与自家意思一般”；“倚梧或欹枕，风月盈中襟。或吟或冥默，或酒或鸣琴。数十黄卷轴，圣贤谈无音……”乃为“相邀风寻月”（周敦颐《题濂溪书堂》）退溪在其逝世的最后一天仍不忘“命灌盆梅”，也因“梅边闲坐自清真”（李退溪《孤山梅隐》）。从这样的审美心境和人生态度中看到的是个体精神、情感身心的超妙自得、悠然洒落的一派自然的圣贤气象。“孔子最高理想是‘吾与点也’，所以他说‘逝者如斯夫，不舍昼夜’，对时间、人生、生命、存在有很大的执着和肯定，不在来世或天堂去追求不朽，不朽（永恒）即在此变易不居的人世中。”[①]当下活泼的自然山水，不正是生命之美的证悟吗？时时活于当下活泼的自然山水之中，不就是审美的人生吗？从诸如此般的形象中看到的是一种超妙自得、悠然洒落的圣贤人格。如周敦颐，黄庭坚誉其“人品甚高，胸怀洒落，如光风霁月”（黄庭坚《濂溪诗序》），李桐亦云：“‘人品甚高，胸怀洒落，如光风霁月。’此句形容有道者气象绝佳。胸中洒落，即作为尽洒落矣。学者至此虽甚远，亦不可不常存此体段在胸中。”

① 李泽厚：《中国思想史论》，第219页。

(《延平答问》)可见,道德之乐与纯粹审美之乐密不可分而又同时指向圣贤气象。

在儒家看来,人性源于天,来自"天命",即最自然的状态。情由心生,心根于性,性根于道,道根于宇宙大化。儒的根本还是在于自然,而道德不是造作,不是外在的而是内在自然地根置于人心之中。儒家的一派自然根于顺乎天性的仁义道德。儒家从不放弃内圣与外王即修己与治世,因此在儒家理想中对社会伦理关系的建构是不可或缺的。审美即建立在这一基础之上。美与乐是人生的存在状态的展开,指向生命存在的自觉意识和人生意义,与"真"、"善"不可分割。"理"是存在本体、形上本体,是生命的真实存在,"格"、"穷"的目的是为生命探究本体根据,即所以然之故;所当然之则要求依"真"行事做人,即善;"化真"即生命的自然真实的、在一定意义上可以说是感性的存在状态,即美与乐。因此,性理、性心、情性等可以、也应同时呈现于个体生命。"天命之性"人人皆有,处处皆有,营造美的世界是为了显示真实的生命存在状态,在山林之乐中,如陶渊明采菊、周敦颐爱莲、李退溪喜梅等,都是其真实生命存在的灿然显露。

蒙培元先生认为:"'乐'之成为理学范畴,主要是指天人合一,即人和自然界合一的情感体验,也是一种审美意识或观念形态。作为一种本体论的超越的体验,它既是情感的,又是超情感的;既是理性的,又是超理性的。"[①]退溪关于孔颜之乐的二重发挥不是相互独立而是相互交织在一起的,但是,这种人生境界、审美境界源于道德却高于道德。山水作为道德之外的自然,却能激发生命情感,提升人格,升华审美人生。退溪极为欣赏如此的山水闲适之乐:"退闲于汾水之曲,屡召不起。等富贵于浮云,寄雅怀于物外。常以小舟短棹啸傲于烟波之里,徘徊于钓石之上。狎鸥而忘机,观鱼而知乐,则其于江湖之乐可谓得其真矣!"[②]另据载:"先生平日在家、在山,非讲学应接之时,则左右静无人焉。尝言:'某独寝玩乐斋,中夜而起,拓窗而坐。月星明概,江山寥廓。凝然、寂然,有未判鸿蒙底意思。'"[③]这是超然物外、永葆悦乐的情怀,是超道德的审美情怀,独特的精神境界创造了审美的人生境界。根据冯友兰的观点,人生可分四种境界:"自然境界、功利境界、道德境界、天地境界。"[④]道德与纯粹审美之间的矛盾如何解决,二者之间的障碍如何消除,退溪并没有给出明确答案,大致可判断为:如果说退溪之乐的第一层(与道合一、德美合一之乐)属于道德境界,那么第二层(纯粹审美之乐)则是天地境界;如果说,退溪在求学为道上侧重于纯粹天理之乐,那么在现实感性生活中则更倾向于纯粹审美之乐。

学者张毅曾撰文指出:"与诗家的缘情起兴不同,儒者吟诗非单纯的情动于中

---

① 蒙培元:《理学范畴系统》,第509页。

② 《书〈渔父歌〉后》,《增补退溪全书》(二),第373页。

③ 《退溪先生言行通录》卷三,《增补退溪全书》(四),第45页。

④ 冯友兰:《贞元六书》,华东师范大学出版社1996年版,第554页。

而形于言,而是要借已发之情追溯心体,以明性理,并以此体验心中自有之乐。"[①]退溪作为理学家,当然也不例外。除了自然山水的赏适之乐外,诗歌品评创作等也是至乐要道。学者高令印认为:"李退溪的文艺观,是基于孔子以至朱熹一脉相承的儒家'文以载道'的道文一致的思想的,这是和东方人的'终极关怀'和为己之学联系在一起的。"[②]在文艺方面,退溪认为,"夫文章,圣人之绪余;而字画,又文章之末也,固不可因是以窥三朝之盛。然而偶挥数行,神变百出,冲妙始习,天章已烂,则岂非于穆不显之德,焕发于文艺之末"[③]。以文艺为末枝,这显然是理学家的一致观点。但他并不完全否定文艺及其功用,"文学岂可忽哉!学文所以正心也"[④]。他自己就创作了大量的诗歌,现存两千余首。其中的说理诗、叙事诗,寄学术思想与道德情操于其中;而其山水田园诗、梅竹菊诗,充满着对自然山水的赞美和热爱,寄托了作者的情思。二者都是"乐"的人格美的践履与完成,这种人格美是真善美的统一,真善美在其中相互渗透,相互影响,统一不可分割但又各有所专。

孔颜之乐问题,从先秦到南宋或言从孔子到朱子,越来越受到重视,对其内涵的探讨越来越多。从孔颜之乐的角度而言,退溪既是动机论者又是体验论者。儒家的动机论要求在道德评价中根据人为的三纲五常等彝伦标准来确定个人行为的道德意义,其动机指向"仁"(善)。体验论强调个体的生命活动,体现为人的主动、自觉的能动意识;主客体融为一体,人的外在现实主体化和内在精神客体化方能称之为体验,审美体验是生活活动的最高体验,最终落实于"乐"(美)。如果说动机论在哲学层面上与伦理道德相关(哲学与伦理学紧密相连甚至一体不可分,本是儒家理论的特点之一),要求达到"仁"(善),那么体验论更接近于美学,要求达到"乐"(美)的境界。当然,无论是在哲学还是美学层面上,动机论与体验论都有体现。就"乐"的境界而言,退溪一方面寄寓道德于审美,借助于美的功能,追求道德审美境界之乐,另一方面又跳出了理学家们的一贯思路,更愿意把山林看作纯粹的审美对象,把山林之乐看作纯粹的审美,抛开一切事功心理,使心灵如明镜止水,至虚至静。总之,在对孔颜之乐的理解上,退溪既有继承又有发挥,认为人生之乐有两层意义即与道合一之乐与纯粹审美之乐,二者并非各自独立而是相互交织在一起的,它们既起桥梁、媒介的作用,同时又是目的本身,只是在不同的格物穷理的场合下,各有所专而已。

综观退溪学问,不难发现,心灵情感问题始终贯穿于其性理学思想,同时,退溪性理学思想又具体体现于退溪自然观、文艺观、人格观诸方面。既然退溪性理学思

① 张毅:《儒家文艺美学——从原始儒家到现代新儒家》,第244页。

② 高令印:《李退溪与东方文化》,厦门大学出版社2002年版,第167页。

③ 《〈三朝御书帖〉跋》,《增补退溪全书》(二),第375页。

④ 《退溪先生言行通录》卷二,《增补退溪全书》(四),第34页。

想包含着丰富的情感问题，而情感正是美学的主要研究对象，那么，退溪思想中当然包含着丰富的美学思想；既然退溪自然观、文艺观、人格观诸方面都统一于其性理学思想之中，而美学的主要任务之一是要找出如自然、文艺、人格诸现象的统一的美的规律，那么，退溪思想中当然也包含着丰富的美学思想。总体而言，退溪性理学思想及其中与美学直接相关的情感问题以及统一于自然、文艺、人格诸观点和实践中的思想，共同构筑了退溪美学的大厦。要之，退溪美学在特征上是以基于天人合一的理气性情论为哲学基础，以情感为逻辑起点，以忧乐的纠缠为运行方式，以精神超越的“乐”为最高范畴和逻辑终点，以感性身心的亲切体认、优游涵泳的日用践履为基本体验方法的美学；在本质上是本于庄敬涵养而以感性身心的亲切体认、优游涵泳的日用践履来探求和体悟“乐”的洒落人生境界的、基于“人生一宇宙”论的生命体验美学。

第三章

退溪自然美论

自孔子提出“知者乐水，仁者乐山”以来，对山水之乐的探讨一直是儒家的重要课题，宋儒亦不例外。程朱理学的自然观以宇宙生成论为基础，并富含审美人生和终极关怀的意义。受程朱理学影响，退溪大量探讨自然美，其哲学本体论、宇宙生成论中关于太极、阴阳、五行、万物、天地、理气等论述均包含着丰富的自然美学思想。他创作的许多诗歌和散文也多处论及自然之美。退溪一生酷爱自然山水，在为政、研习朱子书、讲学、撰著之余，经常独自与朋友、门生外出游历，好山好水必亲赴之，在游历之中留下了不少游记和大量山水诗作。这些山水诗情景交融、情理互汇，或直抒胸臆、怡情忘机，或含蓄蕴藉、以有限的艺术语言通向无限的意蕴。很多游记和山水诗歌显示出他对自然山水之美的见解，是其关于自然美的部分论述。作为理学家、朱子学家，退溪关于自然山水的美学观点自然摆脱不了儒家的自然与人格比德观的影响，同时又试图突破这种传统观念，更为注重景与意会的天人合一之境，更愿意视山林为纯粹的审美对象，把山林之乐看作纯粹的审美，抛开一切事功心理，使心灵如明镜止水，至虚至静，获得自由赏适的、感性的人生乐趣。

第一节　儒道佛山林之乐溯源

如前所言，在中国美学史上，“乐”是极为重要的范畴，是美学因素最为明显和突出的范畴，它是“天人合一”之乐，是审美达成的情感状态。“美”是“乐”的从属范畴、次级范畴，或言，“乐”在中国古代是现代术语“美”的代名。“美”这一范畴在中国古代尽管不乏论述，但说得最多的是“乐”，“美”的最终指向也是“乐”。这样的“乐”，不仅仅有道德方面的，更有自然山水方面的——下文将谈到，道德之乐与自然山水之乐是十分复杂的关系，同时又涉及审美的人生境界。自然山水之乐是人生境界的重要组成部分。像儒家“知者乐水，仁者乐山”，道家“天地有大美……原天地之美”而“得至美而游乎至乐”，佛家“吃茶吃饭随时过，看水看山实畅情”等，所言皆为自然山水之“乐”趣。除此，关于自然山水的论述，在中国古代可谓数不胜数。北宋画家郭熙在《林泉高致》中说：“君子之所以爱夫山水者，其旨安在？丘园养素，所常处也；泉石啸傲，所常乐也；渔樵隐逸，所常适也；猿鹤飞鸣，所常亲也。”山水不但是“常处”之地，也是“常乐”、“常适”、“常亲”的欣赏对象，人与自然山水被看作是不可分割的关系。儒道佛三家在这一点上的看法可谓一致，但具体对山水之乐的看法又有所差异。

一、逝者如斯——道德与山水

子在川上曰：“逝者如斯夫，不舍昼夜。”

——《论语·子罕》

比德与乐天是儒家与自然山水有关的生命状态的两个层次，但这两个层次又是不无关联的。同属美的展开，山水比德更多的是唤起社会生命意识，而乐天的天地境界则是向天人一体的生命境界的提升。比德还处于较浅的层次，还存在着二分的痕迹；天乐、天地境界则是自然自在的物我无间的天人合一的境界。比德是生命状态的单向度的展开，天乐的天地境界则是生命之美的弥纶天地的、双向度的灿然显露。儒家的自然美论是基于心性本体之学的天人合一思想，人与自然和谐之美，是儒家的深切向往，也是儒者的日常践履和不可或缺。

（一）知者乐水，仁者乐山——山水比德与生命之美的展开

知者乐水，仁者乐山。知者动，仁者静。

——《论语·雍也》

山水之乐，在儒家经典中比比皆是；儒家山林之乐，可从比德说起。“比德”一词最早出现于《荀子》一书。据《荀子》，子贡问孔子为什么君子看重玉，孔子回答说：“夫玉者，君子比德焉。温润而泽，仁也；栗而理，知也；坚刚而不屈，义也；廉而不刿，行也；折而不挠，勇也；瑕适并见，情也；扣之，其声清扬而远闻，其止辍然，辞也。故虽有珉之雕雕，不若玉之章章。诗曰：‘言念君子，温其如玉。’此之谓也。”

(《荀子·法行》)将人类的仁、知、义、行、勇、情、辞等品格比之于玉这一自然物。所谓"比德",是指主体将人类的情感、意志、道德等精神品格比赋于自然山水,认为自然山水也具有同主体一样的精神品格,主体反过来由此感受到自身精神品格,自然山水由此成为人的审美对象。儒家对山水的看法,山水之美的独特价值的显现,首先始于众所周知的山水比德;对儒家山水观的理解,也从山水比德开始。

虽然《论语》一书还没有出现"比德"这样的字眼,但并不是说这种思想不存在;虽文字记载不丰,但从只言片语中已经显示出了这种思想的萌芽。如果说《论语·为政》中"为政以德,譬如北辰,居其所,而众星共之"是纯粹的比喻——以居其所而众星拱之的北辰来比喻以德为政的必需性,那么《论语·子罕》中"岁寒,然后知松柏之后凋也"则是纯粹意义的比德:将人在恶劣环境中不畏艰险、坚强不屈的优秀精神比赋于寒冬依然翠绿、挺拔的松柏,松柏相应成为这种精神品格的代言。

孔子的山水比德观,集中体现于"知者乐水,仁者乐山。知者动,仁者静"(《论语·雍也》)这句话。然而,《论语》并没有更多的直接材料为理解孔子的乐山乐水提供佐证。因此,后世儒者对孔子乐山乐水的阐释有了更多的空间,尽管如此,最基本的立场还是山水比德。

> 孔子观于东流之水。子贡问于孔子曰:"君子之所以见大水必观焉者,是何?"孔子曰:"夫水大,遍与诸生而无为也,似德;其流也埤下,裾拘必循其理,似义;其洸洸乎不淈尽,似道;若有决行之,其应佚若声响,其赴百仞之谷不惧,似勇;主量必平,似法;盈不求概,似正;淖约微达,似察;以出以入,以就鲜絜,似善化;其万折也必东,似志。是故君子见大水必观焉。"(《荀子·宥坐》)

荀子认为水的不同性状诸如"遍与诸生"、"流也埤下"等分别"似德"、"似义"、"似道"、"似勇"、"似法"、"似正"、"似察"、"似善化"、"似志","是故君子见大水必观焉。"这显然与《荀子》自身提出来的比德说是一致的。

刘向《说苑·杂言》载:

> 子贡问曰:"君子见大水必观焉,何也?"孔子曰:"夫水者,君子比德焉。遍予而无私,似德;所及者生,似仁;其流卑下,句倨皆循其理,似义;浅者流行,深者不测,似智;其赴百仞之谷不疑,似勇;绵弱而微达,似察;受恶不让,似包蒙;不清以入,鲜洁以出,似善化;至量必平,似正;盈不求概,似度;其万折必东,似意。是以君子见大水观焉尔也。""夫智者何以乐水也?""曰:泉源溃溃,不释昼夜,其似力者;循理而行,不遗小间,其似持平者;动而之下,其似有礼者;赴千仞之壑而不疑,其似勇者;障防而清,其似知命者;不清以入,鲜洁而出,其似善化者;众人取平,品类以正,万物得之则生,失之则死,其似有德者;淑淑渊渊,深不可测,其似圣者。通润天地之间,国家以成。是知之所以乐水也。《诗》云:'思乐泮水,薄采其茆,鲁侯戾止,在泮饮酒。'乐水之谓也。""夫仁者何以乐

山也?""曰:夫山巃嵷礧嶵,万民之所观仰。草木生焉,众物立焉,飞禽萃焉,走兽休焉,宝藏殖焉,奇夫息焉,育群物而不倦焉,四方并取而不限焉。出云风,通气于天地之间,国家以成。是仁者所以乐山也。《诗》曰:'太山岩岩,鲁侯是瞻。'乐山之谓矣。"

这段话除了像《荀子》一样对于"君子见大水必观焉"进行了相似的、更进一步的比德外,又对乐山的原因进行了一番阐释。

朱熹对山水之乐的阐释更为人所熟知:

知者乐水,仁者乐山,不是兼仁知而言,是各就其一体而言,如仁者见之谓之仁,知者见之谓之知。人杰问:"乐字之义释曰喜好,是知者之所喜好在水,仁者之所喜好在山否?"曰:"且看水之为体,运用不穷,或浅或深,或流或激;山之安静笃实,观之仅有余味。"(《朱子语类》卷三二)

乐,喜好也。知者达于事理而周流无滞,有似于水,故乐水;仁者安于义理而厚重不迁,有似于山,故乐山。(《四书章句集注·论语》卷三)

无论是荀子、刘向,还是朱熹,都具体地把山水与人的精神品格一一对应起来。在儒家看来,山水总能唤起人的历史时间感、空间大化感、社会意识感。圣人眼中的山水,是仁、智的象征,具有道德的属性。山水可以比德,智者、仁者在山水中找到对应的象征,常人也可以在山水中体验圣贤气象。作为外物的山水,触动于内,运行于心,激活胸中的仁、智:得山水之乐,乃是得仁、智之乐。这种乐,正是儒家生命心性的证实与展开,正是神妙的生命本体。《孟子·尽心上》中说:"孔子登东山而小鲁,登泰山而小天下。故观于海者难为水,游于圣人之门者难为言。观水有术,必观其澜,日月有明,容光必照焉。流水之为物也,不盈科不行;君子之志于道也,不成章不达。""小鲁"与"小天下"正是"东山"、"泰山"的对应象征,"观水有术"则是生命心性得以证实与展开的方式。

自然界的一切事物如风花雪月、鸟兽虫鱼,甚或一粒种子、一块山石,都有可能成为比德对象,成为审美对象。松、竹、梅被称为"岁寒三友",同样是精神品格的比赋;又有梅、兰、菊、竹"四君子"之说,所谓"与梅同疏,与兰同芳,与竹同谦,与菊同野";花之君子"出淤泥而不染,濯清涟而不妖"的品格,更因宋儒周敦颐脍炙人口的《爱莲说》而名扬天下。

君子比德,是生命之美在自然界的展开,恰如《醉古堂剑扫》云:"与梅同瘦,与竹同清,与柳同眠,与桃李同笑,居然花里神仙;与莺同声,与燕同语,与鹤同唳,与鹦鹉同言,如此话中知己。"[①]在儒家看来,自然之美与人的道德理想、人格操守相系。儒家把人的道德情感投射于山岳湖海、花鸟虫鱼等自然物,认为它们具有与人

---

① [日]合山究选编,陈西中、张明高注释:《明清文人清言集》,中国广播电视出版社1991年版,第90页。

相同的道德属性,是人的道德境界的象征,并反过来在自然物中、在这一投射过程中体验道德人格之美。一般而言,梅被赋予风神洒落、风骨清瘦等道德含义,如"梅花香自苦寒来";兰被赋予高贵淡雅、幽香自赏等道德含义,如"芷兰生于深林,不以无人而不芳";竹被赋予坚贞劲挺、高节虚心等道德含义,如"未出土时已有节,待到凌云更虚心";菊被赋予野淡清丽等道德含义,如"人淡如菊";莲被赋予高洁不染的道德含义,如"出淤泥不染,濯清涟而不妖"。

封孝伦先生认为,人是生物生命、精神生命和社会生命的统一体,对于社会生命而言,自然美主要在于满足或唤起主体的社会生命意识,如陈毅眼中的雪压青松,显示了主体的高风亮节的品格,叶剑英眼中的青山夕照,则是主体在晚年完成了一件惊天动地伟业的象征等。[①] 如果说,儒家的自然山水比德更多的是唤起社会生命意识,更多的处于生命之美的展开阶段,那么,在比德基础上更进一步的儒家自然山水思想更多的是向天人一体的生命境界的提升。

(二)胸次悠然——比德基础上的生命境界的提升

> 胸次悠然,直与天地万物上下同流,各得其所之妙,隐然自见于言外。视三子之规规于事为之末者,其气象不侔矣,故夫子叹息而深许之。
>
> ——朱熹《四书章句集注》

即使在作为自然山水思想萌芽的孔子那里,自然山水也并不限于纯粹意义上的比德。可以说,山水比德仅是儒家山水审美的初级阶段或初级层次。孔子"逝者如斯夫,不舍昼夜"(《论语·子罕》)的一声叹息,将历史时间感付诸滚滚东逝水,从自然之中感悟人生之苦乐。孔子的生命观,是活生生的,并不抽象,换言之,孔子不是从认识论的角度、不是用抽象的思辨语言来阐释生命,而是在人与人、人与社会、人与自然的关系中来体悟生命,所谓"夫子之文章,可得而闻也;夫子之言性与天道,不可得而闻也"(《论语·公冶长》)。"逝者如斯"的时间紧迫感是与儒家忧患意识联系在一起,时间情感化了。"逝者如斯"的水不仅成了个体生命与社会和历史相联系的纽带,更成为个体生命与社会和历史相联系的证实与代言。"子在川上"不正是生命的灿然显露吗?天地之妙,以言语无法穷尽;天人同体,因而不必以言语这把解剖刀、显微镜去分解,去把它的本质放大来细致观察,我们只需用心感受和体悟即可;天人同体、万物合一的思想,亦显现此番感受和体悟。

"天何言哉!四时行焉,百物生焉。天何言哉!"(《论语·阳货》)这是孔子关于

① 参见封孝伦:《人类生命系统中的美学》,安徽教育出版社1999年版,第189页。

天人关系的看法的集中体现。天地之妙与生命情趣，是在语言之外的感悟中显露出来的，所谓"不着一字，尽得风流"、"超以象外，得其环中"（司空图《二十四诗品》）。李泽厚先生说："正因为超越语言，万物及人并非被创造者，于是才可能天人同体，人事与天道才同一：它们同质（'气'）同德（'生生不已'），不过异形而已。……体用一源，显微无间，即人为天之延续，人事与天道为一体也。"[①]这样的审美方式，对于山林之乐的影响是显而易见的。

孔子虽未从"人生—宇宙"的本体论角度来论述"逝者如斯夫"、"天何言哉"等等，却是"人生—宇宙"一体化的具体体现。从这一意义上讲，孔子的山水之乐确实并不能完全概括为比德之意。如孔子的"吾与点也"之叹：

> 子路、曾皙、冉有、公西华侍坐，子曰："以吾一日长乎尔，毋吾以也。居则曰：'不吾知也！'如或知尔，则何以哉？"子路率尔对曰："千乘之国，摄乎大国之间，加之以师旅，因之以饥馑，由也为之，比及三年，可使有勇，且知方也。"夫子哂之："求！尔何如？"对曰："方六七十，如五六十，求也为之，比及三年，可使足民。如其礼乐，以俟君子。""赤！尔何如？"对曰："非曰能之，愿学焉。宗庙之事，如会同，端章甫，愿为小相焉。""点！尔何如？"鼓瑟希，铿尔，舍瑟而作，对曰："异乎三子者之撰。"子曰："何伤乎？亦各言其志也。"曰："暮春者，春服既成，冠者五六人，童子六七人，浴乎沂，风乎舞雩，咏而归。"夫子喟然叹曰："吾与点也。"（《论语·先进》）

这样的山水之乐，是普通意义上的比德吗？孔子毕生"克己复礼"，却对"使民足"、"宗庙之事"等回答不置可否，而唯独赞赏曾点的山水之趣，后儒是如何解释的呢？

朱熹注"吾与点也"云：

> 曾点之学，盖有以见夫人欲尽处，天理流行，随处充满，无少欠阙。故其动静之际，从容如此。而其言志，则又不过即其所之位，乐其日用之常，初无舍己为人之意。而其胸次悠然，直与天地万物上下同流，各得其所之妙，隐然自见于言外。视三子之规规于事为之末者，其气象不侔矣，故夫子叹息而深许之。（《四书章句集注·论语》卷六）

所谓"胸次悠然，直与天地万物上下同流"正是生命与自然合而为一从而体得天地大美的境界的另一种表达方式。冯友兰先生就此评价说："乐天者之乐，正是此种乐。明道说：'周茂叔每令寻孔颜乐处，所乐何事。'又说：'自再见周茂叔后，吟风弄月而归，有'吾与点也'之意。'此等'吟风弄月'之乐，正是所谓孔颜乐处。"[②]在四种

---

① 李泽厚：《论语今读》，第303页。

② 冯友兰：《贞元六书》，第634页。

境界(自然境界、功利境界、道德境界、天地境界)中,冯友兰认为孔子的这种意趣属于最高一层天地境界,与宋明理学中的天地气象之乐同属于"乐天"。在这种天地境界中,人自觉地成为万物的一部分,与万物合一。山林之乐,正是这种合一状态的展开,是儒家修到最高境界的一派自然的状态。

在宋明理学看来,自然山水成为"道"的载体,山林之乐具有了本体论上的意义。朱熹说:"鸢飞鱼跃,道体随处发见,谓道体发见者,犹是人见得如此,若鸢鱼初不自知。察,只是着。天地明察,亦是着也。……恰似禅家云'青青绿竹,莫匪真如;粲粲黄花,无非般若'。"(《朱子语类》卷六三)"那个满山青黄碧绿,无非是这太极。"(《朱子语类》卷九四)道作为本体而被万物,上下同流而各得其所,是理学家从"鸢飞鱼跃"开出的思想。天理是形而上的、超时空的观念,无声无臭、无方所无形体,最能充分而具体地显示天理当属自然山水。天理是宇宙万物的法律和规则,而鸢飞鱼跃、花开花落、阴晴圆缺等自然现象,无不是天理之运用。与比德思想相似,"鸢飞鱼跃"里的"鸢"和"鱼"具有象征意义,它们是审美意象之一种,是天理的载体,表现出来的是道之流行发见,同时又融合了审美主体的情、意、理、趣等。

由此看来,这样的山水之乐已不再是纯粹的比德,而是建立在比德之上但在境界上高出比德的天人合一之乐——本来"天人合一"的"天"的基本内涵就是"自然"。比德与乐天的天地境界是儒家生命状态的两个层次,但这两个层次又是不无关联的。朱光潜先生说:"'移情作用'是把自己的情感移到外物身上去,仿佛觉得外物也有同样的情感。这是一个极普遍的经验。自己在欢喜时,大地山河都在扬眉带笑;自己在悲伤时,风云花鸟都在叹气凝愁。惜别时蜡烛可以垂泪,兴到时青山亦觉点头。柳絮有时'轻狂',晚峰有时'清苦'。陶渊明何以爱菊呢?因为他在傲霜残枝中见出孤臣的劲节;林和靖何以爱梅呢?因为他在暗香疏影中见出隐者的高标。"[①]关于移情说以及比德与移情的诸多相似,学界多有论述,不再赘述。这里要强调的是,移情是建立在主客二分的基础上的,是二分之后的合一。相比而言,比德与移情类似,还处于较浅的层次,还存在着二分的痕迹;天乐、天地境界则是自然自在的物我无间的天人合一的境界。比德是生命之美的展开但却是单向度的展开,且比德的对象在一定意义上说仍局限于单一自然物;天乐、天地境界则是生命之美的弥纶天地的、双向度的灿然显露。当然,二者界限难以彻底廓清,亦难以彻底分开,如梅、兰、菊、竹"四君子"、"岁寒三友"松、竹、梅之谓确实是比德的产物,但又是人的真实生命的存在,是生命的美的状态的展开;"逝者如斯夫"之叹,不仅仅蕴涵着忧患意识诸"德",也是生命与万物同流的审美胸次。反言之,如朱熹之谓"胸次悠然,直与天地万物上下同流",当然也离不开自然之德或德之自然。

① 朱光潜:《谈美》,北京大学出版社2008年版,第36页。

(三)与自家意思一般——自然山水与审美人生

周茂叔窗前草不除去,问之,云:“与自家意思一般。”

——《河南程氏遗书》卷三

总体说来,儒家的自然美论是基于心性本体之学的天人合一思想,所谓“圣希天,贤希圣,士希贤”(《周子通书·志学》)。自然之美,在儒家看来是不可或缺的,是儒家生命状态的绽放。据《河南程氏遗书》卷三载:“周茂叔窗前草不除去,问之,云:‘与自家意思一般。’”程颢说:“万物之生意最可观,此元者善之长也,斯所谓仁也。”[①]张横浦亦云:“明道书窗前有茂草覆砌,或劝之芟,曰:‘不可!欲常见造物生意。’又置盆池,畜小鱼数尾,时时观之。或问其故,曰:‘欲观万物自得意。’草之与鱼,人所共见,唯明道见草则知生意,见鱼则知自得意,此岂流俗之见可同日而语!”[②]自然之物如窗前草、小鱼充满生机,窗前草“与自家意思一般”,由鱼而“知万物自得意”,即云物我之间融合无间,物即我,我即物,这是一种天人合一的美感体验:身对青山,耳听泉声,境幽意悦,情景交融,境与意会,故能超然物外,物我两忘,天人一体。王阳明说:“目无体,以万物之色为体;耳无体,以万物之声为体;鼻无体,以万物之臭为体;口无体,以万物之味为体;心无体,以天地万物感应之是非为体。”(《传习录·黄省曾录》)从本质上说,山林之乐来自于与宇宙本体合一,与天地变化合一。山水、花草因我而鲜活,因我而显示出价值和意义。

在儒家看来,人性源于天,来自“天命”,即最自然的状态。情由心生,心根于性,性根于道,道根于宇宙大化。儒家的道德不是造作,不是外在的而是内在自然地根置于人心之中。山林之乐就是生命、心性的一派自然的状态。这种一派自然的山林之乐,到王阳明那里被演绎得最为彻底:

> 先生游南镇,一友指岩中花树问曰:“天下无心外之物。如此花树,在深山中自开自落,于我心亦何相关?”先生曰:“你未看此花时,此花与汝心同归于寂;你来看此花时,则此花颜色一时明白起来:便知此花不在你的心外。”(《传习录·黄省曾录》)
>
> 侃去花间草,因曰:“天地间何善难培,恶难去?”先生曰:“未培未去耳。”少间,曰:“此等看善恶,皆从躯壳起念,便会错。”侃未达。曰:“天地生意,花草一般,何曾有善恶之分?子欲观花,则以花为善,以草为恶;如欲用草时,复以草

---

① 程颢、程颐:《河南程氏遗书》卷一一,《二程集》,第120页。

② 黄宗羲:《宋元学案·明道学案下》,清道光刻本。

为善矣。此等善恶，皆由汝心好恶所生，故知是错。”……曰：“草既非恶，即草不宜去矣。”曰：“如此却是佛、老意见。草若有碍，何妨汝去？……汝要去草，是甚么心？周茂叔窗前草不除，是甚么心？”（《传习录·薛侃录》）

王阳明于此所说的人心与自然的关系表面上看似分离，不过与前文所引的“……心无体，以天地万物感应之是非为体”之语相映证就会发现并非如此而恰好相反，二者是浑然一体的。山水、花草因我而鲜活，因我而显示出价值和意义，而我心也是一派自然。陆游《排闷》诗云：“西塞山前吹笛声，曲终已过洛阳城。君能洗尽世间念，何处楼台无月明？”王国维在《人间词话》中说：“山谷云：‘天下清景，不择贤愚而与之。然吾特疑端为我辈设。’诚哉斯言！抑岂独清景而已，一切境界，无不为诗人设。世无诗人，即无此种境界。”[①]所谓“洗尽世间念”和“诗人”等说法即是人心的一派自然的状态，在这种一派状态中获得山水之乐。

相应地，儒家眼中的山林之乐还有一个重要功能：补济。儒家历来强调以天下为己任的责任观，所谓“达则兼济天下”；在社会动荡、发生严重政治斗争和倾轧而个人境遇不得意的时代，则有“穷则独善其身”的补充。他们“常常表现出救世与自救的二重人格，即所谓‘达则兼济天下，穷则独善其身’——得志当权时，积极入世，力图实现其忠君仁民、治国平天下的政治抱负；落魄失意时，则归于自然，与世无争，自甘淡漠，远祸避害，洁身自好”[②]。山林之乐是儒者“自救”的重要途径。儒者虽然从不放弃“先天下之忧而忧”的社会责任心，但在现实政治生活中遭受倾轧、挫折时，常会远离政治，于山林之中调养生息。“天下有道则见，无道则隐。”（《论语·泰伯》）“道不行，乘桴浮于海。”（《论语·公冶长》）政治不得意，乘上一叶扁舟逍遥四海就成了孔子的不二选择。儒家把道德看作心性的自然状态，认为天命即道德，试图融汇自然与道德两极，实现天地气象、圣贤气象。自然与道德真的可以圆融合一吗？内圣与外王一般只能偏于一边而难以平衡兼顾，要么出入公堂之余而在一块小天地中足不出户游心山林，要么身处山林而心系朝堂。这一点从历史上看几无例外。恰因此种矛盾，儒家的山林之乐的价值更加得以突显，自然山水的比德说以及与之相关的生命境界之说才会大放光彩。人在自然之中，“有一种归真返朴的感受，有一种超凡脱俗，远离尘世喧嚣，洗净人世烦恼的心旷神怡的体验。只有面对自然美的时候，人们才真正感受到自己是一个完整的、活生生的生命存在。如果说，人作为社会关系的一个纽结，在社会的网络上被撕碎了的话，在自然中他重新缝合了；如果说，人在社会阶层的挤压中被削平了的话，在自然中，他复又膨胀为一

---

① 王国维：《人间词话·附录》，周锡山编校：《王国维集》第1册，中国社会科学出版社2008年版，第242页。

② 郭学信：《宋代士大夫文化品格与心态》，天津人民出版社1997年版，第18页。

个四维立体的生命存在"[①]。在自然中能够感受到自己是完整的、活生生的生命存在，就儒家而言，正是因为人性源于天，天(自然)本身就是道德本性，又是赋予人类道德本性的存在，二者的合一才是最自然、最美的生命状态。

儒重"人道"，道重"天道"。儒家山林之乐的补济功能，可视为一种儒道互补。李白长啸"行路难，行路难，多歧路，今安在。长风破浪会有时，直挂云帆济沧海"(《行路难》)、"仰天大笑出门去，我辈岂是蓬蒿人"(《南陵别儿童入京》)，也低吟"学道三十春，自言羲和人。轩盖宛若梦，云松长相亲"(《酬王补阙惠翼庄庙宋丞此赠别》)、"云卧三十年，好闲复爱仙"(《安陆白兆山桃花岩寄刘侍御绾》)、"余尝学道穷冥筌，梦中往往游仙山"(《下途归石门旧居》)。山林之乐，不但是生命、心性之美的展开和境界的提升，也是儒家疗伤修养的重要方式。

以上论述了儒家的山水之美乐观，那么相较而言，它与道佛的山水之美乐观有何相似与相异呢?

二、欣然畅情——道佛与山水

> 不伤物者，物亦不能伤也。唯无所伤者，为能与人相将迎。山林与，皋壤与，使我欣欣然而乐与!
>
> ——《庄子·知北游》
>
> 问:"如何是平常心合道?"师曰:"吃茶吃饭随时过，看水看山实畅情。"
>
> ——《景德传灯录》卷二二

关于道家与道教的关系，一般认为，以老庄为代表的先秦哲学学派称为"道家"，东汉中后期形成的仍以"道"为基础理论却以修道成仙思想为核心的带有宗教色彩的流派称为"道教"。笔者重点不在于此，为行文方便，无论是道家还是道教，皆以"道家"来统称。同样，笔者所称"佛家"，是中国古代佛教、佛家、释家、禅宗等的统称。

道家对山林的看法在中国美学史上具有独到的特点，不仅在理论上崇尚自然，更在实践上向往、独好山水林泉，甚至到了无以复加的地步。

在理论上，道家山水之乐的哲学基础是《老子》中提出的"人法地，地法天，天法道，道法自然"(《老子》第二十五章)。处于最顶端的"自然"，可以从两方面进行理解:一是原初状态及与之相关的自自然然、自然而然，即自己如此的本然存在;二是

① 封孝伦:《人类生命系统中的美学》，第185~186页。

作为宇宙存在的天地万物，即我们常说的大自然，如山水林泉。李泽厚曾分析说："'自然'有两种含义：一种是自自然然，即不事人为造作；另一即是自然环境、山水花鸟。这两种含义也可以统一在一起，你看那大自然，不需要任何人工而多么美丽！"[①]前者是哲学范畴，是存在状态，后者是具体事物，是感性存在。这两重含义是相互关联、不可或分的，如果说前者属根本义，是后者的内在性状，后者则是前者的具有根本性的具体表现形态，是后者的实际依附。比如：

> 昔者海鸟止于鲁郊，鲁侯御而觞之于庙。奏《九韶》以为乐，具太牢以为膳。鸟乃眩视忧悲，不敢食一脔，不敢饮一杯，三日而死。此以己养养鸟也，非以鸟养养鸟也。夫以鸟养养鸟者，宜栖之深林，游之坛陆，浮之江湖，食之鳅鲦，随行列而止，逶迤而处。（《庄子·至乐》）

清代的郑板桥曾言："平生最不喜笼中养鸟，我图娱悦，彼在囚牢，何情何理而必屈物之性以适吾性。"[②]"鸟"是自然的一分子，即具体的存在物；鸟本应自然地、自由地飞翔于自然界中，即指自自然然的状态；"以己养养鸟"、"笼中养鸟"是"屈物之性以适吾性乎"，即指违背自然的、不自然的、人为的状态。

经由人→地→天→道→自然的这一系列，在前一层意义上，是人的生命状态逐步向更高一级最后向自然的前溯。在庄子看来，其方法是"游"："孔子曰：'请问游是。'老聃曰：'夫得是至美至乐也。得至美而游乎至乐，谓之至人。'""游"于何处？"游心于物之初。"所谓"物之初"，指的就是宇宙万物的原初的、自然的状态。只有与这种状态神游而契合为一，方能体得"至美至乐"。成玄英《南华真经注疏》亦云："彼自然也，自然生我，我自然生，故自然者，即我之自然，岂远之哉？……彼自然也，取禀受也，若非自然，谁能生我？若无有我，谁禀自然乎？然我则自然，自然则我，其理非远。"讲的就是生命与自然的浑然一体。在后一层意义上，则是人的生命的自然状态的实现。《庄子·天运》云：

> 夫至乐者，先应之以人事，顺之以天理，行之以五德，应之以自然。然后调理四时，太和万物。四时迭起，万物循生。一盛一衰，文武伦经。一清一浊，阴阳调和，流光其声。蛰虫始作，吾惊之以雷霆。其卒无尾，其始无首。一死一生，一偾一起，所常无穷，而一不可待。

由此可知，"自然"之道，无不于"天理"、"自然"、"四时"、"万物"、"清浊"、"阴阳"……之中见出，"至美"自亦如是，所谓"天地有大美"。

总之，万事万物，包括人的生命，"目击而道存"，无不体现着道，都应处于道的自然存在状态。自然之美、山林之乐当然也是极为重要的手段，同时也是生命之目

① 李泽厚：《美学三书》，安徽教育出版社 1999 年版，第 308 页。

② 郑燮：《潍县署中与舍弟墨第二书》，《板桥集》，清清晖书屋刻本。

的。《庄子》云："圣人者，原天地之美而达万物之理，是故至人无为，大圣不作，观于天地之谓也。"其中的"天地之美"与"万物之理"可以说是并列的关系，都是"至人"、"大圣"的至高目标；解为递进关系亦通，即"万物之理"(道)通过"天地之美"得以体现。此谓并列与递进，实一而二、二而一。

在形上与形下的意义上，如果说《老子》对自然的论述还是纯粹哲学思辨，"自然"的含义还处于上述的第一层，并未具体论述与人的生命直接相关的山林之乐，《庄子》则除了第一层意义之外更进了一步，对"大自然"意义上的"自然"更加注重并有了更多的描述。试看"泾流"、"北海"之美：

> 秋水时至，百川灌河。泾流之大，两涘渚崖之间，不辨牛马。于是焉河伯欣然自喜，以天下之美为尽在己。顺流而东行，至于北海，东面而视，不见水端。(《庄子·秋水》)

庄子这里讲的虽然是以小比大的美，但无论如何它们是美的。对这些感性的山林之美，庄子并不持排斥的态度，因为山林之美，在庄子看来给人的是一种乐的享受："不伤物者，物亦不能伤也。唯无所伤者，为能与人相将迎。山林与，皋壤与，使我欣欣然而乐与！"(《庄子·知北游》)《老子》中多次提及"水"，但都是以之言说"道"，如"上善若水，水利万物而不争"、"知其雄，守其雌，为天下溪。为天下溪，常德不离，复归于婴儿"、"大道氾兮，其可左右"、"江海所以能为百谷王者，以其善下之，故能为百谷王"、"天下莫柔弱于水，而攻坚强者莫之能胜，以其无以易之也"等等。对"水"这一自然存在物，《老子》并没有太多具体论述，更多的是形上的哲学提示。相比《老子》而言，《庄子》一书多有对感性自然的描述，如与"庙堂"相对的"曳尾于涂中"之自然，"自喻适志"的以蝶为代表(庄周梦蝶)的"自然"，不应人为破坏的"中央之帝为浑沌"之自然，特别是《庄子·秋水》所云"鯈鱼出游从容，是鱼之乐也"之"鱼之乐"的自然状态，则已是完全意义上的具有典型代表性的山林之乐了。

在源与流的意义上，如果说先秦道家对山林之乐的思考是源头性的，更多的是形上的思索，那么先秦之后的道家则进一步予以具体化，对山明水秀的自然环境的追求更为明确地显现出来。

葛洪《抱朴子》一书对名山大川的向往有诸多描述。其山林之乐，同样与"道"和"自然"范畴有关。葛洪说："夫道也者，逍遥虹霓，翱翔丹霄，鸿崖六虚，唯意所造。魁然流摈，未为戚也。牺腯聚处，虽被藻绣，论其为乐，孰与逸麟之离群以独往、吉光坼偶而多福哉？""道"的自由、自然的性状，在此表现为"离群以独往"之乐。在骑青牛西出函谷的传说中，老子去向何方等具体情况虽语焉不详、无从考证，但此传说意欲表述"离群以独往"之意，老子的去向绝非喧嚣尘世，而是到名山大川感受山林之乐，或按道教的思路“成仙”。[①]

葛洪记载汉末方士左慈“于天柱山中精思，而神人授之金丹仙经，会汉末乱，不遑合作，而避地来渡江东，志欲投名山以修斯道”，葛洪也评介自己说：

> 予忝大臣之子孙，虽才不足以经国理物，然畴类之好，进趍之业，而所知不能远余者，多挥翮云汉，耀景辰霄者矣。余所以绝庆吊于乡党，弃当世之荣华者，必欲远登名山，成所著子书，次则合神药、规长生故也。俗人莫不怪予之委桑梓，背清涂，而躬耕林薮，手足胼胝，谓予有狂惑之疾也。然道与世事不并兴，若不废人间之务，何得修如此之志乎？见之诚了，执之必定者，亦何惮于毁誉，岂移于劝沮哉？聊书其心，示将来之同志尚者云。后有断金之徒，所捐弃者，亦与余之不异也。（《抱朴子·金丹》）

其出世思想与老庄如出一辙，但明确提出了“远登名山”。虽然投名山的目的是修道，是成书、合药，却自觉或不自觉地达到了审美的实现，换言之，虽然葛洪的山林之乐不一定是最终目的，却和审美有直接关系。如《抱朴子·金丹》云：“合丹当于名山之中、无人之地，结伴不过三人，先斋百日，沐浴五香，致加精洁，勿近秽污及与俗人往来，又不令不信道者知之，谤毁神药，药不成矣。”又云老子“受之于元君，元君曰，此道至重，百世一出，藏之石室，合之，皆斋戒百日，不得与俗人相往来，于名山之侧，东流水上，别立精舍，百日成”。“为道者必入山林，诚欲远彼腥膻，而即此清净也。……上士得道于三军，中士得道于都市，下士得道于山林，此皆为仙药已成，未欲升天，虽在三军，而锋刃不能伤，虽在都市，而人祸不能加，而下士未及于此，故止山林耳。不谓人之在上品者，初学道当止于三军都市之中而得也，然则黄老可以至今不去也。”（《抱朴子·明本》）其一，虽然目的在于炼丹，但所述之“名山之侧，东流水上，别立精舍”等分明是一幅幅优美的山水画轴；其二，所要求的“斋戒百日，不得与俗人相往来”即保持内心的清静、虚灵可谓审美心境，这样的审美心境与名山、流水、精舍在这里成了相互依托的关系。因此不难理解，为什么道家修行之所、典型的道观，总是选择山明水秀、清幽静雅的地方。

对于山林之乐，葛洪也有直接的描述：“且游地上，或入名山，亦何所复忧乎？”即通过“地上”、“名山”的游历而“何所复忧”。虽然葛洪原意是指成仙之人的作为，但对道士及现实的影响是存在的，正是《抱朴子·论仙》所云：“上士举形升虚，谓之天仙。中士游于名山，谓之地仙。下士先死后蜕，谓之尸解仙。”山林之乐于是就有了特殊的含义和地位。《抱朴子·至理》云：

> 故山林养性之家，遗俗得意之徒，比崇高于赘疣，方万物乎蝉翼，岂苟为大

① 《史记》卷六三《老子韩非列传》：“老子修道德，其学以自隐无名为务。居周久之，见周之衰，乃遂去。至关，关令尹喜曰：‘子将隐矣，强为我著书。’于是老子乃著书上下篇，言道德之意五千余言而去，莫知其所终。”司马贞《史记索隐》引《列仙传》：“老子西游，关令尹喜望见有紫气浮关，而老子果乘青牛而过也。”

言，而强薄世事哉？诚其所见者了，故弃之如忘耳。是以遐栖幽遁，韬鳞掩藻，遏欲视之目，遣损明之色，杜思音之耳，远乱听之声，涤除玄览，守雌抱一，专气致柔，镇以恬素，遣欢戚之邪情，外得失之荣辱，割厚生之腊毒，谧多言于枢机，反听而后所闻彻，内视而后见无朕，养灵根于冥钧，除诱慕于接物，削斥浅务，御以愉慔，为乎无为，以全天理尔。

从这句话，除了能够明显看出《老子》思想的影响（如"涤除玄览"、"守雌抱一"、"专气致柔"、"镇以恬素"等词语几乎就是《老子》原文）之外，也能看出葛洪在这里突出了山林，即"山林养性之家，遗俗得意之徒"，山林之乐成为"全天理"的重要途径。因此，"濯缨沧浪，不降不辱，以芳林为台榭，峻岫为大厦，翠兰为氤床，绿叶为帏幙，被褐代衮衣，薇藿当嘉膳"必然就成了葛洪的审美理想。

所以，道士多隐山林，陶弘景在《真诰》中对此多有提及。他说："所以道士栖山林而幽身者，皆欲远兹嚣秽，绝放人间之业。""夫真才例多隐逸，栖身林岭之中，远人间而抱淡，则必婴颜而玄鬓也。""若夫能眇邈于当世，则所重唯身也；罕营外难者，则无死地矣。是以古之学者，握玄筌以藏领，匿颖镜于纷务，凝神乎山岩之庭，颐真于逸谷之津。"因为山林的清幽不同于嚣秽的人间纷务之业而契合于人心的淡泊、澄虚等审美心境。

在陶弘景看来，为道的第一要务是要保持心灵的渊淡游闲：

为道者常渊淡以独处，每栖神以游闲，安饮啄以自足。无祈眄于笼樊，哀乐所以长去。……适求真之内娱，从幽诤以熙心，绥所托以栖意；处东山以晦迹，握玄筌于妙领，保随珠以含照，遣五难于胸次耶。

其次，要排除杂念，不受外部环境如人间纷务的影响，更要有清幽的自然环境：

虚心待神，营摄百绝，栖澄至真。当使忧累靡干于玄宅，哀念莫扰于绛津也。淡泊眇观，顾景共欢，于是至乐。自枪零闻于两耳，云傲虚弹乎空轩也。口挹香风，眼接三云，俯仰四运，日得成真。视眄所涯，皆已合神矣。夫真人之得真，每从是而获耳。不真而强真。亦于此而颠蹙也。

夫清静未若东山，养真未若幽林。栖景而虚上，远风尘之网缠，于是荣辱之罗何足以羁至士耶？

如此一来，"乐"境产生："电赴紫栖，共携清响之外，同游云岫广崖。岂不善乎！岂不乐哉！"而这正是陶弘景的山林审美理想。

先秦道家的山林思想，不仅对狭义上的"道教"产生影响，对于广义上的不以修道炼丹成仙为目的的士大夫影响更甚。如果说在前者山林思想中仙气太重，对后者而言则更接近山林之趣的真谛。

先秦道家反对人为修饰，倡导真性情，主张人的本性要符合自然的天性，强调人与自然的合一，李白《王右军》诗"右军本清真，潇洒出风尘"、《对酒》诗"劝君莫拒杯，春风笑人来。桃李如旧识，倾花向我开”无不是这种自然之趣的体现。其名诗“众鸟高飞尽，孤云独去闲。相看两不厌，只有敬亭山”（《独坐敬亭山》），前两句状目前之景：飞鸟孤云皆离我远去。因此有后两句所含的不尽之意：幽寂的敬亭山与诗人两相对坐、两相凝望，二者融而为一，山即我，我即山；山知我，我知山；我之孤傲寂寞即山之孤高沉寂，山之孤高沉寂衬出我之孤傲寂寞。有无、动静、虚实对立统一，构成一幅空疏、幽僻、寒峻的画面，表现出高洁脱俗的精神世界、生命境界。人融于山，情融于山，表现在诗中，我的情和理与景浑然交融，无迹可求。孟浩然《夏日南亭怀辛大》诗“山光忽西落，池月渐东上。散发乘夕凉，开轩卧闲敞。荷风送香气，竹露滴清响”，也正是道家与自然合一的、闲适自得的情趣。这样的精神世界、生命境界，恰是道家山林之乐的展开。

对于山水自然，道家重“天道”之乐，佛家重“心道”之乐。

对于佛家山林之乐的探究，可从“本来面目”入手。《坛经·行由品》卷四云：“祖曰：‘不思善，不思恶，正恁么时，阿那个是明上座本来面目？’”苏轼《老人行》云：“一任秋霜换鬓毛，本来面目长如故。”“本来面目”指人心未受任何干扰的、纤尘不染的原来面貌，佛家的修行不向外求而反观本心，回归纤尘不染的生命本源。回归“本来面目”的修心，在禅宗是禅悟，它不是抽象的思维，而是直觉式的澄明观照，佛家之“镜鉴”、“虚空”、“澄心”、“寂明”等说法，无不如是。“观诸世间山河大地，如镜鉴明，来无所黏，过无踪迹。虚受照应，了罔陈习，唯一精真。”（《楞严经》卷一〇）强调观于山河大地，要像明镜一样，物来则应，物去自舍，无所挂碍、阻滞。“佛真法身，犹如虚空。应物现形，如水中月。”（《金光明经》卷二）“禅也者，妙万物而为言，故能无法不缘，无境不察。然缘法察境，唯寂乃明。其犹渊池息浪，则彻见鱼石；心水既澄，则凝照无隐。”（《高僧传》卷一一）不但强调了寂澄的心法，还强调了“无境不察”以悟万物之神妙莫测。“春有百华秋有月，夏有凉风冬有雪。若无闲事挂心头，便是人间好时节。”（《无门关·平常是道》）春花秋月，尽显物妙佛身；了无闲事，阅尽夏风冬雪。宗白华说：“艺术心灵的诞生，在人生忘我的一刹那，即美学上所谓‘静照’。静照的起点在于空诸一切，心无挂碍，和世务暂时绝缘。这时一点觉心，静观万象，万象如在镜中，光明莹洁，而各得其所，呈现着它们各自充实的、内在的、自由的生命，所谓万物静观皆自得。这自得的、自由的各个生命在静默里吐露光辉。”①

这种“境”，不限于自然但包括自然。佛家缘起说认为，世间的一切以因缘而生灭、处于千丝万缕的联系网中而非孤立的存在。这种整体生态观是佛家情感得以展开的基础。在方法上，佛家主张以“悟”的任运来反观本心，回归纤尘不染的“本

① 宗白华：《美学散步》，上海人民出版社1981年版，第25页。

来面目”、生命本源。对自然山水的体悟可以说是佛家极为重要的修养手段。李泽厚说:“禅之所以多半在大自然的观赏中来获得对所谓宇宙目的性从而似乎是对神的了悟,也正在于自然界事物本身是无目的性的。花开水流,鸟飞叶落,它们本身都是无意识、无目的、无思虑、无计划的。也就是说,是‘无心’的。但就在这‘无心’中,在这无目的性中,却似乎可以窥见那个使这一切所以然的‘大心’、大目的性——而这就是‘神’。并且只有在这‘无心’、无目的性中,才可能感受到它。”[①]禅宗语录云:“悟得来,担柴挑水,皆是妙道。”悟得来,妙道又不仅限于担柴挑水,当然也包括观山赏水。风花雪月、鸟兽虫鱼,无不是佛性的显现,所谓“青青翠竹,尽是法身。郁郁黄花,无非般若”(《景德传灯录·慧海》)。所以得道高僧常以自然山水作为说法妙道:“山河大地是真善知识,时常说法,时时度人。不妨诸上座参取。”(《五灯会元·罗汉愿昭禅师》)“问:‘学人乍入丛林,乞师指个入路。’师曰:‘还闻偃溪水声否?’曰:‘闻。’师曰:‘是汝入处。’”(《景德传灯录》卷十八《师备》)在具体的日常生活中,在青山绿水、深山古刹中,真如本性自然显现,即可成佛,进入佛的境界。

以山水说法者,最著名的例子之一是青原惟信禅师:“老僧三十年前未参禅时,见山是山,见水是水。及至后来,亲见知识,有个入处。见山不是山,见水不是水。而今得个休歇处,依前见山只是山,见水只是水。”(《五灯会元·青原惟信禅师》)一般认为这是参禅的三个逐步上升的层次:最初层次,未参禅、未领禅机之时,对山水的认识仅是通过肉体感官,即“见山是山,见水是水”;其次,参禅后,觑得了个法门,“有个入处”,眼中的山水已经不再是纯粹的自然而是真如本性的显现,此时的山水已经不再是纯粹感官认识中的山水,即“见山不是山,见水不是水”;最后是否定之否定的结果,进入佛我如一、物我归一、能所双泯的最高境界,即“依前见山只是山,见水只是水”。如果说第一层还冥顽未化,是最普通的层次,那么第二层则有所超越但仍有滞碍,第三层则是通达无碍的、“不思善,不思恶”、不着空相的“平常心是道”的境界。又如志勤禅师因桃花悟道也是山水说法之显例,偈云:“三十年来寻剑客,几回落叶又抽枝。自从一见桃花后,直至如今更不疑。”(《景德传灯录·志勤》)。

山水演说着佛法,成为佛陀清净法身。《古尊宿语录·袁州杨岐山普通禅院(方)会和尚语录》云:“雾锁长空,风生大野,百草树木作大师子吼,演说摩诃大般若。”“雾”、“空”、“风”、“野”、“草”、“木”无不是佛的代言。《五灯会元·灵隐慧光禅师》载:“僧问:‘飞来山色示清净法身,合涧溪声演广长舌相。正当恁么时,如何是云门一曲?’师曰:‘芭蕉叶上三更雨。’”“广长舌”指佛舌广而长,善辩佛法。在僧之

---

① 李泽厚:《中国思想史论》(上),第216页。

问中,“飞来山色”、“合涧溪声”与“清净法身”、“广长舌相”分别是自然山水与佛陀法身,“示”、“演”二字虽似已“有心”、“着相”,然终归在讲山水是佛性的显现,不过慧光禅师的回答更为彻底:“芭蕉叶上三更雨。”我即山水,山水即我,山水即佛,佛即山水,不着一点形迹,这便是活泼泼的直觉观照。

这种直觉观照,苏轼偈示说:“溪声便是广长舌,山色岂非清净身。夜来八万四千偈,他日如何举似人。”(《罗湖野录》卷四)虽然苏轼偈遭受到一些禅师的批评(比如被批为“门外汉”),但在佛家的直觉的“悟”的这一点上,苏轼的看法颇有见地。从自然山水悟到的禅意,只能是直觉的,无法用语言来表达;反过来说,要真正悟到禅意,只能到自然山水中去。《五灯会元·净土惟正禅师》载:

> 师识虑洗然,不牵世累……夏秋好玩月,盘膝大盆中浮池上,自旋其盆,吟笑达旦,率以为常。九峰韶禅师尝客于院,一夕将卧,师邀之曰:“月色如此,劳生扰扰,对之者能几人?”……有问曰:“师以禅师名,乃不谈禅,何也?”师曰:“徒费言语。吾懒宁假曲折,但日夜烦万象为敷演耳。言语有间,而此法无尽,所谓造物无尽藏也。”

从“悟”的方式看来,净土惟正禅师同样认为“言语有间”,万法应付诸万象,实际上自己也是“玩月”不止。

这实际上是佛家的共识,同时也是三家的共识。儒家说:

> 天何言哉!四时行焉,百物生焉。天何言哉!(《论语·阳货》)
>
> 子曰:“书不尽言,言不尽意。”然则圣人之意,其不可见乎?子曰:“圣人立象以尽意。”(《周易·系辞上》)

道家说:

> 道可道,非常道;名可名,非常名。(《老子》第一章)
>
> 筌者所以在鱼,得鱼而忘筌;蹄者所以在兔,得兔而忘蹄;言者所以在意,得意而忘言。吾安得夫忘言之人而与之言哉!(《庄子·外物》)
>
> 知者不言,言者不知。(《老子》第五十六章)
>
> 可以言论者,物之粗也;可以意致者,物之精也。言之所不能论,意之所不能察致者,不期精粗焉。(《庄子·秋水》)
>
> 世之所贵道者,书也。书不过语,语有贵也;语之所贵者,意也。意有所随;意之所随者,不可以言传也。而世因贵言传书,世虽贵之,我犹不足贵也。为其贵非其贵也。(《庄子·天道》)

天地之妙,以言语无法穷尽;天人同体,因而不必以言语这把解剖刀、显微镜去分解,去把它的本质放大来细致观察,我们只需用心感受和体悟即可;天人同体、万物合一的思想,亦显现此番感受和体悟。李泽厚说:“正因为超越语言,万物及人并非被创造者,于是才可能天人同体,人事与天道才同一:它们同质(‘气’)同德(‘生生不已’），不过异形而已。……天人合体而不隔。而体用一源，显微无间，即人为天之延续，人事与天道为一体也。……活泼泼与天地相联续之人间生命情趣。”[①]天地之妙与生命情趣，是在这种的优哉游哉的感悟中显露出来的，所谓“不着一字，尽得风流”、“超以象外，得其环中”。这样的思维方式，对于山林之乐的影响是显而易见的。

李泽厚先生认为：“禅在作为宗教经验的同时，又仍然保持了一种对生活、生命、生意总之感性世界的肯定兴趣……在禅宗公案中，所用以比喻、暗示、寓意的种种自然事物及其情感内蕴，就并非都是枯冷、衰颓、寂灭的东西；相反，经常倒是花开草长，鸢飞鱼跃、活泼而富有生命的对象。”[②]不仅仅是在公案中，在参禅修养的实际活动中及其心理活动中，自然山水也是活泼而富有生命的对象，它们不但是说法妙道，同时也是生命的必不可少的组成部分，所以在禅家看来：“僧问：‘如何是诸佛境？’师曰：‘雨来云雾暗，晴乾日月明。’问：‘如何是妙觉明心？’师曰：‘今冬好晚稻，出自秋雨成。’问：‘如何是妙觉闻心？’师曰：‘云生碧岫，雨降青天。’问：‘如何是平常心合道？’师曰：‘吃茶吃饭随时过，看水看山实畅情。’”（《景德传灯录·文钦》）禅诗云：“鹤立松梢月，鱼行水底天。风光都占断，不费一文钱。”吕温《戏赠灵澈上人》诗亦云：“僧家亦有芳春兴，自是禅心无滞境。君看池水湛然时，何曾不受花枝影。”

三、去其藩篱——心性即自然

> 其初只是一家，去其藩篱，仍旧是一家。三教之分，亦只如此。
>
> ——王阳明语，见黄宗羲《明儒学案》卷二五

历史上不乏儒、道、佛三位一体的说法，儒、道、佛中人也均有此言论。儒者说：“就如此厅事，元是统成一间，其后子孙分居，便有中有傍。又传，渐设藩篱，犹能往来相助。再久来，渐有相较相争，甚而至于相敌。其初只是一家，去其藩篱，仍旧是一家。三教之分，亦只如此。”[③]道士说：“道冠儒履释袈裟，三教从来总一家。红莲白藕青荷叶，绿竹黄鞭紫笋芽。虽然形服难相似，其实根源本不差。大道真空元不二，一树岂放两般花。”（何道全《三教一源》）禅师说：“道冠儒履释袈裟，和会三家作一家。忘却兜率天上路，双林痴坐待龙华。”（佛印禅师）“胡须秀才书一卷，白头老子丹一片，碧眼胡僧袒一肩，相看相聚还相恋……想是同根生，血脉原无间。后代

---

① 李泽厚：《论语今读》，第303页。

② 李泽厚：《中国思想史论》（上），第216～217页。

③ 王阳明语，见黄宗羲：《明儒学案》卷二五《南中一》。

儿孙情渐离，各分门户生仇怨。但请高明玩此图，寻取当年宗祖面。”（《山房杂录·诗歌·题三教图》）

王阳明“其初只是一家，去其藩篱，仍旧是一家”的立论基础，是“天人合一”这一共同理想和思维方式，换言之，儒、道、佛三家的同质性在于天人合一这一哲学基础，因为三家思想都在讲天与人、天道与人道、自然与天命、自然与人为的相通合一。然则终有“藩篱”，儒家重人与社会的关系、道家重人与自然的关系、佛家重人与本心的关系。因而三家的审美情感可以说是同质异形的、天人合一基础上的多维审美情感。

具体来说，就儒家而言，《中庸》说：“天命之谓性，率性之谓道。”汉儒说：“仁，天心也。”（《春秋繁露·俞序》）宋儒说：“天心所以至仁者，惟公耳。人能至公，便是仁。”（《朱子语类》卷九七）“心固是主宰底意，然所以主宰者是理也。”（《朱子语类》卷一）“性即理也。天以阴阳五行化生万物，气以成形，而理亦赋焉，犹命令也。于是人物之生，因各得其所赋之理，以为健顺五常之德，所谓性也。”（《中庸章句集注·中庸》）“因明致诚，因诚致明，故天人合一，致学而可以成圣，得天而未始遗人。”（张载《正蒙·乾称》）“仁人则须索做，始则须勉勉，终则复自然。”（张载《经学理窟·气质》）“道则自然生生不息。”（程颐语）这样的例证还能举出很多，总括起来，儒家认为，人性源于“天命”，“天命”是自然的，是道德原则的本原；道德是自然的，是自然的道德，人心天赋地具有道德原则。二者应自然合一，人对道德原则的履行应该自然自觉，所谓“七十从心所欲而不逾矩”。就道家而言，人的本性应顺应自然的天性，所谓“人法地，地法天，天法道，道法自然”（《老子》第二十五章）、“以天合天”（《庄子·达生》）；人天然地是自然的一部分，是自然之物，人与自然相通相融，所谓“天与人，一也”（《庄子·山木》）、“天地与我并生，万物与我为一”（《庄子·齐物论》）、“有人，天也；有天，亦天也”（《庄子·山木》），郭象《庄子注》亦说：“天者，自然之谓”、“天者，乃物之总名也”。就佛家而言，佛心不二，自性即佛，佛性就是人心本性，人心即佛心，佛我如一。如此无不涵含着天人合一的思想，所谓“悟得来，担柴挑水，皆是妙道”、“禅便如这老牛，渴来喝水，饥来吃草”所蕴含的正是天人合一的自然状态。但相对而言，儒家的天人合一更偏重于社会性的“人道”；道家的天人合一更偏重于自然性的“天道”；佛家的天人合一更偏重于个体性的“心道”。

在儒家看来，心在原初状态下，有善无恶，然而，心统合理气性情，性发动变化为情之际，乃是一心之几微，千变万化之枢纽，是要么成善、要么成恶的关键所在。受到气的遮蔽，则有不善。喜、怒、哀、惧、爱、恶、欲七情是由外物触动人的形体感官并因此触动人心、随着所处外部环境的影响而发出的。道无所不在，流行发见于天地宇宙万物之间。以“鸢飞戾天，鱼跃于渊”来说，鸢之飞而戾于天，是天理之流行发见，鱼之跃而出于渊，也是理之流行发见。人禀受天地之气、天地之理而成，人与天地自然是合而为一的,并无内外彼此的差别。

人性源于天,来自"天命",即最自然的状态。情由心生,心根于性,性根于道,道根于宇宙大化。儒的根本仍在自然,而道德不是造作,不是外在的而是内在自然地根植于人心之中。忧患意识、经世情怀与阴阳造化的宇宙精神不仅是不矛盾的,更是和谐统一的。因此,儒家绝不排斥山林和山林之乐,伦理道德修到最高是一派自然,如孔子"吾与点与",周敦颐"窗前草不除"、"胸怀洒脱,如光风霁落",程颢"吟风弄月以归,有'吾与点也'之意",邵雍"安乐窝中事事无"……儒家从不放弃内圣与外王即修己与治世,因此在儒家理想中对社会伦理关系的建构是不可或缺的。审美正是建立在这一基础之上。美与乐是人生的存在状态的展开,指向生命存在的自觉意识和人生意义,与"真"、"善"不可分割。

朱熹《泛舟》诗云:"昨夜江边春水生,艨艟巨舰一毛轻。向来枉费推移力,此日中流自在行!"程颢《秋日》诗云:"闲来无事不从容,睡觉东窗日已红。万物静观皆自得,四时佳兴与人同。道通天地有形外,思入风云变态中。富贵不淫贫贱乐,男儿到此是豪雄。"这是对胸次悠然与天地万物上下同流的诗意表达。"道"、"理"是存在本体、形上本体,也就是生命的真实存在,理学家的"格"、"穷"是为生命探究本体根据,即所以然之故;所当然之则要求依"真"行事做人,即善。天理即为自然,顺应自然即为顺应天理,化所以然之故为所当然之则即为"化真",即生命的自然真实的、在一定意义上是感性的存在状态,即美与乐。因此,性理、性心、情性等可以也应同时呈现于个体生命。"天命之性"人人皆有,处处皆有,营造美的世界是为了显示真实的生命存在状态,在山林之乐中,如陶渊明采菊、周敦颐爱莲、李退溪喜梅……都是其真实生命存在的灿然显露。

这种根于伦理道德的一派自然,与道家自然之道有所相似又有所区别。孔子讲:"天何言哉! 四时行焉,百物生焉。天何言哉!"(《论语·阳货》)道家亦讲:"人法地,地法天,天法道,道法自然。"(《老子》第二十五章)"天地有大美而不言。"(《庄子·知北游》)"无为而尊者,天道也。"(《庄子·在宥》)可见,儒、道两家修到最高都是一派自然。然而,儒家强调的是道德心性与自然的合一。孔子讲:"大哉,尧之为君也。巍巍乎,唯天为大,唯尧则之。荡荡乎,民无能名焉。巍巍乎,其有成功也。焕乎,其有文章。"(《论语·泰伯》)《周易》讲:"观象于天"、"观法于地",道家则讲:"夫至乐者,先应之以人事,顺之以天理,行之以五德,应之以自然。"(《庄子·天运》)而道家则强调自然的自然状态,反对破坏自然人性的人为和虚假妄作——从根本上说,道家并不反对顺应自然的仁义道德,而是反对"礼崩乐坏"下滋生的虚伪的仁义道德。老子说:"失道而后德,失德而后仁,失仁而后义,失义而后礼。夫礼者,忠信之薄,而乱之首。"(《老子》第三十八章)"大道废,有仁义。"(《老子》第十八章)"绝圣弃智,民利百倍;绝仁弃义,民复孝慈。"(《老子》第十九章)"为无为,事无事，味无味。”(《老子》第六十三章)“五色令人目盲；五音令人耳聋；五味令人口爽；驰骋畋猎，令人心发狂；难得之货，令人行妨。”(《老子》第十二章)庄子亦讲：“假于异物，托于同体。”(《庄子·大宗师》)“至人无为，大圣不作，观于天地之谓也。”(《庄子·知北游》)“礼者，世俗之所为也；真者，所以受于天也，自然不可易也。故圣人法天贵真，不拘于俗。”(《庄子·渔父》)“牛马四足，是谓天；落马首，穿牛鼻，是谓人。”(《庄子·秋水》)此等亦皆为老子“人法地，地法天，天法道，道法自然”的延伸和发挥，皆是一派自然的状态。可见，二者的不同之处在于，儒家的一派自然根于顺乎天性的仁义道德，道家的一派自然根于“自然”、“自自然然”。

佛家修到最后也是一派自然。“宝月流辉，澄潭布影。水无蘸月之意，月无分照之心。水月两忘，方可称断。”(《五灯会元·子淳》)佛家的山林之乐，随缘任运，出于山林又不滞于山林，山林之心是自在的心。作为自然物的山林与作为最高境界之乐之间的界限已然泯灭，所谓“水月两忘”，即不滞于物。池田大作说：“佛教就是把自然的包罗万象和一切众生普遍存在的生命之法，作为自己根本的宗教。换句话说，佛教的第一宗旨是要做到跟宇宙和生命中存在的‘法’相一致，并从中指出人和自然走向融合、协调的道路。”[①]这种融合、协调的生命之路，亦为儒家的“天命”、道家的“自然”。佛家喜自然、爱山水，但又不滞于自然山水，讲究“譬如雁过长空，影沉寒水。雁无遗踪之意，水无留影之心”(《林间录》卷上)，正如“担柴挑水”之“妙道”、“渴来喝水，饥来吃草”的自然状态。“雁过长空，影沉寒水”是美的，但“雁过长空，影沉寒水”之后，只要心无滞碍，同样是美的，亦为一派自然的景象。李泽厚说：“审美而不是宗教，成为中国哲学的最高目标。”[②]由此看来，佛家的山林之趣是审美的而非宗教的。

心性的灿然是儒、道、佛三家的一致目标，三家都把山林之乐看作是通往心灵灿然的桥梁，同时又把它看作心性的灿然显露本身。这正是三家山林之乐在内容上的一致之处。学者封孝伦指出“不把内容规定为深奥的思想和抽象的概念，而是指该事物内在的组成因素以及这些因素与人的关系，我们会发现，与社会美相比，自然美更需要从内容得到说明……不注意到它们的内容，我们难以欣赏到生动丰富的自然美。”[③]譬如黄河给人厚重的力量感是美的，长江在为人类提供舟楫灌溉之利的时候是美的，但当它们给人类带来洪涝之灾时，却显得凶暴和丑恶。就此而言，无论是儒、道还是佛，山林都是显示了与人的生命相关的内容才显出了它们的美，人也只有在山林的内容与人的生命活动一致的时候感受到山林之美、山林之

① [日]池田大作、[英]汤因比：《展望21世纪：汤因比与池田大作对话录》，荀春生等译，国际文化出版公司1997年版，第370页。

② 李泽厚：《中国思想史论》(上)，第314页。

③ 封孝伦：《人类生命系统中的美学》，第184～185页。

乐。不仅如此，在三家看来，山林也因为它的合规律性才向人类显示出美来，就此而言，它们分别是“人道”的形式、“天道”的形式和“心道”的形式与人的心灵（审美情感）的契合。当然，二者（从哲学角度来讲，即合目的性与合规律性）是一而二、二而一的，正如与人的生命相悖的形式不会引起人的美感一样。而山林，无论是从内容上还是形式上，都因契合于人类的生命、人类的审美心灵而给人以审美的享受。从这一意义上说，山林之乐，不仅是三家通向灿然心性的桥梁，更是灿然心性本身。营造美的世界，是三家山林之乐的目的。如果说，山林自在的状态是“真”，人心的自在状态也是真，山林与人心的相互交融则是“化真”，从“化真”显示出来的状态，是“美”，是“乐”。山林之乐，山林之美，是三家生命的存在状态的灿然展开，对于三家来说都是审美的。

在此层面言，儒、道、佛三家彼此整合、相互补充。然而，三家的山林之乐不无差异：对于重“人道”的儒家而言，山林之乐是其自由心性的灿然显露；对于重“天道”的道家而言，山林之乐是其自然心性的灿然显露；对于重“心道”的佛家而言，山林之乐是其自在心性的灿然显露。

关于“心性”，虽然儒、道、佛三家在称谓和观点上并不完全一致，但却是中国哲学、美学史上的重要范畴。

孟子最早对心性问题进行了系统的论述。他认为，君子之性为根植于心中的仁义礼智，“君子所性，仁义礼智根于心”（《孟子·尽心上》），因而提出尽心知性：“尽其心者，知其性也。知其性，则知天矣。存其心，养其性，所以事天也。”（《孟子·尽心上》）就山林之乐而言，如同其“牛山之木尝美矣”所云，山林之美、山林之性如同人的仁义之心，虽属比喻义，但也无不透露出人的心性与山林之美、山林之乐相契合的观点。在荀子看来，“性者，天之就也；情者，性之质也。”（《荀子·正名》）“性”是自在的、天然就有的，“情”则是“性”的内质，表现为好、恶、喜、怒、哀、乐等等。对于心的作用，荀子说：“心者，形之君也，而神明之主也，出令而无所受令。”（《荀子·解蔽》）“心”对“性”表现出来的外在性状具有统摄作用，所谓“性之好、恶、喜、怒、哀、乐谓之情。情然而心为之择谓之虑”（《荀子·正名》）。

宋明理学诸儒者对心性的理解也不尽一致，主要有四个方面[①]：其一，心统性情，心与性、情既有联系又有区别，“合性与知觉，有心之名”（张载《正蒙·太和》）。张载认为心（意识）来自物，“因物为心”，“心统性情者也”（《语录》）。心总括性、情、知觉，有性就有知觉，性发而为情，而此三者均在心中。其二，心、性、情同实异名。程颐认为：“心即性也。在天为命，在人为性，论其所主为心，其实只是一个道。”（《语录》）“性之有形者谓之心，性之有动者谓之情。凡此数皆一也”（同上）。其三，

① 参见方克立主编：《中国哲学大辞典》，中国社会科学出版社1994年版，第160页。

性在于心而非心即性。朱熹综合张、程的心性说，认为“性者心之理也，情者心之用也，心者性情之主也”(《元亨利贞说》)。“心统性情，非侊侗与性情为一物而不分别也。”(《语录》第五)认为心之体为性，心之用为情。心能知觉，而为一身之主宰。第四，心性等一，并无区别。陆象山认为：“情性心才，都只是一般物事，言隅不同耳。”(《语录》)王守仁认为：“心即性，性即理。”“心之本体即是性，性即是理。”(《传习录》)一切都存在心中，只要通过内省(明心)，就可以获得善德(见性)。

道家的心性主要讲人的自然本性，认为天性为生命的本质，“道者，德之钦也；生者，德之光也；性者，生之质也。”(《庄子·庚桑楚》)道家从“道法自然”出发，要求人的自然本性合于自然的天性，强调人心之真与自然之真的统一，如庄子所言：“真者，精诚之至也。不精不诚，不能动人。……真者，所以受于天也，自然不可易也。故圣人法天贵真，不拘于俗。”(《庄子·渔父》)所谓“以目视目，以耳听耳，以心复心”(《庄子·徐无鬼》)即为人心(真心)与天心(天道)的合一。

在佛家看来，心性是永恒不变的吾心本具的心体，即如来藏心或曰自性清净心。虽然佛家亦有主张心与性应分开来看的，但主流是认为心、性没有区别：“心性不异，即性即心。”“诸佛菩萨与一切蠢动含灵，同此大涅槃性。性即是心，心即是佛。”(黄檗《传心法要》)

可见，儒、道、佛三家对心性的理解是从各自的基本立场出发的。笔者并非尝试以“心性”一词来贯通三家而找出三家的共同“心性”，而是以“心性”一词来统指三家对人的心灵情感的称谓，它包括诸如心性、心情、心意、心灵、心志、情意、情志、意志等范畴。回到三家的基础立场，就儒家而言，心性是自由的心性，山林之乐是其自由心性的灿然显露。这里所谓“自由”，不是普通意义上的不受限制和约束，而是有一定条件的，所谓“从心所欲而不逾矩”。不逾仁义道德这个门槛，是限制和约束，但在儒家看来，仁义道德是自然的，是自然地根植于心的，而天(包括自然)本身就是理，二者的相通就有了合法性和合理性，故而这种限制和约束不再是限制和约束，“德”与“得”之间通达无碍而“从心所欲”。因此，这种往复于天地与道德人心之间的自由，是一种基于行动的自由，山林之乐所显露的正是儒家的自得、自由的心性。就道家而言，心性是自然的心性，山林之乐是其自然心性的灿然显露。这里所谓“自然”，即自然自在的、非人为的、不受拘束的本然状态。山林之乐所显露的正是道家的这种逍遥、自然的本然状态。就佛家而言，心性是自在的心性，山林之乐是其自在心性的灿然显露。这里所谓“自在”是指不为外物所动的通达无碍的自我存在，如“自如”。这种自如、自在的心性，在佛家而言，虽不依山林却存在于山林，山林之乐显然也是其自在心性的灿然显露。在一定意义上，儒家“走入”山林以找回失落的道德，道家“返回”山林以自拥纯净的自然，佛家“漫步”山林以发现心中的自然。

山林之乐对于三家而言都不可或缺，虽各有所指而同归于心性自然，如张潮《幽梦影》所云："动物中有三教焉：蛟龙麟凤之属，近于儒者也；猿狐鹤鹿之属，近于仙者也；狮子牯牛之属，近于释者也。植物中有三教焉：竹梧兰蕙之属，近于儒者也；蟠桃老桂之属，近于仙者也；莲花葡萄之属，近于释者也。"南怀瑾先生有个形象的比喻：儒家像粮食店，粮食是要天天吃的，没有了粮食是要饿死的；佛家像百货店，用品俱全，都是人生必需的东西，有钱则可买些，无钱也可逛逛；道家则像药店，如果不生病，可以一生不必去理会它，但是一生病，就非自动找上门去不可。[1] 借鉴这个比喻，可以认为，山林对于儒家来说像茶馆：在"为天地立心，为生民立命，为往圣继绝学，为万世开太平"、"天行健，君子以自强不息"之余，到茶馆歇歇脚、透透气，在现实奋争中受到挫折之时，到茶馆躲躲雨、避避风，喝口茶调息身心，然后从头再来或闲看天下熙攘；对于道家来说则像粮店：不管是在哪一层意义上，自然都是根本，山林，是道家能以名副其实的基础(所谓"道法自然")；对于佛家来说像书屋，常于其中逛逛、坐坐，心情必然愉快，如能从书本中觅见一道独特的风景，"阿弥陀佛"，善莫大焉。山林之乐对三家来说又都是不可或缺的：没有了茶馆，重压之下无处可闲、无处可乐，沉重的人生不堪重负，必将失去那一刻来去自如的潇洒；没有了粮店，没有了物质粮食，人将饿死，必将失去那一份悠然生存的根基；没有了书屋，没有了精神食粮，必将失去那一抹活泼生命的灵性。总之，没有山林之乐，人生境界对于儒、道、佛三家而言都无从谈起，而人生境界的缺失，则意味着生命意义的消亡。

儒、道、佛的合流在程朱理学中是很明显的。在退溪自然山水思想中，同样有三家合流的痕迹，但退溪却极力斥质包括陆王心学的异端，是因为极特殊的历史原因。

第二节 自然情怀与宇宙意识

退溪的宇宙生成论源于宋代理学思想，同时暗含着三家合流的痕迹，其自然美学思想，是其哲学本体论特别是宇宙生成论决定的。从自然中、从山水游历中得到乐的赏适贯穿于退溪一生，而对自然山水的热爱、欣赏和亲切的态度，来自于天人合一的哲学思想。

---

① 参见南怀瑾：《老子他说》，复旦大学出版社 2002 年版，第 3 页。

一、宫商自然——山水情怀与审美

千劫沙磨与溜穿，滑于冰玉白于毡。
我来尽日忘归去，听取宫商合自然。
——李退溪《游太子山盘石》

退溪对自然山水具有两重性理解，而究其原因，一是以弘扬儒家文化为己任，传统儒家思想特别是程朱理学对其影响很深；二是在亲历和切身感受自然山水的过程中，将感性的生命意识融入了自然山水之美，因而对自然山水之美的见解，是建立在他对自然山水的亲身感受之上的。

从自然中、从山水游历中得到乐的赏适贯穿于退溪一生，是他一生中除为政、讲学、撰著之外的重要活动，正如他说自己"生有山水之癖"[①]，其后学说他"超然物外，潇洒尘表，乐山乐水，老而不倦如此"[②]。

退溪的自然之趣，最直接的影响来自陶渊明和朱熹，同时又有三家合流的痕迹。陶渊明著名的《饮酒》诗其五云："结庐在人境，而无车马喧。问君何能尔，心远地自偏。采菊东篱下，悠然见南山。山气日夕佳，飞鸟相与还。此中有真意，欲辩已忘言。"这种清淡、闲适、自得的心境，身心与自然融为一体的情趣，对退溪的影响随处可见，如其《爱闲》诗所吟："林间茅屋石间泉，闲爱秋风洒静便。易玩羲文一两卦，诗吟陶邵五三篇。园容野鹿栖云宿，窗对沙禽向日眠。不独身闲心亦泰，任从多病在人先。"朱熹的山水情怀对退溪亦有相当影响。朱熹自号紫阳，常寄情于山水文字。每经行处，闻说有好山水、好风景，即使迂途数里也要前往游玩。携樽酒时饮一杯，竟日不倦。退溪宗朱、崇朱，处处以朱为模，在对待自然山水的态度上也不例外。游历山水，携酒咏诗，无不仿效朱熹。这亦是士人传统的生活行为之一，学者宁稼雨认为："他们（按：指魏晋文人）衷心地希望，自己能成为宇宙这幅艺术巨制中的有机部分，能与宇宙对话、与宇宙同在。从自然中走来的人，企盼能够再回到自然中去，进入一种身与物化，物我两冥的境界。而酒，恰好能把人们带入这种境界。"[③]退溪在《丹阳山水可游者续记》中说："山雨初霁，峡气如新，云物清妍，适有玄鹤自中峰飞出，盘回数匝而入于云霄之表，余于舟中取酒吟诗，超然有御冷风游汗漫之意。"[④]《游小白山录》又云："三峰相距八九里之间，踯躅成林，方盛开烂

① 《洪应吉上舍〈游金刚山录〉序》，《增补退溪全书》（二），第348页。

② 《退溪先生言行通录》卷三，《增补退溪全书》（四）《增补退溪全书》（四），第60页。

③ 宁稼雨：《魏晋风度——中古文人生活行为的文化意蕴》，东方出版社1992年版，第258页。

④ 《丹阳山水可游者续记》，《增补退溪全书》（二），第355页。

漫，绰约如行锦障之中，如醉祝融之宴，可乐也。峰上引三杯，题诗七章，日已向昃矣。"[①]晋人毕卓（字茂世）的理想是："右手持酒杯，左手持蟹螯，拍浮酒船中，便足了一生矣。"（《世说新语·任诞》）退溪也说："溪源得地，遥为一区云物，驰庆无涯。陶山之营，自是住不得，自作辛苦，时以自哂。俟先就一间，抱书卧云，想差胜晋人拍浮酒船中也。"[②]可见他对魏晋之风的欣赏。如果有山水风光明媚、瀑布倒流的地方，他必定抽出时间，独自前往，边赏玩边吟咏，尽兴而还。他自己也说："老拙屏居，优游山野，随分所得，趣味无穷，恨隔远不得与寻常共此乐耳。"[③]"抽身孤往，玩水寻山，秋兴满目，野菊明香，令人意适忘倦，不知蹇驴之踸踔也。"[④]游而忘归，如其《游太子山盘石》诗云："千劫沙磨与溜穿，滑于冰玉白于毡。我来尽日忘归去，听取宫商合自然。"又如《石江十咏为曹上舍云伯作》其七："爱山晨独往，怜月夜忘归。"退溪在《白云庵记》里，亦描述了理想的游山之妙：

> 清凉之山皆崖石拔起，戴土而为层，其层若干而白云庵最在上层。然诸庵之在中、下者，或危临千仞之上，或狭处容足之地而未免人事之至者，以其近下也。若斯庵之所处，在至高至深，人迹之罕至，麋鹿之与处。而其地平衍，可以隐居种药而逍遥、偃息于其中也。余尝与游山数人，策杖穿林，由满月庵纵步以上。第见水石玲珑，窗户翛然而形神洒脱，杳然有瑶扃丹龟之想焉。盖至是始得游山之妙矣。[⑤]

就此山水之情，郭熙《林泉高致·山水训》开篇即言：

> 君子之所以爱夫山水者，其旨安在？丘园养素，所常处也；泉石啸傲，所常乐也；渔樵陶逸，所常适也；猿鹤飞鸣，所常亲也；尘嚣缰锁，此人情所常厌也；烟霞仙圣，此人情所常愿而不得见也。

退溪居住地及其创立的书院都建造在佳山胜水之处，以满足其对大自然的渴望。其居所必有水有塘，有梅有菊，最后定居于风景秀丽明媚的退溪之上：

> 雅好佳山水。中岁移居于退溪之上，爱其谷邃林深，水清石洁也。晚卜地于陶山之下，洛水之上，筑室藏书，植以花木，凿以池塘，遂改号"陶翁"，盖将为终老之所矣。[⑥]

> 初卜于霞峰，中移于竹谷，竟定于退溪之上。宅西临溪，作精舍，名曰"寒栖"。引泉为塘，名曰"光影"。植以梅柳，开以三逕。前有弹琴石，东在古藤

---

① 《游小白山录》，《增补退溪全书》（二），第343页。

② 《答黄仲举》，《增补退溪全书》（一），第490页。

③ 《与李刚而》，《增补退溪全书》（一），第534页。

④ 《答李大成》，《增补退溪全书》（一），第390页。

⑤ 《白云庵记》，退溪学研究院编：《陶山全书》（四），高丽株式会社1988年版，第319页。

⑥ 《退溪先生言行通录》卷一，《增补退溪全书》（四），第18页。

岩。溪山明媚，宛然成一别区焉。丙辰岁，诚一始展拜于此。左右图书，焚香静坐，翛然若将终身，人不知为官人也。[①]

其号“退溪”即由此而来。书院选址，首先考虑的必然是四周的自然环境，比如易东书院选址，退溪说：

其水为龟潭，实洛江上流，发源于太白，经清凉而南注至此而成潭。山之自东屏来者，蜿蟺西迤，临潭而止。爰有丘陵依山俯水，奥衍宏敞，自成形势，若远若近，峰峦川泽，控揖环带，考卜定基之所，无以易此也。[②]

其亲自建立的陶山书堂，“堂之东偏，凿小方塘，种莲其中，曰‘净友塘’。又，其东为蒙泉，泉上山脚，凿令与轩对平，筑之为坛，而植其上梅、竹、松、菊，曰‘节友社’。”[③]其中的梅、竹、松、菊、莲等自然物不仅仅体现了退溪对自然的热爱，而且在其生活和文艺创作中都是具有象征意义的审美意象——关于这一点，下文将有论述。

从游历而至胸中的真切赏适，已成为退溪不可或缺的生活方式。在他看来，山川人物凡此等等，入眼皆是画，人是融入自然的，人与自然的和谐相处即可入画，成为胜景。门人李德曾于山堂侍坐，其时郊前有人骑马而过。旁边的干僧说，奇怪哉，这人经过进赐地，居然不下马步行。退溪说：“骑马者如画里人，只添一个奇胜，何过之有？”[④]又如其诗《游枕流亭次亭韵》其一云：“谬戏夸孙楚，风流寓此亭。但能心境净，何患耳尘盈。撒网银刀乱，开尊玉露倾。斜阳相送处，画里过宣城。”以及《到川沙待李大成未至》：“烟峦簇簇水溶溶，曙色初分日欲红。溪上待君君不至，举鞭先入画图中。”从人与自然的和谐相处看到的是画中奇胜，反之又从图画、诗歌之中感受自然乐趣：“《武夷图》留意画成，装轴精绝，珍重寄来。洞府烟霞，大隐遗迹，入手照眼，每一披玩，耳边如闻棹歌之声矣，感篆至意，当默会也。”[⑤]又如他获赠金慎仲、金惇叙二人作诗，感叹说：“两君四诗翩翩入手。捧玩吟味，宛若疏影暗香之伴婆娑袭怀袖也。”[⑥]并作《慎仲惇叙雪中寻梅韵》诗：“大雪漫漫朔吹飘，寻梅情境自迢遥。令人却忆韩公句，妙在行天马度桥。”前引文中的“疏影暗香”自是指梅。退溪极喜梅，有一次患腹疾，“痢泄于寝房。盆梅在其傍，命移于他处，曰：‘于梅兄不洁，心未自安耳。’”[⑦]即使是在其逝世的最后一天，仍不忘“命灌盆梅”。退溪写过很多梅诗。由喜梅而成诗，由诗而抒怀，作为自然物的梅成为审美意象，被

① 《退溪先生言行通录》卷三，《增补退溪全书》(四)，第58页。

② 《易东书院记》，《增补退溪全书》(二)，第370页。

③ 《陶山杂咏(并记)》，《增补退溪全书》(一)，第101页。

④ 《退溪先生言行通录》卷五，《增补退溪全书》(四)，第107页。

⑤ 《答李仲久》，《增补退溪全书》(一)，第315页。

⑥ 《答金慎仲、惇叙》，《增补退溪全书》(二)，第60页。

⑦ 《退溪先生言行通录》卷五，《增补退溪全书》(四)，第109页。

赋予象征性的意义。自然表现诗歌中，与作为主体的人是共通的，自然也具有了人的灵性。在诗歌中，自然景致、自然山水因作为主体的人而显现出不同的意义。退溪诗歌，除了梅外，还以诸多自然物作为描绘对象与审美意象。

别人对佳山胜水的转述，也能使他享受林泉之乐并激发其游兴："所称佳山胜水，鸥沙犊坡，随意登陟，徜徉坐眠等语，宛然摹写出此间婆娑景趣，此固聋岩先生所以附与滉，林泉之乐在此，虽知盛意本欲滉慎作游玩，而味其言适足以浩发游玩意趣也。"[①]如张潮《幽梦影》所云："居城市中，以画幅当山水，以盆景当苑囿。"黄仲举曾赠退溪游览写景诗二绝，退溪感叹说，眼望诗题，口中吟咏，闭目遐想，就已经感觉到自己似乎正在与谪仙李白登临庐山浏览其险峰胜景，这种诗情画意的境界能使病郁一扫而空、洒然如濯，使人心中感到轻松愉快，精神焕发。退溪感叹云："镜浦长篇辞语清越，三复吟玩，恍若身在江门桥上，座下凉生，颇慰孤郁，深幸深幸。"[②]诸如此等，在退溪往来信件中比比皆是。生病期间抑或无暇游历也念念不忘山水自然之美。无法亲自游览的景胜，有记录于诗画者，必精心存之以供时时"卧游"之资：

> 往者得见洪应吉《游山录》，以为东国无复有与此山争衡者，今见是录，其雄壮奇诡殆过于彼，及知天下之大观无尽，而公独何修得兼此伟事耶。井蛙之见，不出户而知方域之大，公之惠我不已厚乎？欲依戒奉还，忽忽数朝犹有未究，小留容得謄写，与应吉录同置丌几，时时寓目以资卧游之乐。[③]

从历史上看，儒家"钓而不纲，戈不射宿"、"民吾同胞，物吾与也"、"人与天地一物也"、"仁者以天地万物为一体"、"仁者浑然与万物同体"等等，皆言人与自然的和谐关系。退溪亦继承了这种天人观。他在《〈西铭〉考证讲义》中这样阐释张载《西铭》：天地之气构成了人的躯体，因而叫作"吾其体"；天地之理构成了人的本性，因而叫作"吾其性"。不仁之人，心中被私欲蒙蔽，因而不知道物我相通的道理，不懂得将恻隐之心推己及人，心顽如石。张载这一铭文，"反复推明吾与天地万物，其理本一之故。"以仁义之本体，破除有我之私心，开拓出无私无我之公心，廓然大公而使顽然如石之心"融化洞彻，物我无间"。没有一丝一毫的私意容于其间，则可达到"天地为一家，中国为一人"之仁道。

基于上述哲学思想，退溪对大自然始终抱着一种欣赏的态度，在他眼里，自然万物无时不美而无处不美，并从其中获得乐趣。退溪认为自然山川为"天地间公物"，应从平等的地位、以欣赏的眼光对待之，他说：

> 昨游幸甚，虽以人多不尽怀。大概江山之胜，得未曾有，深足自贺也。潭

① 《答李仲久》，《增补退溪全书》(一)，第 314 页。

② 《答金文卿》，《增补退溪全书》(一)，第 358 页。

③ 《答南时甫》，《增补退溪全书》(一)，第 362～363 页。

名久被俚俗无稽之呼，闻之令人怵然动心，僭思易一佳名。适公有言，何复占悋之意？大抵江山风月，天地间公物。遇之而不知赏者滔滔；其或占胜而认为一己之私者亦痴矣。洛水之过吾乡，胜处非一二，而公其品题，则当以月川为第一，宜仁居其次。风月美号，归之第一，何疑焉？但绝境佳名，人当思不至相负，乃可贵也。[①]

这种自然生态观，对于当今社会之人与环境关系而言，仍具借鉴意义。

张潮《幽梦影》说：

古人云："诗必穷而后工。"盖穷则语多感慨，易于见长耳。若富贵中人，既不可忧贫叹贱，所谈者不过风云月露而已，诗安得佳？苟思所变，计惟有出游一法，即以所见之山川风土物产人情，或当疮痍兵燹之余，或值旱涝灾祲之后，无一不可寓之诗中，借他人之穷愁，以供我之咏叹，则诗亦不必待穷而后工也。

这一判断正确与否姑且不论，其中对外物（"出游"）起兴的判断是有道理的。就退溪而言，对自然山水的热爱，不仅体现在其山水出游的活动中，还体现在出游所创作的诗歌中。在其诗歌中，山水诗、田园诗、咏物诗占了很大的部分，如《广岩修禊》："千古山阴胜事传，与君终日赏风烟。视今视昔都休问，风咏从来乐自然。"其序、记、跋有涉及自然山水之处，浓墨重彩，大加赞叹。其《洪应吉上舍〈游金刚山录〉序》、《游小白山录》、《丹阳山水可游者续记》等文，不但表现出自然山水的热爱，同时又包含着自然美的看法和见解。

二、合一之妙——天地之心与人心

畏敬不离乎日用，而中和位育之功可致；德行不外乎彝伦，而天人合一之妙斯得矣。

——李退溪《进〈圣学十图〉札》

对自然山水的热爱、欣赏和亲切的态度，来自于天人合一的哲学思想。

周敦颐关于太极、阴阳、五行、万物的衍生观点，可以说是理学家宇宙生成论的总纲。其《太极图说》云：

无极而太极。太极动而生阳，动极而静；静而生阴，静极复动。一动一静，互为其根。分阴分阳，两仪立焉。阳变阴合，而生水、火、木、金、土。五气顺布，四时行焉。五行一阴阳也，阴阳一太极也，太极本无极也。五行之生也，各一其性。无极之真，二五之精，妙合而凝。乾道生男，坤道成女。二气交感，化生万物。万物生生而变化无穷焉。

① 《与赵士敬》，《增补退溪全书》（一），第554页。

这是无极太极—阴阳—天地—五行—万物的宇宙生成论。朱熹十分看重并赞同周敦颐的太极说，将之列为《近思录》第一条目。朱熹的宇宙生成论，在周敦颐太极说的基础上，加入了“理”这一重要范畴，认为无极、太极和理并无二致，“‘无极而太极。’盖恐人将太极做一个有形象底物看，故又说‘无极’，言只是此理也。”（《朱子语类》卷九四）朱熹以理为本，认为理生万物。理生万物，气在其中起着中介的作用，首先由理生出气来，有气流行而发育万物。“气”范畴在朱熹理论系统是占据着重要地位，理生万物这一过程是借助于气的运动而完成的，但在二者的关系上，理为本而气为用。气之初始为浑沦状态，尔后分化出阴阳二气并分别形成天地，“方浑沦未判，阴阳之气，混合幽暗。及其既分，中间放得宽阔光朗，而两仪始立。”天地又化生出五行，“天地生物，五行独先。”天地之生五行，亦有阴阳二气的运行变化，“‘阳变阴合而生水火木金土。’阴阳气也，生此五行之质。”（《朱子语类》卷九四）五行之气最后又生出四时以及无穷的万物。退溪列周敦颐《太极图》为《圣学十图》第一图，并选择性地辑录了部分图解，如图 3-1。

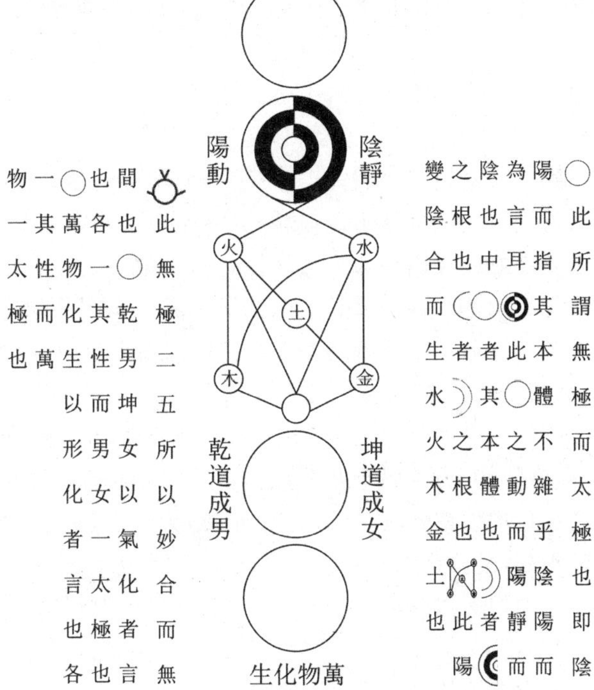

图 3-1　第一太极图

如前所述，退溪亦认为理生万物，是万物的根本，“‘上天之载，无声无臭，而实造化之枢纽，品汇之根柢。’盖理虽无形，而至虚之中，有至实之体。故一生二，二生四，四生八，八生十六，十六生三十二，三十二生六十四，则非生物之本、万事之根柢而何！”[①]理产生“生物”、有“万事”；理虽无形，却

① 《李子粹语》卷一，《增补退溪全书》（五），第 185 页。

是万物的根本，宇宙万物一切均以其有存在根据，“理本其极尊无对，命物而不命于物。”[①]这是退溪宇宙生成论的基本论点。

气以理为根据和原则，使万物得以产生和存在。退溪《天命图说》云：

天地之间有理有气，才有理便有气联焉，才有气便有理从焉。理为气之帅，气为理之卒，以遂天地之功。所谓理者，四德是也；所谓气者，五行是也。而其于流行之际，元为始物之理，则木之气承之以生；亨为通物之理，则火之气承之以长；利为遂物之理，则金之气承之以收；贞为成物之理，则水之气承之以藏。（土则俱旺四季）。此天之所以具四德五行而成其道者也。

理有四德（元、亨、利、贞），分别为宇宙万物产生和变化（始通遂成）之理，即元为万物产生之理，亨为万物生长、发展之理，利为万物成熟之理，贞为万物收藏之理，而气的运行即为四德之显现。五行由阴阳二气构成，其中又包含着四德。理、四德、阴阳、五行之间的根据关系、包含关系和构成关系，成为万物得以产生、生长、发展和成熟的理论根据。因此退溪认为，阴阳五行运动流行的时候，四德无不暗含于其中而成为万物之生命本源，故而只要是禀受阴阳五行之气而成形的事物，无不具有元亨利点之理并以之为本然之性。这个本然之性有仁、义、礼、智、信五目，因此元、亨、利、贞四德与仁、义、礼、智、信五常无不浑然一体、贯通一理，是天人合一的，未尝有天人之分。之所以有圣人与愚人之分、人类与事物之分，不过是因为气禀之不同，而不是元、亨、利、贞的本然之性。

万物均是禀气而成，但由于气禀清浊而形成不同的人和物。退溪认为，天地之间，理为一，气为殊而千变万化。就理而言，天地万物禀受的是同一的理，故千变万化的物的本性都是同一的；就气而言，天地万物禀受的是不同的气，故各种物又是相区别的，是万殊的。其原因在于：“理之为理，其体本虚；虚故无对，无对故在人在物固无加损而为一焉。至于气也，则始有阴阳对立之象而互为其根，故阴中不能无阳，阳中不能无阴，阴中阳之中又不能无阴，阳中阴之中又不能无阳。其变至于十百千万而各不能无对焉。”[②]在本质上，万物同一，但由于其气禀之不同而在气质上有偏正的区别。比如人和物，“其得阴阳之正气者为人，得阴阳之偏气者为物。”人禀受阴阳之正气，故而其气质通畅而且明智；物禀受阴阳之偏气，故而其气质滞塞而且昏暗。所以说人为正而物为偏。就人而言，虽然人得阴阳之正，但气质也分阴阳，故有清浊粹驳之别。禀受气之清与粹者为上智之人；禀受气之清而驳、浊而粹者为中人；禀受气之浊而驳者为下愚之人。就物而言，禽兽禀受气的偏中之正而草木禀受气的偏中之偏。故有学者指出：“他认为凝聚五行而形成的五性是只有人类

① 《答李达李天机》，《增补退溪全书》（一），第 354 页。

② 《天命图说》，《增补退溪全书》（三），第 142 页。

天命具有的本性，它在草木中‘全塞不通’，在禽兽中‘偏塞或通’，而只有在人类中才‘旁通具有’，因此只有人类才能完全实现伦理道德的天理要求。由此，他认为宇宙和自然的法则就是人类生存及生活方式的绝对规范。”[①]理是相同的理，但由于气禀之不同而有人物之分，所谓“得阴阳之正气者为人，得阴阳之偏气者为物”。可见人与物在本质上是相通的。性有人性和物性之别，但无论是人性或物性，其理皆一，只是气之清浊、正偏不同而已。说到底，“究其理则合万物而同一性”，宇宙万物都是有机的生命，人如此，物亦如此。可见，退溪的宇宙生成论与中国“天人合一”思想是一脉相承的。

中国传统哲学中的“天”，不是宗教意义上的人格神，其本质是自然之道，是生生不息的自然之天，即生命规律、自然规律和社会规律（有时又有其神秘的一面）。天被内化为人性的内在根据，成为人的道德之本、价值之源，因此天人合一表现为人的心性与道德彝伦的合一，人性与天道、道德原则与自然规律一体相通。人与天的关系，核心在于“仁”字。周敦颐说：“生，仁也。”（《周子通书·顺化》）朱熹说：“‘天地以生物为心’。天包着地，别无所作为，只是生物而已。亘古亘今，生生不穷。人物则得此生物之心以为心。……天地生物，自是温暖和煦，这个便是仁。所以人物得之，无不有慈爱恻怛之心。”（《朱子语类》卷五三）退溪则说：“圣学在于求仁。须深体此意，方见得与天地万物为一体，真实如此处。”[②]退溪列朱熹《仁说图》为《圣学十图》第七图（见图3-2），并解释说：“右《仁说》，朱子所述，并自作图，发明仁道。无复余蕴。《大学传》曰：‘为人君止于仁。’今欲求古昔帝王传心体仁之妙，盍于此尽意焉。”[③]可见退溪在这一点上完全赞同朱熹的观点。

仁即天理，求理体仁方能与天地万物一体；个体德行须与理合，方能天人合一。主天而言，乾道即天道，继承了天道的就是善；主物而言，有各自不同的本性和生命，使天道具体化的是天赋的性。程颢说：“万物之生意最可观，此元者善之长也，斯所谓仁也。人与天地一物也，而人特自小之，何耶？”从天与万物创造的角度而言，万物即为“物”；从万物禀受天赋而成的角度而言，万物即为“己”。故而，“己”即为“物”，而不是两样东西。就人而言，“夫人之生也，同得天地之气以为体，同得天地之理以为性，理气之合则为心。故一人之心即天地之心，一己之心即千万人之心，初无内外彼此之有异”[④]。人禀受天地之气、天地之理而成人，人与天地自然是合而为一的，并无内外彼此的差别。虽然如此，却不能泛泛地漫无边际地以天地万物的一体作为仁。求仁须反求诸己，从仁的本体最深切处着手。《中庸》云：“仁者，

① [韩]尹丝淳：《退溪自然观所具的生态学意义》，《中国文化研究》1997年春之卷，第127页。

② 《西铭图说》，《增补退溪全书》（一），第201页。

③ 《仁说》，《增补退溪全书》（一），第207页。

④ 《答奇明彦论改心统性情图》，《增补退溪全书》（一），第463页。

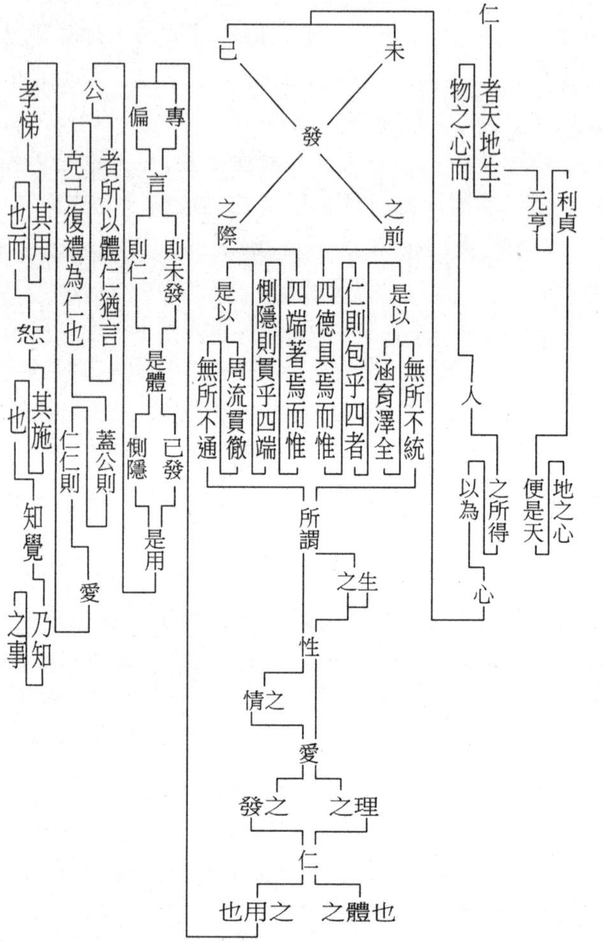

图 3-2　第七仁说图

人也。"孟子说："仁也者，人也，合而言之，道也。"(《孟子·尽心下》)"仁"与"人"的关系，其立足点在于作为社会存在的人。朱熹更是明确地说："'人者，天地之心。'没这人时，天地便没人管。"(《朱子语类》卷四五)朱熹在这里强调的是人的主体地位。退溪亦认为仁虽然与天地万物同为一体，但要以自己为出发点，为主宰，物与我同处一理，两者亲切相关密不可分，同满腔子的恻隐仁爱之心，贯彻流行为一体而无任何阻塞，否则所谓以仁为本体的万物一体之说，与我们的身心没有任何关涉。

退溪还从异端批判的角度论述仁者与万物一体及其方法。退溪说："仆常读吾书，自谓笃信之至，无物可回。然或因考证而旁及异书，着意之久，不无浸淫之患。

方知于吾道立脚不牢、着眼不明也。”[①]又引明道先生语“释氏于吾儒，句句同，事事同，然而不同”云：“今虽固知其有同，然如我辈当寻个不同处，坚定脚跟，不要转步。”[②]那么，在退溪看来，“吾道”（退溪眼中的正统程朱理学）立脚之根基到底是什么，着眼于何处？它与其他诸家又有何区别呢？

朱熹认为，天地之间，只是一个理；天命之性充塞天地，但须从自己心中寻来。退溪亦认为，充塞在人的腔子里的是“体万物普四海”之心，乃为“天下之大本”，而且人心“通天地万物”，故求“吾性”与“天命之性”之相符，不必“向别处驰走求索”而须“从自家身上求”。因此，要达成“存天理”这一最高目的，最基本也最重要的是从“心”做起。张横渠《西铭》云：“乾称父，坤称母。予兹藐焉，乃混然中处。”退溪《〈西铭〉考证讲义》认为，该处的“予”字与文中的其他“吾”字，不应看作是横渠的自称，也不应看作是读者的自称，而应将其作为有承担精神的自我来看待，才算是懂得其深意。同时，退溪对“予”、“吾”等称呼进行了辩证的公私之分，比如子贡“我不欲人之加诸我也，吾亦欲无加诸人”（《论语・公冶长》）中的“我”和“吾”均属于公，孔子“己欲立而立人”（《论语・雍也》）中的“己”字也属于公，而“子绝四：毋意，毋必，毋固，毋我”（《论语・子罕》）中的“我”字则属于私，颜子“克己复礼”（《论语・颜渊》）中的“己”字也属于私，“数字之称，本合为一字。一字之间，一公一私，而天理人欲得失之分，不啻如霄壤之判，差毫厘而谬千里，尤不可不审也。”《西铭》的中心是仁，要体得仁，必须先落实于自己身心——这里指公心而非私欲。对其缘由，退溪举例说，昔年孔子答子贡问“博施”、“济众”是否可以称作“仁”，云：“仁者，己欲立而立人，己欲达而达人。”（《论语・雍也》）孔子的仁说即以“己”为核心，横渠的说法与之一致。子贡不懂得从自己身上求仁，不懂得从自己身心体悟仁，却求得太过于广阔遥远，与自己身心无涉、不着边际。孔子这么教导子贡，是要使子贡“反之于身而认得仁体最切实处”。

故而，退溪说：

> 今横渠亦以为，仁者虽与天地万物为一体，然必先要从自己为原本，为主宰。仍须见得物我一理，相关亲切意味，与夫满腔子恻隐之心贯彻流行，无有壅阏、无不周遍处，方是仁之实体。若不知此理而泛以天地万物为一体为仁，则所谓仁体者，莽莽荡荡，与吾身心有何干预哉！——如墨氏爱无差等、释氏认物为己之病，皆不知此义故也。[③]

关于“仁”与物己关系，也见于退溪《西铭图》图说中：“林隐程氏作此图，盖圣学在于求仁。须深体此意，方见得与天地万物一体，真实如此处。为仁之功，始亲切

① 《答金惇叙》，《增补退溪全书》（二），第69页。

② 《答卢伊斋・别纸》，《增补退溪全书》（一），第292页。

③ 《〈西铭〉考证讲义》，《增补退溪本书》一，第218页。

有味，免于莽荡交涉之患，又无认物为己之病，而心德全矣。”[①]（退溪列《西铭图》为《圣学十图》第二图（见图 3-3），但如退溪所言，《西铭图》并非其原创）在退溪看来，仁确实是与天地万物一体的，但要体得仁，最基本的还是要从自己身心做起。然而，在以自己身心为原本和主宰的同时，仍要认得天地万物与我之身心一体而密切相关、上下同流的道理。如果不懂得这个道理而泛泛地把天地万物一体看作仁体，那么这个仁体就是莽莽荡荡、不着边际的，与我们的身心没有任何关涉。退溪认为，墨氏的爱无差等、释氏的认物为己之病，正是不知道这个道理而产生的。可以看出，在退溪看来，物我关系上的“我”是能动的我，是高度充满了满腔子恻隐之心、道德彝伦等的自我意识的我，这种自我意识是诸如忧患意识、社会责任感之类的能动的意识。退溪的这种万物一体的仁说，与程朱理学思想是一致的，也是退溪异端批判的立足点。

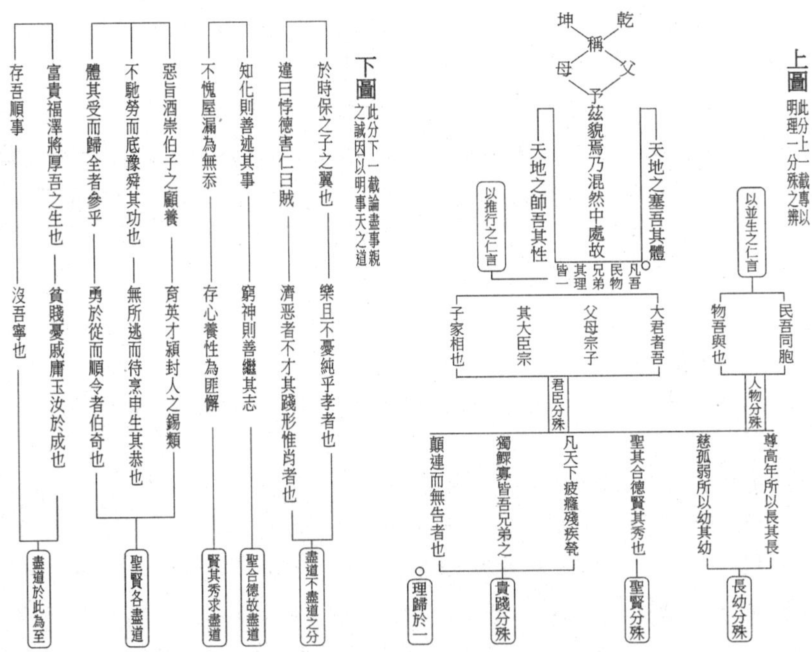

图 3-3　第二西铭图

虽然退溪说“向别处驰走求索，如吾性分有何交涉耶”，其意并非否认外物的作用，相反，退溪十分重视心与物的交互作用，重视外物对人心的触动作用。他认为，人们只看到人心为外界事物所干扰而认为事物为心害，因此憎恶外物而从心中求

① 《西铭图说》，《增补退溪全书》（一），第 201 页。

忘。老、佛之徒即是由此而陷溺其心。即使是儒家学人，在思想上即便毫发之差，也很容易沦入这种境地，有如二程高徒谢上蔡等资质之高者，也难免于此。从对日用之际格物致知的强调出发，退溪对王阳明良知的不假外求极度不满。他认为王阳明太过强调本心，唯恐本心与外物哪怕有一点点干涉，唯恐外物成为人心之累，不懂得人际道德准则和万物之法则等最高规范乃是吾心本具之理。程朱理学讲学穷理，目的正是澄明本心的仁体、实现本心的器用。王阳明死抱本心一隅而欲将事事物物一切扫除的做法，与释氏没有两样，“而时出言稍攻释氏，以自明其学之不出于释氏，是不亦自欺以诬人乎？彼其徒之始明者，不觉其堕坑落堑于邪说”[①]。

总之，退溪强调人的主体地位，但前提是人与自然的情感交流及和谐统一。主体与客体不是对立的而是统一的。这种以自己为出发点并与天地万物一体的思想，与西方的人类中心主义具有本质上的不同。

学者樊美筠论述道：

> 儒家虽然倡导人类中心主义，但儒家的人类中心主义同那种通过征服和榨取自然的手段而使人类的利益最大化的人类中心主义有本质的不同：一方面，儒家肯定人与万物同源、同构、同体，因此人对万物应采取一种平等的态度，而不能以一种优越感而凌驾于万物之上。另一方面，儒家又强调人在天地宇宙间的特殊地位是“为天地立心”（张载语），这是一种赋予人类在天地宇宙间的特殊使命，是人对自己在天地间（人与自然的关系）的价值定位。人作为“万物之灵”，其特殊性即在于此。因此，人对万物负有一种不可推卸的道德上的义务和责任，必须担负起维护万物的生养的责任。用自己的爱心行动使万物各得其所，否则，便是没有尽到责任。[②]

它不仅体现在人与自然的关系上，也体现在人与社会的关系上，也就是说，人与自然的和谐与人与人、人与社会的和谐是一致的。

退溪认为江山风月为天地间的共同财富，美丽的自然景色应以欣赏的态度对待之。将它据为己有，认为是自己私有财产的，则是痴人，是不懂得欣赏的人。故而，在退溪自然观中，人在为自己确立了从自己为原本、为主宰的价值定位的同时，仍须见得物我一理，物我之间在一定意义上是平等的，人没有主宰万物的权力，人与自然应和谐相处，达到天人合一的境界。“一川风月要人看，万古青山依旧青”（李退溪《雨晴述怀》）讲的就是人与自然的关系，同样，“雨后山水绿，光风吹岸草。小湾集沙禽，和鸣意更好”（李退溪《题画屏八绝》之二）讲的也是人与自然的和谐，“田家相贺麦秋天，鸡犬桑麻任自然”（李退溪《林居十五咏·初夏》）则体现出人与

① 《〈传习录〉论辩》，《增补退溪全书》（二），第 333 页。

② 樊美筠：《中国传统美学的当代阐释》，北京大学出版社 2006 年版，第 64 页。

世界融洽相处的优美生活。这样的自然生态观,有其积极的现代意义,如有学者指出:“退溪在发展其宇宙论之前,力图以谦逊而虔诚的态度建立一种人与自然之间的和谐关系。其价值理论的现代意义应得到完全认可,因为它以人与自然的和谐为基础,能大大地缓解现代文明从人和自然的对立出发而造成的弊端。”[①]

退溪秉承理学思想,认为“天即理”,天的属性就是理的属性。他说:“天即理也,而其德有四,曰元亨利贞是也。(四者之实曰诚)。盖元者始之理,亨者通之理,利者遂之理,贞者成之理。而其所以循环不息者,莫非真实无妄之妙,乃所谓诚也。”[②]理之四德(元、亨、利、贞)、五常(仁、义、礼、智、信)亦为天之属性,当然也是宇宙自然之属性。在这个前提下,在天人合一的框架中,宇宙自然必然深深地打上道德彝伦的烙印。程颢说:“仁者,浑然与物同体。”朱熹认为去私意、得义理之精英可与天体同体:“渣滓是私意人欲。天地同体处,如义理之精英。渣滓是私意人欲之未消者。人与天地本为一体,只缘渣滓未去,所以有间隔。若无渣滓,便与天地同体。”(《朱子语类》卷四五)人与天地之间没有间隔,物我一体,即是“与天地万物上下同流”的“各得其所之妙”(《四书章句集注·论语》卷六),“万物‘各得其所之妙’,这实际是万物‘顺生遂性’的天地情怀。因为‘理’不仅是个体本质之性,也是宇宙万物的本质之性,更是社会伦理道德的规范,所以当个体‘尽人欲’‘纯天理’时,也就与万物在本质上一致了。于是人与我、物与我的界限便被破除了,从而获得物我浑然一体自由之乐。”[③]退溪更加注重践履工夫在达成天人合一境界的作用和地位,正如其所言:“畏敬不离乎日用,而中和位育之功可致;德行不外乎彝伦,而天人合一之妙斯得矣。”[④]

第三节 天人合一框架下的自然之美

退溪以天人合一思想为哲学基础和审美理想,从审美客体和审美主体方面论述了自然之所以成为审美对象的原因以及作为审美主体的人的审美心境。作为理学家,他自然不能完全摆脱传统的“君子比德”观的影响,但又从另外一个角度强调自然美超功利的、超伦理的独特价值。退溪以理为本,一切自然物皆状化育流行,为理之用,因而退溪的自然必然深深地打上道德彝伦的烙印,其自然美是道体的流行发见;除了继承传统的比德思想、强调从自然山水中体验天理之流行外,退溪更注重身心与自然的合一,与宇宙本体、与天地变化的合一,在以审美主体为主宰的

① Yun San-sun, *A Study of T' oegye's Value Theories* (*Résumé*),《退溪学报》第 11 辑,第 99 页。

② 《天命图说》,《增补退溪全书》(三),第 140 页。

③ 李煌明:《宋明理学中的“孔颜之乐”问题》,云南人民出版社 2006 年版,第 44 页。

④ 《进〈圣学十图〉札》,《增补退溪全书》(一),第 198 页。

基础上、在主体与自然的平等关系中获得心灵之翛然、形神之洒脱。

一、幽居观物乐襟灵——审美主客体

天理生生未可名，幽居观物乐襟灵。
请君来看东流水，昼夜如斯不暂停。
——李退溪《观物》

理学家以理为本体，故而自然美是道体的流行发见。退溪说："鸢飞鱼跃，状化育流行，上下昭著，莫非此理之用也。理无息，故用之流行自然无一息间断。人亦必有所事而无期待、去念、助长之病，则本体呈露、妙用显行，亦无一息之间。其象乃如此。"①从审美客体和审美主体两方面体现出他的自然美观。

在审美客体方面，体现为"鸢飞鱼跃"。"鸢飞鱼跃"出自《诗·大雅·旱麓》的"鸢飞戾天，鱼跃于渊"。孔颖达疏："其上则鸢鸟得飞至于天以游翔，其下则鱼皆跳跃于渊中而喜乐，是道被飞潜，万物得所，化之明察故也。"（《毛诗正义·大雅·旱麓》）道作为本体而被万物，上下同流而各得其所，是理学家从"鸢飞鱼跃"得出的思想。天理是形而上的、超时空的观念，无声无臭、无方所无形体，最能充分而具体地显示天理的当属自然，所谓"鸢飞鱼跃，状化育流行"。天理是宇宙万物的法律和规则，而鸢飞鱼跃、花开花落、阴晴圆缺等自然现象，无不是天理之运用。

"鸢飞鱼跃"里的"鸢"和"鱼"具有象征意义，它们是审美意象之一种，是天理的载体，表现出来的是道之流行发见，同时又融合了审美主体的情、意、理、趣等。退溪自然美思想中的审美客体，可以分为以下三种：以"鸢"和"鱼"为代表的自然、它们表现出来的以"飞"和"跃"的代表的状态以及它们所承载的理或曰流行于其中的理。一切自然物，都有可能成为诸如"鸢"和"鱼"等具有象征意义的意象，即成为审美客体。如其《陶山杂咏·天渊台》诗云："纵翼扬鳞孰使然，流行活泼妙天渊。江台尽日开心眼，三复明诚一巨编。"其中的"翼"和"鳞"可比之"鸢"和"鱼"，"纵"和"扬"可比之"飞"和"跃"，而"流行活泼妙天渊"正是"状化育流行"，是为天理的流行发见。

譬如自然山川之美，他在《洪应吉上舍〈游金刚山录〉序》中说："名山异境实天地之秘藏、灵真之窟宅。"②在退溪本体论中，理是万物之根本，此谓"天地"、"灵真"，当指儒家之理气、阴阳、五行、四德五常等等，具有形上性质；"秘藏"、"窟宅"之谓，则指名山异境秉承天地之灵、承载儒家的道德彝伦。在该文中他接着说："穷深

① 《退溪先生言行通录》卷五，《增补退溪全书》（四），第83页。

② 《洪应吉上舍〈游金刚山录〉序》，《增补退溪全书》（二），第348页。

极远而志不倦，历险履艰而气弥；悦奥妙、耽幽间而不堕于玄虚；好奇怪、尚诡玮而不邻于荒诞。至其登绝顶而抚六合，驭冷风而超鸿濛，观澜钜海、濯缨清湖而感慨不歇、乐之无穷，则其有得于胸次者，岂特巍然其高，坎然其深者而已哉！其必有妙与术存焉。"所谓"玄虚"、"荒诞"是排斥佛、老之语。游历山川之"感慨不歇、乐之无穷"，并不仅限于"巍然其高，坎然其深者"，而是另有神妙。这个神妙即为儒家的"天地"、"灵真"，是为天理，区别于佛、老的"玄虚"、"荒诞"。"自鸿蒙剖判，融结高深之既形，不知其几千万劫。而天藏其胜、地秘其奇，直待先生之文而发之，岂非兹山之一大遇耶！矧乎山之诸峰，皆冒以竺书荒茫之语、诸佛淫昏之号，斯固为仙区之辱而吾辈之羞也。今先生历改而痛湔之，其所以慰山灵而焕精采者为如何哉！"[①]自然山川之"美"有待审美主体去发现、挖掘——此所谓"美"，为形上本体，是儒家所尊崇的"天理"而非佛、老的"荒茫之语"、"淫昏之号"。

除山川之外，诸多自然物也成为包含这种寓意的审美对象，并因此成为退溪自然美思想中的审美意象，类于前述之"鸢"和"鱼"。其《陶山杂咏·庭草》诗云："庭草思一般，谁能契微旨。图书露天机，只在潜心耳。"退溪以四言诗自注："闲庭细草，造化生生。目击道存，意思如馨。"[②]庭前草乃是大自然的造化，从其生生不息，可见"道存"。表现庭草的诗歌，如《山居四时·春·朝》："雾卷春山锦绣明，珍禽相和百般鸣。山居近日无来客，碧草庭中满意生。"《四时幽居好吟四首》之一："园花露性情，庭草妙乾坤。"《林居十五咏·观物》："芸芸庶物从何有，漠漠源头不是虚。欲识前贤兴感处，请看庭草与盆鱼。"如此皆与《庭草》诗具有相同寓意。

退溪这种自然美论与周敦颐"圣希天，贤希圣，士希贤"(《周子通书·志学》)的观点是一致的，都是基于心性本体之学的天人合一思想。"周茂叔窗前草不除去，问之，云：'与自家意思一般。'"自然之物如窗前草充满生机，而窗前草"与自家意思一般"，即云物我之间融合无间，物即我，我即物，这是一种天人合一的美感体验。语录附注："子厚观驴鸣，亦谓如此。"黄仲举问退溪，柳宗元(子厚)也说如此，是不是他认为驴叫充满生意，声音大且远，可以与心相会相通？这与庭草一般有什么意思关联呢？退溪回答说："非谓与庭草一般，亦只谓与自家意思一般，彼物自然函生，自然能鸣，以通意，便是与自家一般处。"[③]退溪极尊周敦颐，前述的"庭草"类于周敦颐"窗前草"，也是退溪自然美学中的重要范畴和意象，如其所云："田家得雨，喜腾郊野。对山听泉，境与意会。庭草一般，万物自得。小堂终日，乐亦无穷。想此意同之也。"[④]很显然，其中的"庭草一般，万物自得"同周敦颐的窗前草"与自家

① 《周景游〈清凉山录〉跋》，《增补退溪全书》(二)，第374页。

② 《退溪先生文集内集·诗》卷三，《增补退溪全书》(一)，第104页。

③ 《答黄仲举问目》，《增补退溪全书》(一)，第508页。

④ 《答赵士敬》，《增补退溪全书》(一)，第558页。

意思一般”有着承续的关系，同时又是“鸢飞鱼跃，状化育流行”的另一种表达，其他自然之物诸如“山”、“泉”等同样具有相似的内涵。在退溪诗歌中，或曰在其自然美学思想中，自然物作为审美意象而具有这种含义的相当多，诸如云、雨、风、雪、夜、籁、山、麓、月、谷、岩、矶、潭、塘、泉、草、井、涧、浒、烟林、雪迳、鸥渚、鹤汀、江寺、官亭、长郊、远岫、土城、校洞、杜鹃、柳、薇、霜、梅、松、竹（雪月竹、风竹、露竹、雨竹、抽笋、稚竹、老竹、枯竹、折竹、孤竹）、牛、羊、鱼、鹅、雪、鹿、鹤等等，信手拈来而无一不适。退溪的“乐亦无穷”正是来自于身心与这些自然物的融会一体，身对青山，耳听泉声，境幽意悦，情景交融，境与意会，故能超然物外，物我两忘，天人一体。从本质上说，这种乐来自与宇宙本体合一，与天地变化合一。

就人（审美主体）与自然之美（审美客体）而言，作为道体流行发见的自然审美客体须审美主体来感知体察，即须作为审美主体的人“举彼以见道体自然发见流行之实”[①]。审美主体与审美客体之间是对象性关系，自然之物的审美，是对应于审美主体而显现的。其《观物》诗云：“天理生生未可名，幽居观物乐襟灵。请君来看东流水，昼夜如斯不暂停。”《舟中示南时甫》诗云：“晓霭浓仍晚，春山远欲无。江湖生锦浪，林野著屏图。物理何曾隐，人情自未符。归舟深载病，白日照襟孤。”天理生生不息而不可名状，须“幽居观物”见理而乐之；天理在于物，人对其视而不见，是因为主体的缘故，而不是它隐藏于物的原因。

具体而言，如何才能“境与意会”而得“乐亦无穷”，亦即人作为审美对象对自然审美客体应持什么样的审美心态呢？退溪认为只有持着“有所事而无期待、去念、助长之病”即“勿忘勿助”的心态，方能本体呈露、妙用显行。具体而言，“所论‘勿忘勿助’与‘鸢飞鱼跃’之义，以为取譬之意，但取其自然无为之气象者，善矣。然观古人论此诸说，盖非取譬以言其气象，乃因此而举彼以见道体自然发见流行之实。如‘勿忘勿助’，则道之在我，而自然发见流行之实可见；‘鸢飞鱼跃’，则道之在物，而自然发见流行之实可见。”[②]“勿忘勿助”最早出自《孟子·公孙丑上》：“必有事焉而勿正，心勿忘，勿助长也。”程颢说：“‘必有事焉而勿正，心勿忘，勿助长。’未尝致纤毫之力，此其存之之道。若存得便合有得。”[③]“鸢飞鱼跃”是自然现象、自然美，是“道体自然发见流行之实”，而“勿忘勿助”讲的是主体心态，是发见道体流行的心境，所谓道之“在物”与“在我”。有人告诉退溪说，有一天在操守心志的时候，没有走神越矩，心中也不昏冥，心神洒落，胸怀没有任何阻碍，心里没有一丝外物杂念，如同春日正暖，百物和畅，溪水潺潺而流，山花烂漫而开，林鸟啾啾而鸣，有难以用言语来形容的感觉。退溪答曰：“此是好境界，每存此而不忘，甚好。但有求思之

① 《答郑子中别纸》，《增补退溪全书》（二），第16页。

② 《答郑子中别纸》，《增补退溪全书》（二），第16页。

③ 程颢、程颐：《河南程氏遗书》卷二上，《二程集》，第4页。

意，则无此境界。"[①]所谓"存此"，即每时每刻必存操守之心，"有求思之意"是对"勿忘勿助"的背离。总其大要，就自然美的审美心境而言，时刻存操守之心乃为大前提，同时保持"勿忘勿助"的心态，如此方能见得"本体呈露、妙用显行"。

二、细看冷艳弥贞厉——君子比德

绰约天葩玉雪姿，何妨春晚景迟迟。
细看冷艳弥贞厉，不必清霜冻树枝。
——李退溪《奉酬金慎仲咏梅》其二

退溪在《与曹楗仲》的信中，在讲到出仕、隐居时说："夫荣利之途，世所同驰。得之则以为快乐，不得则以为戚嗟者，众皆然也。不知贤者之于山林，有何事可以自树于此而能忘于彼者耶？其必有所事者矣，其必有所得者矣，其必有所守而安之者矣，其必有所乐于胸中而人不能与知者矣。"[②]有文章指出，退溪对山林之乐的有所事、有所得、有所守、有所安、有所乐等看法，"表面上是以并列关系一一列举，事实上，背后暗藏着在山水自然中定有一贯从事之事，在其中定可有所得，也只有坚守此所得，内心才可得到平安，才能领悟到山水自然之美。终而在主体内部深处可得到山水自然之乐的因果连锁理论，简单地可表示为：'有所事者'——'有所得者'——'有所守而安者'——'有所美之于山水者'——'有所乐于胸中，而人不能与知者'。换言之，退溪以为，自然以某种形态与人类的某种力量的实现及深化结下关系时，方能被转化成产生乐的真正审美对象"[③]。在退溪遗著中，所事何事、所得何物、安守何为、所乐何乐，语焉不详。该文认为，在退溪心目中，自然与"人类的某种力量的实现及深化结下关系时，方能被转化成产生乐的真正审美对象"，其中的人类的某种力量指的是"悦道义颐心性"，自然美只有在自然与"悦道义颐心性"的人类内在力量的实现与深化发生关系之际才产生。退溪美学思想中的自然观是否如此呢？

如前文所言，在回答"古人之乐，得之心而不假于外物。夫颜渊之陋巷、原宪之瓮牖，何有于山水？故凡有待于外物者，皆非真乐也"的山水之乐的问题时，认为真乐并非不假外物，并不是有待于外物者都非真乐。退溪认为可分两种情况来看待：一是颜渊、原宪之乐处，是适意而安，当然很可贵；二是孔孟对于山水未尝不是赞叹有加而深以为乐。后者与传统儒家思想是一致的，是对孔子"知者乐水，仁者乐山"

① 《退溪先生言行通录》卷二，《增补退溪全书》(四)，第 33 页。

② 《与曹楗仲》，《增补退溪全书》(一)，第 283 页。

③ [韩]李东欢：《李退溪的自然美观(要旨)》，中国人民大学、国际退溪学会编：《退溪学在儒学中的地位》，中国人民大学出版社 1993 年版，第 450～451 页。

(《论语·雍也》)的发挥。这也是退溪极喜自然山水的原因之一。

自然物中,退溪最喜梅,并自许知梅,他在《答李仲久》信中说:

> 来喻岭梅吐芬,时寄一枝之语,令人深有慨于千里同襟之意。此间今年春候异甚,至四月花始盛开,而梅亦未免于因地应时,人或以是为梅病,窃以为非真知梅者。因报来书,而手折一枝,附书以实来意,吟成二绝句,冀得琼报,庶为梅兄解嘲也。[①]

由喜梅、知梅而咏梅,退溪写过很多咏梅诗,主要在于赞扬梅之"品格","我生多癖酷爱梅,人道癯仙著山泽"(《用大成早春见梅韵》),"返棹归来鹤趁人,梅边闲坐自清真"(《孤山梅隐》)。"尤酷爱梅花,以其高雅脱俗,岁寒特妍,隐于幽谷,孤芳独秀。格高韵胜,骨癯神清,风虐雪饕,贞心不改"[②],说的正是退溪之梅与君子比德思想。也因此,退溪咏梅却又不粘着于梅,如《奉酬金慎仲咏梅》其二:"绰约天葩玉雪姿,何妨春晚景迟迟。细看冷艳弥贞厉,不必清霜冻树枝。"梅之"冷艳"、"贞厉",却是人之品格。除了这一类的"德",在其梅诗中梅还常被赋予隐士精神的内涵。退溪《再访陶山梅十绝》其四云:"千载孤山有宿缘,高吟香影世争传。只今人境虽非旧,那忍风流坠杳然。"其中的"香影"即取典于宋代林逋《山园小梅》的千古名句"疏影横斜水清浅,暗香浮动月黄昏"。林逋是一位隐逸诗人,好诗书,避荣利,性恬淡,人称"梅妻鹤子"。可以说,退溪在这里其实并未直接写梅花,而且通过林逋咏梅诗来讲间接地表达隐逸精神;换言之,退溪通过赞叹林逋的梅咏而把隐逸精神赋予了梅。而其《林居十五咏·早春》:"腊酒春光照眼新,阳和初觉适形神。晴檐鸟哢如呼客,雪涧梅寒似隐真。"直接将隐逸精神赋予了梅。除梅之外,最能表示隐逸精神的是菊,如陶渊明之"采菊",自不待言。退溪最喜咏梅,同时也作过不少咏菊诗,《菊迳秋霜》云:"霜露鲜鲜菊万葩,金风萧瑟野人家。花中隐逸知人意,岁晚心期讵有涯。"《独寻凌云台》其一云:"穿林入谷访烟霞,处处吹香野菊花。忽见丹崖临碧水,爱深从此欲移家。"陶渊明为隐士,菊相应地被称为花中隐者。退溪咏菊,所要表达的自然之趣也是对隐者的向往之情,其中的"花中隐逸知人意,岁晚心期讵有涯"句,与《红楼梦》中的《问菊》诗"孤标傲世偕谁隐?一样花开为底迟"句,具异曲同工之妙。同样,其咏菊诗中菊花也是人格化的意象。

梅是中国诗歌吟咏的重要对象,留下了"疏影横斜水清浅,暗香浮动月黄昏"(林逋《山园小梅》)、"梅须逊雪三分白,雪却输梅一段香"(卢梅坡《雪梅》)、"高标逸韵君知否,正是层冰积雪时"(陆游《梅花绝句》之二)、"寒梅最堪恨,长作去年花"(李商隐《忆梅》)等千古名句。而退溪的咏梅诗,也为汉语梅诗,特别是异国语境中

---

① 《答李仲久》,《增补退溪全书》(一),第296页。

② 王甦:《退溪学论集》,台北文史哲出版社1992年版,第73页。

的汉诗增加了一笔财富。

另外，竹也是退溪重要的比德对象，其咏竹诗也很多。竹被赋予坚贞劲挺、高节虚心等道德含义，退溪诗歌中的竹意象，同样具有相同特点，譬如：

雪月竹

玉屑寒堆压，冰轮回映彻。
从知苦节坚，转觉虚心洁。

稚竹

千角才牛没，十寻俄剑拔。
方持雨露姿，已见风霜节。

枯竹

树叶半成枯，气节全不死。
寄语膏粱儿，无轻憔悴士。

雪竹歌

汉阳城中三日雪，门巷来人遂隔绝。
病卧无心问几尺，唯觉衾裯冷如铁。
幽轩绿竹我所爱，夜夜风鸣如戛玉。
儿童惊报导我出，携杖来看久叹息。
梢梢埋没太无端，枝枝压重皆欲折。
最怜中有一两竿，高拔千寻犹抗节。
不愁虚心受冻破，无奈老根迸地裂。
杲杲太阳头上临，不应彩凤终无食。

竹林翠烟

万玉森林濯岸连，寒枝瘦叶摇苍烟。
龙拏虎攫笋竞长，雪虐风饕节弥坚。

总之，在退溪吟咏自然物的诗歌中，梅、菊、竹等被赋予象征性的意义，物外取神，形成或为美人、或为仙人、或为隐士、或为贞士的人格化的意象，以表现"纯真之美与纯粹之善"，这些自然物同时也成了审美的对象。明余绍素说："梅是和靖化身，菊是渊明出世，小圃内时对古人；石想元章颠骨，竹想子猷清襟，山窗下常逢胜友。"梅之于和靖林逋，菊之于渊明陶潜，石之于元章米芾，竹之于子猷王徽之，都是"古人"、"胜友"，都具有比德与寄寓审美情思的意义。清张潮《幽梦影》云："玉兰，花中之伯夷也。葵，花中之伊尹也。莲，花中柳下惠也。鹤，鸟中之伯夷也。鸡，鸟中之伊尹也。莺，鸟中之柳下惠也。"又云："天下有一人知己，可以不恨。不独人也，物亦有之。如菊以渊明为知己；梅以和靖为知己；竹以子猷为知己；莲以濂溪为知己；桃以避秦人为知己；杏以董奉为知己；石以米颠为知己；荔枝以太真为知己；

茶以卢仝、陆羽为知己；香草以灵均为知己；莼鲈以季鹰为知己；瓜以邵平为知己；鸡以宋宗为知己；鹅以右军为知己。”又从审美情感的发生上对自然物做了一一的对应：“梅令人高，兰令人幽，菊令人野，莲令人淡，春海棠令人艳，牡丹令人豪，蕉与竹令人韵，秋海棠令人媚，松令人逸，桐令人清，柳令人感。”这是主体由君子比德反观自身的精神品格从而获得的审美情感。

山水之乐，如前而言，退溪认为孔孟之于山水，“深喻之”以道德人格，即为人格山水比德，道德之美寄寓于自然之美，自然之美包含着道德之美。圣人眼中的山水，是仁、智的象征。山水可以比德，智者、仁者在山水中找到对应的象征，常人也可以在山水中体验圣贤气象。作为外物的山水，触动于内，运行于心，激活胸中的仁、智：得山水之乐，乃是得仁、智之乐。退溪说：“君子之学，为己而已。所谓为己者，即张敬夫所谓无所为而然也。如深山茂林之中有一兰草，终日薰香而不自知，其为香，正合于君子为己之义，宜深体之。”[①]虽然其中的兰草薰香更多的是比喻义，但可见退溪将为己之学比赋于兰草薰香的比德义。其《洪应吉上舍〈游金刚山录〉序》里亦云：

> 孔子登泰山而叹逝川，朱子登南岳而咏九曲。夫之山之水也，所以能深发圣贤之乐如此者，何耶？余生有山水之癖，夙慕关东之游，病过半百，局促尘埃，亦朝市眷恋之一耳，而洪君与二子志同道合，乃能为壮游，述奇胜，以发我襞积磈磊之胸，岂非余不幸中之大幸欤！虽然登山临水可以日月而效圣贤之为者，诸君既效之矣，知及仁，守其所以有乐。于斯二者，余与诸君盍相与终身勉之哉，然则身历之所契，乃梦想之所渴。其亦有以辱教之，又幸之幸矣！[②]

其强调有三：其一，自然山水如“沂水”、“芦峰”有助于激发胸中的仁、智——即山水比德；其二，与之相关，审美主体之于作为审美客体的山水，在于“得其实”，即从自然山水中体验天理之流行；其三，“反诸吾心”，强调身心与自然的合一。

这正是退溪天人合一思想的体现。宋儒将理提升到本体论的高度，以理为宇宙的最高本体和人伦道德的最后根据。在本体与现象的关系上，张岱年先生曾论述过：“本根隐微，事象显著，然而隐微者与显著者之间，并无间隔。体与用是统一的。……中国哲人决不认为本根实而不现，事物现而不实，而以为事物亦实，本根亦现；于现象即见本根，于本根即含现象。”[③]理学的核心范畴“理”不仅涵盖人伦而且涵盖自然，就此而言，自然美的价值体现在与人、与道的关联上。退溪诗《次韵金舜举学谕题天渊佳句二绝》其一云：“此理何从问紫阳，空看云影与天光。若知体用元无间，物物天机妙发扬。”先天地而生的理是宇宙万物的最高本体，当然也是自然

---

① 《退溪先生言行通录》卷二，《增补退溪全书》(四)，第 32 页。

② 《洪应吉上舍〈游金刚山录〉序》，《增补退溪全书》(二)，第 348 页。

③ 张岱年：《中国哲学大纲》，江苏教育出版社 2005 年版，第 43～44 页。

美的本原。人与宇宙、历史、现实之间是切实地联系起来的，情思与万物融为一体，物我天人之间不是外在而是内在的、相互融会的关系。人与万物是一体相通的，至少是相似的。这一点，退溪从理论上有所阐述，更从自然山水的游历中得到深刻的体会。其《游小白山录》如是说：

> 登山妙处不必在目力所穷之外矣，山上气甚高寒，烈风冲振不止，木之生也尽东偃枝干，多樛屈矮秃。四月之晦，林叶始荣，一年所长不过分寸，昂庄耐苦皆作力战之势，其与生于深林巨壑者大不侔。居移风，养移体，物之与人宁有异哉？三峰相距八九里之间，踯躅成林，方盛开烂漫，绰约如行锦障之中，如醉祝融之宴，可乐也。峰上引三杯，题诗七章，日已向昃矣。①

受寒气包围，被烈风冲振，树木却昂首挺胸，忍受苦寒，这与人的性格是一样的，所谓“居移风，养移体”。在这种与人相通的自然中行游，“如醉祝融之宴”，获得无尽的快乐，也因此诗兴大发，题诗遣兴。人与自然，从个人性情到道德义理，全都融为一体。

蒙培元先生认为：“心中只有一个普遍原则、普遍规律，用这个原则观察万物，便见得事事物物莫非天理，莫非可乐。当此心‘纯以不已’之际，便是天理流行之时，人与自然合为一体，故事事物物皆是天理，事事处处都有可乐。这种乐不仅是万物各得其所，从而表现了主体原则的运用及其移情说，而且表现了理性主义特点，一切审美体验，必须从这一原则出发，才能得到美的感受，进入美的境界。”②朱熹强调审美原则的普遍性以及人和自然的合一性，这一特点同样也体现于退溪的自然美观。

退溪的自然美观，常常与其关于出仕、隐居的思想联系在一起。荣利之途为世所同驰，得之则快乐，不得则戚磋。退溪认为，众人皆逐“荣利之途”，但贤者并不如是而向往山林之乐。退溪山林之乐的切入点正在于此。山林之乐是圣贤气象的特征之一。在退溪的心目中，贤者不逐名利而追求山林之乐，追求发于沂水之上的与点之欢、咏于芦峰之颠的卒岁之愿。他说：

> 于时山雨初霁，峡气如新，云物清妍，适有玄鹤自中峰飞出，盘回数匝而入于云霄之表，余于舟中取酒吟诗，超然有御冷风游汗漫之意。……余于是欲以芒鞋竹杖叩云门，访古迹，寻考槃之地，结幽人之约，而病不可得也，则三复子美“何时一茅屋，送老白云边”之句，而喟然发叹也。③

这纯粹是一幅情景交融、物我两忘、兴趣超妙、从容洒落的隐士图：寻自然山水之乐，得饮酒咏诗之趣，无世俗之念累于灵台，在自然之中与天地合为一体。这是一

① 《游小白山录》，《增补退溪全书》（二），第 343 页。

② 蒙培元：《理学范畴系统》，第 516 页。

③ 《丹阳山水可游者续记》，《增补退溪全书》（二），第 355 页。

种隐逸思想，是退溪自然美观的另一种表现形式。

退溪一生，严格遵循持敬心法和“遏人欲，存天理”的训条，日常举止也处处严格遵循着理学家心目中的伦理规范，“所履者，规矩准绳也。雅言者，道德仁义也。居必整衣冠，尊瞻视。或对案观书，或焚香静坐。终日钦钦，未尝见其惰容。”[①]然而，作为有血有肉的人，退溪必然有着旺盛的生命力和丰富的情感。登山临水，饮酒作诗，可舒放情感，释减长期形上追求的压力。“清泉绿竹，想多遣兴。”[②]自然山水成为对学术生活的一种必要的调节和补充。退溪对此深熟于胸，据载：“其在二郡（丹阳、丰基），清风洒然，无一点私累。簿书之暇，惟以书史自娱，或超然独往，徜徉水石间。田翁野老，望若神仙。”[③]

三、有所自乐自清高——自然美的独特价值

> 虽然山水之好，好其清高耳，清者自清，高者自高，其于人之知不知何预哉！
>
> ——李退溪《丹阳山水可游者续记》

退溪之寄情于山水，更与其处世态度有关。他说：“山林之愿，谁独无之？一失脚尘中，能遂其愿者，鲜矣。”[④]山林与世尘、隐居与出仕，为两难选择。其《过清平山有感（并序）》云：

> 春川之清平山，即古之庆云山也。前朝李资玄弃官归隐于此山。……其于求富贵、取青紫，不啻如拾地芥。然乃能辞荣避位、高蹈远引，蝉蜕于浊秽之中，鸿冥于万物之表，住此山盖至于三十七年之久。虽卑辞厚礼不足以屈其节，千驷万钟不足以动其心。非有所乐于胸中者，安能如是哉！……至若脱屣于声利之场，抽身于纨绮之丛，不怨不悔、终始不变如资玄者，盖绝无而仅有之，斯不亦可尚哉！或谓资玄之去其迹涉于为名，以是为可贬，则吾又不知其说也。夫枕流漱石、枯死岩穴之名，孰与于纡青拖紫、铭彝鼎、被弦歌之名哉！自世俗之见言之，斯二者均谓之名，而苦乐则悬绝。资玄于彼则望望然去之，若将浼焉；于此则昧昧然就之，以是终其身而不顾。若是而称曰“为名”而然，此岂近于人情之论欤？贪鄙吝啬，其亦尚论之当乎？余以是知其胸中必有所自乐者，而非世俗之云云者，余所以惓惓于资玄者也。[⑤]

---

① 《退溪先生言行通录》卷一，《增补退溪全书》（四），第 15 页。

② 《答黄仲举》，《增补退溪全书》（一），第 467 页。

③ 《退溪先生言行通录》卷三，《增补退溪全书》（四），第 59 页。

④ 《答洪应吉》，《增补退溪全书》（一），第 348 页。

⑤ 《过清平山有感（并序）》，《增补退溪全书》（一），第 52～53 页。

李资玄，朝鲜李朝人，性恬淡，弃官于清平山隐居，睿宗屡召之，坚辞不就。退溪认为，资玄隐于清平山，不是“为名”，其“胸中必有所自乐”。这是什么样的“乐”呢？富贵官位，只不过是世俗众人的追求。脱身于浊秽的世俗，如鸿雁一样超脱于万物之表，才是圣贤的作为。身处山林，与自然融为一体，方是真正的乐趣。

故此，退溪于该序文继续评论云：“余观资玄《辞就征表》有曰：‘以鸟养鸟，庶免钟鼓之忧；观鱼知鱼，俾遂江海之乐。’噫！此其为人之胸次，岂世俗哓哓者所能窥其万一哉?”退溪的自然美观，在某些方面与庄子是相通的，虽然退溪在理论上极力反对和排斥道家思想。所谓“以鸟养鸟”、“观鱼知鱼”，暗合于道家特别是庄子的自然天道思想。又如，退溪诗《题柳而得画二牛图》云：“穿鼻随人远服车，何如天放卧眠余。可怜解事梁天子，不致茅山陶隐居。”其中的“穿鼻”合于《庄子·秋水》：“牛马四足，是谓天；落马首，穿牛鼻，是谓人。故曰：无以人灭天，无以故灭命，无以得殉名。谨守而勿失，是谓反其真。”而“天放”合于《庄子·马蹄》：“彼民有常性，织而衣，耕而食，是谓同德。一而不党，命曰天放。”庄子要求“以天合天”（《庄子·达生》），即人的天然本性须与自然本性相契合，从而“独与天地精神往来”（《庄子·天下》）。清人郑板桥不喜笼中养鸟，不屈物之情以适人之性，未尝不爱鸟但养之有道，大意同此。退溪该文所言与之也极为相近，要求以人的心性符合于自然的本性，以摆脱世俗的羁绊、涤荡心灵、与宇宙万物相契合、达到物我两冥的境界为乐。其《书〈渔父歌〉后》云：

> 惟我聋岩李先生，年逾七十即投绂高厉，退闲于汾水之曲，屡召不起。等富贵于浮云，寄雅怀于物外。常以小舟短棹啸傲于烟波之里，徘徊于钓石之上。狎鸥而忘机，观鱼而知乐，则其于江湖之乐可谓得其真矣！……每遇佳宾好景，凭水槛而弄烟艇，必使数儿并喉而唱咏，联袂而蹁跹。傍人望之，缥缈若神仙人焉！[①]

讲的是同样的道理。

退溪强调日用践履工夫，游历山水即为践履方法之一。其目的是从中禀气之清与粹，直通天理，具体而言，正在于前述的仁、智的圣贤气象，得山水之乐，乃是得仁、智之乐，得无处不在的天理流行，与天地万物上下同流即与万物同在、与天理同流。就自然在何种形态下能够成为审美对象而言，一般情况下，山仅是山，水仅是水，未必有什么美学上的意义；自然之物，只有寄托人的某种情思之时，方能成为真正的审美对象。《散花庵丛语》云：“天清地旷，浩乎茫茫，皆我友也。如太空无言，照人心目，辄增玄妙，此禅友也；夕风怒号，击竹碎荷，败拥叶飕飕，助我悲啸，此豪友也；眉月一弯，悄然步庭外，影珊珊如欲语，清光投我怀抱，此闺中友也；墙根寒

① 《书〈渔父歌〉后》，《增补退溪全书》(二)，第 373 页。

蛩，啾啾草露中，如一部清商乐，佐西窗闲话，此言愁友也。审是天地自然良友，悉集堂中，莫乐于此矣。”[①]所谓“豪友”、“闺中友”、“愁友”等，不正是情思之托吗？也正因了这种情思之托，作为审美主体的人对于审美对象的自然才能够产生“莫乐此矣”的审美情感。退溪诗《月夜登天渊台赠金士纯》云：“半夜游仙梦自回，起呼幽伴上江台。清风有意迎怀袖，明月多情送酒杯。”清风、明月，亦为情思之托，从而产生有意、多情的审美情感。

这种情思，可能是功利的、伦理的，也可能是超功利的、超伦理的。如果说前者强调天理的本体地位和作用，自然美是通过“德”这一中介而显现出来的，在一定意义上还处于附属地位的话，后者则是退溪对自然美的独特价值的认同。在阐述之前，需简要回顾儒家自然美观念的演进。

先秦儒家的自然美观体现的是“仁”的人格理想追求。孔子的“仁”，以人与人的关系为出发点，注重内心的道德修养。其“知者乐水，仁者乐山”的君子比德观，实质在于把人的情操特别是作为社会品格的道德观念“比”之于自然美。因此自然美实际上不过是人格美（主要是人格道德之美）的一种映射，自然承载着人格的内涵，自然美映射的是人格之美。孟子、荀子对自然美的看法，大致没有超出比德观念，换言之，在先秦儒家看来，自然美的价值在于与人格的比附关系上并附属于人格之美。从本源上说，原始儒学是从亲子血缘关系出发的，“在精神领域中，儒家所崇拜的是祖先而不是神祇”，故而，“每一个人都不是一个与他人隔绝的单子，而只是庞大的血缘关系网络中的一个环节”[②]。作为其核心范畴的“仁”讲的是人与人的社会关系，它以人与人、人与社会的关系为出发点，追求社会价值取向的内在精神之美，因而除君子比德之外，无法确认自然美的独特价值，即使是在比德观中，自然美独立存在的审美价值也是值得怀疑的，答案甚至是否定的。宋代理学则在汉儒的基础之上将人与人的社会关系上升到“人生—宇宙”一体化的本体论高度来解决宇宙、万物、人生等问题，作为其核心范畴的“理”不仅涵盖人伦，是人伦之始、万物之源，而且涵盖自然，并以此来发现自然美。因此宋代理学中的自然仍然带有浓厚的伦理道德色彩。虽然朱熹也强调外部世界的真实性，在审美方面强调玩物适情，但自然与伦理在他那里仍然是分不开的。

退溪对自然美的看法，受比德观影响但又具有超功利、超伦理的因素，前文已从“乐”的角度有所论及，在此从自然之美的角度，论述他认为自然具有独立的审美特点和功能的看法。就人（审美主体）与自然之美（审美客体）而言，自然之美本身是独立存在的，不因为主体之未见而不存：“山水之好，好其清高耳，清者自清，高者

① ［日］合山究选编，陈西中、张明高注释：《明清文人清言集》，第166页。

② 陈炎：《文明与文化》，山东大学出版社2006年版，第79页。

自高，其于人之知不知何预哉！”[①]因此，退溪在一定程度上认为，自然作为宇宙万物的一部分，是有机的生命体，具有独立的审美性质和审美价值，如老、佛由自然而得慕玄虚、事高尚之乐以及儒家以山林为媒而得悦道义、颐心性之乐，都是不可取的。他在一定程度上更愿意把山林看作纯粹的审美对象，把山林之乐看作纯粹的审美，抛开一切事功心理，使心灵如明镜止水，至虚至静，不使世俗之营营者而入我之灵台，即排除邪思妄想，不为物欲所累，不为功利所动，使身心虚闲恬愉、娱意适情，心体湛然若水。退溪一方面继承了宋代理学的本体论和宇宙生成论，另一方面又避开理本体而从另外一个角度强调自然美的独特价值，即超功利的、超伦理的价值。这是退溪自然美观的贡献所在。

① 《丹阳山水可游者续记》，《增补退溪全书》（二），第355页。

第四章 退溪诗学与诗教

韩国庆北大学徐元燮教授认为退溪是“诗人和文学家型的道学者”，其珠玉般的汉诗以及以韩国文字创作的时调和歌辞即为明证，只有将其哲学思想研究与其诗歌文学研究贯通并行，才能揭开退溪学的真面目：“退溪는 ‘诗人·文学者型의 道学者’라고도 할 수 있다。그의 珠玉같은汉诗와 韩国文字(한글)로 创作된 时调와 歌辞가 이를 말해 주고있다。하가에 哲学的 思想的인 学问의 研究에만 置重할 것이 아니라诗歌文学의 研究도 并行되어야만 退溪学의真面目을 살필 수 있다고분(븐)다。”[①]除了致力于理学的研究与阐释之外，退溪还是位诗歌多产作者，一生创作了两千余首诗歌。文艺是美的重要表现形态，而美学的任务之一是从哲学的高度来探寻文艺之美及其规律。既然退溪是位“诗人和文学家型的道学者”，其性理学与文艺观的关联，就构成了退溪的文艺哲学或曰诗学，成为退溪一以贯之的美学思想的有机组成部分。

退溪诗学思想与其理本论、践履论是一致的。理为文艺的核心本质，为体；由气而形成的文艺则为现象，为用。道之在文艺，为道之在日用，而文艺是道的一种表现形式，文艺的形式是由理所决定的。故而，对于文艺的地位，退溪认为诗为末技，但又认为文学不可忽，学文可以正心。作词吟诗，在于使人感发融通而有温柔

① [韩]徐元燮：《李退溪의诗歌文学——主로时调와歌辞를中心으로》，《退溪学报》第14辑，退溪学研究院1977年版，第145页。

敦厚之实，继承了儒家温柔敦厚的诗教思想。与温柔敦厚的诗教和文道合一的思想相呼应，退溪诗文表现出人品与文品、穷理与作文相统一的典实简淡的风格。退溪诗歌语言平淡朴素，在看似朴质枯淡的描述中蕴含着高洁的胸襟和诚挚的情怀，体现出自然平实、萧散冲淡的美学追求；在说理劝学处，娓娓道来，不急不促而不愠不怒，折射出温柔敦厚的诗教思想。

第一节　儒家文道观与退溪文道观

退溪的文艺思想基本秉承了朱熹的文道观，认为道在日用——当然亦在文艺，工书艺的过程，即是近道的过程。文艺的地位和作用由此而确定，即诗为末技，但可正心，端庄于诗书之事，方为近道正途。

一、学诗之法犹学问——历史的影响

> 尝闻晦庵之言曰，学诗须从陶、柳门中来，则陶诗之不可不学也，固矣。然学诗之法，其犹学问之道。
>
> ——李退溪《策》

《尚书·尧典》云：

> 帝曰：夔！命汝典乐，教胄子。直而温，宽而栗，刚而无虐，简而无傲。诗言志，歌永言，声依永，律和声，八音克谐，无相夺伦，神人以和。

这段话可以说是儒家文艺观的发端。其中的“诗言志，歌永言”为核心命题，认为文艺表现人的意志思想、志向抱负。孔子的“诗可以兴，可以观，可以群，可以怨；迩之事父，远之事君”（《论语·阳货》）思想，在“诗言志，歌永言”的基础上又进了一步，文艺的“兴”、“观”、“群”、“怨”以及“事父”、“事君”等功能，除了单纯的思想意志外，更承载着儒家的伦理纲常思想。

荀子则把文艺归之于“道”：

> 圣人也者，道之管也。天下之道管是矣，百王之道一是矣。故《诗》、《书》、《礼》、《乐》之归是矣。《诗》言是其志也，《书》言是其事也，《礼》言是其行也，《乐》言是其和也，《春秋》言是其微也。故《风》之所以为不逐者，取是以节之也。《小雅》之所以为小雅者，取是而文之也；《大雅》之所以为大雅者，取是而光之也；《颂》之所以为至者，取是而通之也。天下之道毕是矣。（《荀子·儒效》）

“道”为文艺之归，是文艺必须遵循的最高标准。由荀子始，文与道的关系明确成为

儒家文艺观的重要命题。

具体将文道关系落实为文艺辞章与道德内容关系的则是唐代韩愈。他说："愈之为古文，岂独取其句读不类于今者邪？思古人而不得见，学古道则欲兼通其辞。通其辞者，本志乎古道者也。"（韩愈《题哀辞后》）并提出文以贯道的命题。其后学李汉在《〈昌黎先生集〉序》中也说："文者，贯道之器也。"在儒家的道统传续中，韩愈有着重要的、特殊的贡献，著名的道统论即由他提出："尧以是传之舜，舜以是传之禹，禹以是传之汤，汤以是传之文、武、周公，文、武、周公传之孔子，孔子传之孟轲。轲之死，不得其传焉。"（《原道》）韩愈即处于自己提出的尧、舜、禹、汤、文、武、周公、孔、孟之继和宋儒之间的承上启下的地位，他自己也自信满满地说："孟子不能救之于未亡之前，而韩愈乃欲全之于已坏之后。"（《与孟尚书》）而他所说的道，比之他以前的儒家，包括荀子、扬雄等人对于道的论述，具有了更为确切的内涵、意义，即儒家的道统之道。柳宗元"文者以明道"（《答韦中立论师道书》）的文道关系论，与韩愈有相似之处。他说："然圣人之言，期以明道，学者务求诸道而遗其辞。辞之传于世者，必由于书。道假辞而明，辞假书而传。要之之道而已耳。道之及，及乎物而已耳。斯取道之内者也。"（《报崔黯秀才书》）

自韩、柳而下，"文道关系说"更加重道轻文。虽然如此，宋儒周敦颐轻文而不废文。在文道关系上，他说：

> 文所以载道也。轮辕饰而人弗庸，徒饰也；况虚车乎！文所以载道，犹车所以载物。故为车者必节其轮辕，为文者必善其词说，皆欲人之爱而用之。然我饰之而人不用，则犹为虚饰而无益于实。况不载物之车，不载道之文，虽美其饰，亦何为乎！文辞，艺也；道德，实也。笃其实，而艺者书之，美则爱，爱则传焉。贤者得以学而至之，是为教。故曰："言之无文，行之不远。"此犹车载物，而轮辕饰也。然不贤者，虽父兄临之，师保勉之，不学也；强之，不从也。此犹车已饰，而人不用也。不知务道德而第以文辞为能者，艺焉而已。噫！弊也久矣！（《周子通书·文辞》）

这便是著名的"文以载道"思想。

至程颐，文道思想变得更为极端。道作为最高目标，容不得其他杂物相混。故而在作文是否害道这一问题上，他认为：如果不专意于文，文则不工；如果专意于文，则会被局限于文，不能与天地同其大。文乃玩物，"玩物丧志"，所以作文害道。

朱熹作为宋代理学的集大成者以及宋代最富文学修养的理学家，并不满意"文以载道"的思想，也不赞同"文以害道"的提法，提出"文从道中流出"对其进行修正，他说："这文皆是从道中流出，岂有文反能贯道之理？文是文，道是道，文只如吃饭时下饭耳。若以文贯道，却是把本为末。以末为本，可乎？"（《朱子语类》卷一三九）"道者，文之根本；文者，道之枝叶。惟其根本乎道，所以发之于文，皆道也。三代圣贤文章，皆从此心写出，文便是道。”(《朱子语类》卷一三九)这两段话包含着文道合一的重要思想，其中“文皆从道中流出”、“发之于文皆道也”等是其核心。在朱熹的理学思想中，道是世界万物的本体，而世界万物是道的体现。就文艺思想来说，道是文艺的终极根源和形上本体，而文艺是道的“流行发见”，所谓“道者，文之根本；文者，道之枝叶”，因此文皆是从道中流出，也因此文与道是统一的，道便是文，文便是道。在对待二者的态度上，朱熹重道而不轻文，重道而不废文。总之，在朱熹的文艺思想中，文艺的内容及其本质是由道决定的，文艺由道而生，由道流出；而文艺则必须、必然以道为依据、为依归；道与文是体与用、本质与现象的关系：体是本体、依据，用是现象、功能，用从体中流出，是体的显现、运用。

退溪的文艺思想基本秉承了朱熹文道合一、文从道出之论。退溪的文艺观与其世界本体、现象的观点是一致的。第二章已经论及，形而上的超时空的理是宇宙万物的最高本体，也是自然美、艺术美、社会美的本原；它是宇宙万物的规律与法则，也是林林总总的审美现象的规律与法则；它是伦理道德的准则，也是人的心灵美的准则。故而，在退溪文艺思想中，文艺为道之在物，其本质是道的“自然发见流行之实”。“所论‘勿忘勿助’与‘鸢飞鱼跃’之义，以为取譬之意，但取其自然无为之气象者，善矣。然观古人论此诸说，盖非取譬以言其气象，乃因此而举彼，以见道体自然发见流行之实。如‘勿忘勿助’，则道之在我，而自然发见流行之实可见；‘鸢飞鱼跃’，则道之在物，而自然发见流行之实可见。”[①]退溪这一原文，前文已引用并认为退溪讲的是审美主客体的关系，所谓道之“在我”与“在物”。退溪接着说：“并又如引‘浴沂咏归’而并言，则‘浴沂咏归’，道之在日用，而自然发见流行之实可见，如是而已。”更加强调一般意义上的道与物的关系。同时，无论是具体的文艺还是引言中提及的“浴沂咏归”，在本质上都是道体的“自然发见流行之实”。

对孔子“周监于二代，郁郁乎文哉！吾从周”(《论语·八佾》)这句话，历史上不乏注疏。退溪亦云：

> 夏尚忠，商尚质，周尚文，此礼乐制度之所以损益者也。盖夏之时，风气浑然，故礼文大体尚忠。忠者，主于中而已。降及于商，尚质者，其视忠则著于形质而成矣。至于周，则参二代而礼乐制度极备。故孔子曰：“郁郁乎文哉！吾从周。”[②]

周之礼是夏、商二代的损益，三代以周礼最为完备。损益之间，有本有末，故退溪接着说：

> 大抵制作因一时气象，故三代文为，如此其有异。三代相改之意如此，而

① 《答郑子中·别纸》，《增补退溪全书》(二)，第16页。

② 《退溪先生言行通录》卷二，《增补退溪全书》(四)，第38页。

> 其所不可改者，乃三纲五常之道也。三纲五常为本，而忠、质、文乃所以行三纲五常之制度也，是乃文为之末矣。

“文”是哲学、美学范畴，一般指自然界和人类社会中各类事物所具有的外观形式及形式美，包括：(1)自然现象之文，指动植物及宇宙天空的斑斓色彩；(2)社会现象之文，指社会典章制度和个人文化素养之文；(3)艺术作品之文，指艺术的形式和形式美。[①] 无论是孔子之“文”、朱子之“文”还是退溪之“文”，都不单指文艺，但包括文艺，其中的(2)、(3)项即包含了文艺的内容和形式。退溪认为，无论三代之文如何变化，作为本质和核心的三纲五常都是不变的。三纲五常是成物变化因循之理，是恒常的，所变化的是作为现象的忠、质、文，故而他说：

> 孔子谓所损益可知者，乃谓以所因之道，可推其损益之事矣。万古之所因者，三纲五常；所损益者，忠、质、文也。损益虽异，而所因不变，故以所因者可知其损益矣。[②]

因此，退溪的理学精神与文艺实践是融合在一起的。

损益之间，乃为气的作用。理为本质和核心，为不变；气的运动形成万物现象，为万殊，所谓“由气而有万别，原理则无不同”。推之于文艺，理为文艺的核心本质，为体；由气而形成的文艺则为现象，为用。道之在文艺，为道之在日用，文艺不过是道的一种表现形式，是道的“自然发见流行之实”，文艺的形式是由理决定的。道在日用，当然亦在文艺，工文艺的过程，即是近道的过程，“尝闻晦庵之言曰，学诗须从陶、柳门中来，则陶诗之不可不学也，固矣。然学诗之法，其犹学问之道”[③]。但写字作画时要持有敬的态度，方可近道。他说：

> 明道写字时甚敬，固非要字好，亦非要字不好，但敬于写字而已。字之工拙，随其才分工力而自有所就耳。此即“必有事焉而勿正，心勿忘勿助长”之见于事者，乃圣贤心法如此，不独写字为然也，故朱子亦曰：“一在其中，点点画画，放意则荒，取妍则惑，所谓一即敬也。”来喻谓“欲使学者不必工于书艺”，此非程子之意，而又云“故为不好”，其去程子之意盖远矣。[④]

敬即为心之主宰，一心能敬，则心不会为物所害；反之，如果心不能主宰，则作诗写字、游山玩水，均能害心，而应抛弃。退溪认为，程朱对于诗画、山水的看法，是从这个角度出发的。与朱熹的文艺观相较，退溪更加注重和强调人心与践履，在工文艺的过程中，人心须虚灵不昧、生生不穷以应道，“‘非要字好，亦非要字不好’，盖无私

① 参见方克立主编：《中国哲学大辞典》，第 149 页。

② 《退溪先生言行通录》卷二，《增补退溪全书》(四)，第 38 页。

③ 《策》，《陶山全书》(四)，第 315 页。

④ 《答金惇叙》，《增补退溪全书》(二)，第 71 页。

图，无偏颇，无造作，无矫情，一任自然而尽其在我耳"①。他自己更是亲身践履，"虽偶书一字，莫不整顿点画，故字体方正端重；虽偶吟一绝一句一字，必精思更定，不轻示人"②。

二、诗不误人人自误——文艺的作用

诗不误人人自误，兴来情适已难禁。
风云动处有神助，荤血消时绝俗音。
栗里赋成真乐志，草堂改罢自长吟。
缘他未著明明眼，不是吾缄耿耿心。

——李退溪《吟诗》

在退溪诗学思想中，文艺的地位和作用是由他的这种文道观以及对人心和践履的重视所决定的。

在历史上，对于文艺的地位和作用，《尚书·尧典》说"诗言志，歌永言"；《论语·阳货》篇认为诗可以兴、可以观、可以群、可以怨，《论语·泰伯》篇强调"兴于诗，立于礼，成于乐"，《论语·述而》篇也说"志于道，据于德，依于仁，游于艺"；《孟子·万章上》讲"不以文害辞，不以辞害志；以意逆志，是为得之"。朱熹认为理寓于文、理本文末，但文不可阙。他说："艺则礼乐之文、射御书数之法，皆至理所寓，而日用之不可阙者也。"（《四书章句集注·孟子》卷九）又说："力行而不学文，则无以考圣贤之成法，识事理之当然，而所行或出于私意，非但失之于野而已。"（《四书章句集注·论语》卷一）纵观历史上儒家对文艺的作用和地位的看法，大致有：(1)文艺具有抒发情志的作用；(2)文艺具有讽谏作用；(3)道为本而文艺为末，但立德立言又离不开文。

退溪基本上沿袭了这些看法，但又在其文从道出、文道合一的理论基础上更强调文艺的正心与践履功能。他说："某人甚有文才，而为人甚虚疏可恨，是知务文学矣！治心最紧，不可忽也。……文学岂可忽哉！学文所以正心也。"③可以说，这是退溪对文艺的地位与功能的看法之总纲。

首先，对于文艺的地位，退溪基本上沿袭了朱熹的思想，认为诗为末技，文章为圣人之余事，而字画又位于文章之末。仅务文艺而忽略治心，仅有文才而为人虚疏，是退溪坚决反对的，所谓"儒家意味自别，工文艺非儒也"④。退溪听说李叔献"太尚词华"而"欲抑之，不令作诗"，后来亲自听他吟咏，也认为其诗虽可观，但却

① 王仁钧：《退溪之修养观》，中国人民大学、国际退溪学会编：《退溪学在儒学中的地位》，第 421 页。

② 《退溪先生言行通录》卷五，《增补退溪全书》（四），第 103 页。

③ 《退溪先生言行通录》卷二，《增补退溪全书》（四），第 33～34 页。

④ 《退溪先生言行通录》卷二，《增补退溪全书》（四），第 36 页。

"不如其人"。[①]

其次，退溪话语一转，"文学岂可忽哉！学文可以正心也"。如果说诗为末技是对文艺地位的规定或曰贬低，那么这里则是对文艺功能的肯定。退溪说："偶挥数行，神变百出，冲妙始习，天章已烂，则岂非于穆不显之德，焕发于文艺之末。"[②]"夫聋者固不闻五音，然岂可缘是而废咸英韶濩？瞽者固不辨五色，然岂可缘是而废黼黻文章哉？盖天下之人不聋不瞽者何限，且又安知聋瞽者之终或有视听也哉？"[③]对于人心情性而言，"《诗》之三百，可以见圣人之情性"[④]。通过学文之途以正心，反复强调的重点是人心。退溪的人心，与道心、人欲相关联，是知、情、意的统一。他认为，心兼有形而上的道心和形而下的人心，道心与人心虽相互区别，但又相互渗透、相互包含，共存于人之心。人心又包含着人欲，人心与人欲的关系在于前者为后者之本而后者为前者之流，人心在先而人欲在后，但人心与人欲并非二物，二者之间的界线只在几微之间，需动态地把握。"饮食、男女，至理所寓，而大欲存焉。君子之胜人欲而复天理，由此；小人之灭天理而穷人欲，亦由此。故治心、修身，以是为切要也。"[⑤]人天然存在着感性欲望和需要，所谓饮食男女之需，这就是人欲。退溪认为，人欲其实并不是非要全部扼杀的，正当的欲望须得到正常的满足。只是，过分的利己情欲或感情欲念须置于仁、义、礼、智、信的规范之中，受其引导并加以限制和克服。道心应支配人心，人心应服从于道心的正确引导，因为仁、义、礼、智、信反映的是人心的理性精神或道德理性。就情感而言，儒家所重视的是道德情感。道德情感发自道德本性，通过仁、义、礼、智、信的引导，最终达到仁的境界。孔子认为诗可以怨，"为后世各种哀伤怨恨之情找到了表达发泄的理论依据"[⑥]。学习《诗经》成为消解过分的情感与道德矛盾的途径。退溪亦提出通过自我修养达到仁的境界，文艺即是其中的途径之一，所谓"学文所以正心也"。反言之，如果修得内心诚明，则会自然体现在文艺之中："志伊学颜而诚明两进，敬义偕立者，又其见于赋咏者然也。"[⑦]

李仲宏欲读朱熹书，退溪引《论语·阳货》"人而不为《周南》、《召南》，其犹正墙面而立也与"语劝诫他说：

> 愿公姑且停之，须先读诗，至佳至佳。孔子以不为二南为墙面，韩公以不

① 《答赵士敬》，《增补退溪全书》（一），第552页。

② 《〈三朝御书帖〉跋》，《增补退溪全书》（二），第375页。

③ 《答卢仁甫》，《增补退溪全书》（一），第327页。

④ 《策》，《陶山全书》（四），第315页。

⑤ 《答李宏仲》，《增补退溪全书》（二），第214页。

⑥ 李泽厚：《论语今读》，第299页。

⑦ 《伊山书院记》，《增补退溪全书》（二），第362页。

学诗书为腹空。假使公专意此学，自古安有不学诗书底理学耶？晦翁盛年读尽天下书，穷尽万理，门人皆效法之，党于躬行，切或稍疏，故力言尊德性以捄一时之弊，非谓不读书，专治心，如象山之说也。非但晦翁，虽象山之学，亦无不读诗书而但治本心之理。愿公思之。前日面劝读诗，今问读何书，是公意以读诗为不切于心学，而不欲读之，此大误也。[①]

可见退溪认为，只有先懂诗书，才能领会和明白朱熹书中的义理成法，“属文一事，初学亦不可不知蹊径”[②]。除了作为近道的主要途径之外，退溪认为文艺有抒情写意、讽喻感发之用：“酬唱往复，自古人切偲辅仁之道观之，已为末事，而犹有输情写意、讽喻感发之快，故古人乐之。”[③]“诗于学者最非紧切，然遇景值兴，不可无诗矣。”[④]同时，感兴之时，诗不但“不可无”，而且会自然而来、来不可遏：“自娱悦于中者不浅，虽欲无言而不可得也。”[⑤]另外，文艺还有体道之余的休闲娱乐的功能：“至如图书花草之玩，溪山鱼鸟之乐，苟可以娱意适情者，不厌其常接，使心气常在顺境中，无咈乱以生嗔恚。”[⑥]这种“乐事”，又有看破贫富、脱身现实的功能：“人间贫富海茫茫，每意君穷感叹长。锦里已看疏屋破，玉川况复一奴亡。满潭风月樽无绿，拄腹诗画面有黄。赖有古人余乐事，朝吟衡泌夕歌商。”(李退溪《赠赵士敬》)

然而，工文艺并不一定都能正心，“为诗而不本于德行者，必有浮薄之弊”[⑦]。本于德行，在于工文艺过程中求收放心，如退溪所云：

夫诗虽末技，本于性情，有体有格，诚不可易而为之。君惟以夸多斫靡、逞气争胜为尚，言或至于放诞，义或至于庞杂。一切不问，而信口信笔，胡乱写去，虽取快于一时，恐难传于万世。况以此等事为能而习熟不已，尤有妨于谨出言收放心之道，切宜戒之。仍取古今名家，着实加工而师效之，庶几不至于坠堕也。[⑧]

理学家一方面以诗为末技，另一方面却在实践中创作大量诗歌，如朱熹一生创作了一千余首，退溪则更甚，是不是理学家在对待文艺的态度上内外不一呢？显然，如分为两端来看，这种态度确实是矛盾的，但合而为一来看并不矛盾，从退溪的这一句话可见一斑。

---

① 《答李宏仲》，《增补退溪全书》(二)，第232页。

② 《答李刚而问目》，《增补退溪全书》(一)，第525页。

③ 《与黄仲举》，《增补退溪全书》(三)，第70页。

④ 《退溪先生言行通录》卷五，《增补退溪全书》(四)，第103页。

⑤ 《陶山杂咏(并记)》，《增补退溪全书》(一)，第102页。

⑥ 《答南时甫·别幅》，《增补退溪全书》(一)，第361页。

⑦ 《策》，《陶山全书》(四)，第315页。

⑧ 《与郑子精》，《增补退溪全书》(二)，第206页。

对于退溪以诗为末技却又不可无诗的矛盾及其原因，有文章指出："至于退溪表现在诗文上的矛盾，我们或许可以这样理解：作为程朱儒学的继承人，同程、朱二人一样，他也把'学道'作为天下第一至大至难之事，因此与道相比，诗确为末技；但他本人丰富的创作体验又使他对于'遇景置兴，不可无诗'深有体会。建功立业的入世理想和先人'有德者必有言'的训诫使他极力抬高道的地位，反对儒者专攻文艺；雅意林壑的出世天性和个人创作的实际经验又使他对感物而动、本于性情的诗难以割舍，明白此'诚不可易而为之'。简言之，退溪这种左右摇摆的态度正是他'谨守先儒定本之说'的忠诚与对个人实际感受的尊重并存的结果。"[①]在退溪看来，文艺是道的载体，是近道的一种途径，其本身并不重要，所谓诗为末技，但诗"可以正心"而不可忽，故而，退溪文艺观的矛盾实际上消融在工文艺过程中强调人的态度这一点上，正如其《吟诗》诗云："诗不误人人自误，兴来情适已难禁。风云动处有神助，荤血消时绝俗音。栗里赋成真乐志，草堂改罢自长吟。缘他未著明明眼，不是吾缄耿耿心。"实际上这是文与道的辩证法。可以看出，在"文以载道"、"文以明道"、"文以害道"、"文道合一"等问题上，退溪并不执其一端，他所强调的是"心"在文道关系中的重要作用。心正则文正，心之正用于文，则作文无害而有益；反之则有害而无益。因此，从强调"心"这一角度来说，退溪的文道观在一定程度上超越了宋代理学家对文艺的看法。就退溪而言，工文艺，是近道的过程，是达到天理的践履行为，是达到乐的境界的过程，否则他就不会说："常爱韩公赠人诗：'于何玩其光？以至岁向晚。'三复其言，真可谓先获我心，亦足以忘忧恼耳。"[②]因此退溪要求在工文艺的过程中持"敬"的态度和虚明能应之心，同时不可有淫丑之语。据载："先生虽文字言语之间未尝为戏亵之语。人有作太真送临邛道士还报唐天子诗，欲课之。先生批曰：太真之事，白乐天始作俑，鱼无迹极铺张之。大丈夫口中岂可状出淫丑之语也。"[③]其诗《赠李叔献四首》其一云："嘉谷莫容稊熟美，纤尘犹害镜磨新。过情诗语须删去，努力工夫各日亲。""嘉谷"指水稻，"稊"指稗子。稗子杂生于稻田中，长得极像水稻，比水稻长得快，有害于水稻的生长。该诗以"嘉谷"比喻人性之善，以"稊"比喻有害于性善的杂质，"稊"越是"熟美"，越会妨害"嘉谷"的成长，即使是如纤尘般细小的杂质也会妨害人心的修养。体现在诗歌创作中，"过情诗语须删去"，不能有过分的、太过跌宕性情之语。佛、老之言是"荒茫之语"、"淫昏之号"，也应警惕，免防圣学修炼。从接受角度来说，要从文艺中得到真乐而不是"增淫"、"荡志"："既得其真乐，宜好其真声，岂若世俗之人，悦郑卫而增淫，闻玉树而荡

---

① 赵玉、陈炎：《退溪思想中的内在矛盾》，《孔子研究》2004年第6期，第76页。

② 《答奇明彦》，《增补退溪全书》(一)，第434页。

③ 《退溪先生言行通录》卷五，《增补退溪全书》(四)，第102页。

志者比耶?"[①]因此,"第恐欲求淫声以较雅乐,先已荡于淫声,是不可不痛戒耳"[②]。即使是为了比较的需要而接触"淫声",也要时刻对其保持警惕,免受其害,甚至到了对异端文字全然不知亦不妨的地步。总之,端庄于诗书之事,方为近道之正途。这种思想与其温柔敦厚的诗教思想是一致的。

第二节 退溪诗歌与诗歌美学思想

与温柔敦厚的诗教和文道合一的思想相呼应,退溪诗文表现出人品与文品、穷理与作文相统一的典实简淡的风格。退溪诗论以其性情论为哲学基础,诗歌作用于性情,使人心于动静之际,窥天理之流行,契天人合一之境。其诗歌实践既有"文以载道"的儒家传统,表现为理学家对理、对天德彝伦的本原性质的思索,美的形式本身并不是目的,而是循此进入道德审美境界;又暗合于道家崇尚自然的文艺思想,表现为道家对自然的亲近之情,景与意会,获得自由赏适的、感性的人生乐趣。

一、胸中妙处状来真——退溪诗与天人合一思想

日斜窗里见游尘,迭唱频题似转轮。
莫笑文章为小技,胸中妙处状来真。
——李退溪《复用前韵》

退溪作为理学家,其思想核心和主要成就在于性理学。正因为如此,他在文艺(主体是诗歌)实践中所取得的成就以及美学方面的建树,为其理学思想所掩盖,被无意或有意地忽略了。退溪创作的大量诗歌中不乏脍炙人口的篇章。其作诗的认真程度,不亚于为学问道,即使偶尔地吟上一绝一句一字,"必精思更定,不轻示人"[③]。他自己曾说:"古之能诗者,千锤百炼,非至恰好,不轻示人。故曰'语不惊人死不休',此间有无限语言。……不独学诗,凡学皆然。"[④]在他看来,作诗亦为修身养性、正心正情之一途。他不仅作诗严谨认真,更以作诗为乐,如其《湖堂晓起用东坡〈定惠院月夜偶出〉韵》:"病来酒伴已全疏,老去诗情浑未谢。"以及《二乐楼次东坡黄楼诗韵》:"夜卧郡斋清,梦作游山诗。晨登溪楼敞,对山吟古词。"除作诗外,他也写诗评,散见于其往来信件以及言行录中。比如,黄仲举有诗云:"挥尽千峰笔,吟成万瀑雷。千张白石纸,洒作黑云堆。"退溪认为,"挥尽千峰笔,吟成万瀑雷"

---

① 《书〈渔父歌〉后》,《增补退溪全书》(二),第373页

② 《答李刚而》,《增补退溪全书》(一),第511页。

③ 《退溪先生言行通录》卷五,《增补退溪全书》(四),第103页。

④ 《与郑子精》,《增补退溪全书》(二),第206页。

本身已经可以单独成篇了，挥洒之意已经说尽，但其后缀之以“千张白石纸，洒作黑云堆”，则有“重复挥洒之意”。结合前两句看，相互之间是矛盾牴牾的。语言虽然奇特，但文意滞碍不通，给人不谐畅的感觉。因此，退溪改之为：“谁把千峰笔，吟成万瀑雷。千张白石纸，洒作黑云堆。”如此，全诗贯通谐畅，再无滞碍，“首尾串一意，无重累之病”①。其严谨与功力，可见一斑。

退溪的诗论以其性情论为哲学基础，而其诗歌既有“文以载道”的儒家传统，又暗合于道家崇尚自然的文艺思想，或直抒胸臆、怡情忘机，或含蓄蕴藉、以有限的艺术语言通向无限的意蕴，于动静之际，窥天理之流行，契天人合一之境。

如前所言，先天地而生的理是宇宙万物的最高本体，当然也是艺术美的本原。体用无间，就其诗歌美学而言，同属于实在的理与诗，理为“体”而诗为“用”。虽皆属于实在，然诗歌“本于性情”，因而必须禀气之清，导向情善，最终归于“理”，或曰达到天理。通过本体（理）和现象（诗）之间的体用关系，退溪将诗以及对诗的体知与宇宙本体联系起来，即把诗歌置于天人关系的框架之中。其诗《次韵金舜举见寄三首》其二云：“诗思超然接混茫，谋生虽拙兴何长。名登仕籍身前却，粟在官仓食继亡。处世岂能容季孟，游心常欲反羲黄。病夫向壁经三日，始信言诗许赐商。”又《闻庆庆云楼》其二云：“春深花映竹，风细雨斜池。静里泉声咽，浑疑说我诗。”诗与宇宙、历史、现实之间是切实地联系起来的，主体超越时间、空间，连接过去、现在和未来，体验和感悟宇宙奥妙，这是一种独特的审美心理活动和艺术思维方式，是整体感性思维形式在艺术审美领域中的具体表现。用现代术语来说，它们包含了表象、想象、情感、理解诸要素，但却不是这些要素的简单相加，也不能等同于这些要素。其不同之处在于，它们是虚实动静的融通，具有直觉性、偶然性、不可言说性等特点。“静里泉声咽，浑疑说我诗”之语，不但道出了人与自然、自然与文艺、人与文艺的合一，同时也道出了退溪对诗歌创作的自信以及圣贤气象般的洒落心境。

达到天人合一境界的基本态度是“持敬”，即“庄敬涵养”；具体方法是亲切体认、优游涵泳的践履工夫，包括对自然山水、文艺等的赏适。而其性情论，奠定了达到天人合一境界的态度与方法的哲学基础。其性情论与其诗歌美学思想的关系在于：诗歌作用于性情，性情之发有赖于心体应诸外物的日用工夫中禀气之清，应诸外物，反诸吾心，而“文学岂可忽哉！学文所以正心也”，“诗于学者最非紧切，然遇景值兴，不可无诗矣”②，“自古安有不学诗书底理学耶”③。又有诗云：“愁绪如抽独茧长，不堪羸瘦似东阳。吟诗可涤幽忧疾，口角澜翻百卅章。”（《辛亥早春》其四）“日斜窗里见游尘，迭唱频题似转轮。莫笑文章为小技，胸中妙处状来真。”（《复用

① 《答黄仲举》，《增补退溪全书》（三），第71页。

② 《退溪先生言行通录》卷五，《增补退溪全书》（四），第103页。

③ 《答李宏仲》，《增补退溪全书》（二），第232页。

前韵》)所谓“正心”、“遇景值兴”、“涤幽忧疾”、“胸中妙处”云云,正是“性情”的关键所在;其中的“真”,正是天人合一之真。“诗虽末技,本于性情”[①],这里所指的“性情”,与通常所谓的“性情”在含义上有一定的区别,实分为“性”与“情”,与其理气论相联系,且都统摄于其“四端七情说”。

退溪认为理固纯善无恶,性即理,所以性也纯善无恶。人的气质有善恶之分,其原因在于气禀清浊。成善或成恶,与人自身的修为相关,感于外物后丧失自我,是人自身的原因。因此,退溪力倡格物穷理的工夫论,禀气之清而导情至善,通过身心性情的真切体验,以通天理。而作为达到“存天理”这一目的的途径之一的诗歌艺术,可以“正心”,但却影响性情之发,故诗歌须在实际践履中加以引导,使其归于“理”之正途,所谓“诗不误人人自误,兴来情适已难禁”(《吟诗》)。故而,得性情之正的诗歌应多多益善。他说:“顷者呈梅诗,恐犯昔贤荒于诗之戒,亦或高明以诗多一尘而不甚领略。今忽承接辱和诗二首,思致洒然,若有得于梅兄之风韵,信乎诗道之无穷,而诗不厌多也。”[②]梅是退溪最为欣赏的自然景物之一。所谓“梅兄之风韵”即喻人的高怀雅致。诗歌亦表现世俗之情,但世俗之情与梅韵合,则可得性情之正。作为理学家的退溪承认诗道无穷,当与作诗本身以及修身养性、正性情有关,故而“有得于梅兄之风韵”的诗“不厌多也”。这一点,又可从其《又雪月中赏梅韵》诗得到印证:“盆格发清赏,溪雪耀寒滨。更著冰轮影,都输腊味春。迢遥阆苑境,绰约藐姑真。莫遣吟诗苦,诗多亦一尘。”

诗不厌多,但须求精。如前所述,退溪对诗歌创作的要求极为严格。如其山水诗,要求表现出画境画意。《郭景静城主求题山水画幅五绝》其一云:“访人情味过桥时,老树沧波境自奇。个里平章诗并画,诗中有画画中诗。”反映了他对山水诗的要求,即诗中有画,诗要有画境画意。诗画同源,诗和画号称“姊妹艺术”。郭熙《林泉高致·画意》说:“更如前人言:‘诗是无形画,画是有形诗。’哲人多谈此言,吾人所师。”《东坡题跋·书摩诘〈蓝田烟雨图〉》论王维《蓝田烟雨图》云:“味摩诘之诗,诗中有画;观摩诘之画,画中有诗。诗曰:‘蓝溪白石出,玉山红叶稀,山路元无雨,空翠湿人衣。’此摩诘之诗也。或曰:非也,好事者以补摩诘之遗。”钱钟书先生说:“诗和画既然同是艺术,应该有共同性;它们并非同一门艺术,又应该各具特殊性。它的性能和领域的异同,是美学上重要理论问题。”[③]有无画境画意是评价山水诗好坏的标准之一,优秀的山水诗往往就是一幅美丽的、引人遐思的图画。退溪的很多山水诗,融诗情画意为一体,如《题山水图》其一:“雪山顷刻满毫端,醉里无穷入眼看。昨夜雨声添碧涧,小桥荒店酒旗寒。”《偶题二绝》其一:“桂棹兰桨一叶舟,澄

① 《与郑子精》,《增补退溪全书》(二),第 206 页。

② 《答金彦遇》,《增补退溪全书》(三),第 91 页。

③ 钱钟书:《七缀集》,上海古籍出版社 1985 年版,第 7 页。

江如练静涵秋。无端一夕西风急，鸥鹭惊飞过别洲。”诸如此等，显现出一幅幅美丽的风景画。又如《山居四时各四吟共十六绝·夏·暮》：“夕阳佳色动溪山，风定云闲鸟自还。独坐幽怀谁与语，岩阿寂寂水潺潺。”通过对自然景色的截取，描出了一幅悠闲自得的、人与自然融为一体的画面；以少胜多、由小见大，有限的字里行间折射出言语之外的无限韵致，以“天人合一”的审美意识，从在场进入宇宙大通，融入生命之流。张世英说：“艺术美的价值之高低……在于一切艺术都是以有限表现无限、言说无限，或者说是超越有限；而高低的区别就在于超越有限的空间之大小，或者说，审美价值和艺术品的高低在于给人留下的想象的空间之大小，在于诗意的境界之高低。”[①]刘勰《文心雕龙·隐秀》云“情在词外曰隐，状溢目前曰秀”，“秀”的是鲜明生动的、具体的、可直接感受的形象、审美形式，是在场；“隐”的是暗含的内在生命蕴义，是不在场。然而，二者又是统一的关系，“秀”是为了表现所“隐”的内涵，“隐”必须由“秀”而生。

学者王甦对退溪诗有过概括：“综观退溪的诗，有两大特色：一是爱自然，一是爱真理。爱自然是发乎情，爱真理是本乎性。表现于前者，是艺术的境界的追求。表现于后者，是圣贤境界的追求。艺术的境界在求美，圣贤的境界在于求善。这两种境界，是相辅相成的。退溪以艺术的修养，陶冶其情；以圣贤的修为，涵泳其心。”[②]退溪山水田园诗歌，或表现出他与自然山水的无比亲切之情，或通过自然表达对真理的追求。无论是陌生的山林野瀑还是随时触手可及的楼台小榭、花鸟鱼虫，退溪皆能很好地体知它们并从中得到满足——不但有精神的、哲思的充实，也有心灵的、审美的愉悦，如《再次呈舟中》其二：“汾川一曲最清奇，赤叶黄花映陆离。归去莫嫌无二仲，清欢鱼鸟作深知。”《次韵黄仲举见寄》：“偶来坐溪阴，诗至一长吟。我病君亦病，奈此碧山岑。溪鸟自相乐，溪云本无心。安得如二物，终年保幽襟。”退溪能随时在大自然的运动中获得一种“乐”的境界，它可能是箪瓢陋巷之乐，也可以是“吾与点也”之乐，虽乐但不激动，虽静而不颓萎。

一方面，退溪把物质的自然山水形上为义理之道，在这个意义上，退溪诗论及其诗歌表现的与自然合一就是与理合一。正如韩国学者所述：“围之自然、与之自然、视之自然现象之变化，体得自然的理法。在这种环境之下，退溪诗体现的自然的理法就是推之人间社会亦同样。因为事物之理与人间之理在根本上是一样的，所以人间的伦理行为跟自然的理法，其根本原理，可谓一以贯之。这是性理学者的世界观。经过这种过程，退溪要抵达的最高目的即为天人合一。”[③]其诗《野池》云：

① 张世英：《哲学导论》，北京大学出版社 2002 年版，第 182 页。

② 王甦：《退溪学论集》，第 63 页。

③ [韩]宋载邵：《退溪诗所表现的“自然”》，中国人民大学、国际退溪学会编：《退溪学在儒学中的地位》，第 440～441 页。

"露草夭夭绕水涯,小塘清活净无沙。云飞鸟过元相管,只怕时时燕蹴波。"该诗写景状物却又隐喻心体性情,"小塘"如人心,静而无物而理寓其中,心中之理与持理之静,应避免"燕蹴波"即人欲的干扰,"其意深长,与《观书有感》之诗同其意云。……谓天理流行而恐人欲间之"[①]。朱熹名诗《观书有感》云:"半亩方塘一鉴开,天光云影共徘徊。问渠那得清如许,为有源头活水来。"据《言行通录》载,门人德弘请教该诗,退溪教导他说,"半亩方塘一鉴开"讲的是心之全体湛然虚明的气象;"天光云影共徘徊"讲的是保持心的静寂但能感知,外物一来便能完全映照;"问渠那得清如许"是问为何会有这种空明透彻的体验;"为有源头活水来"则是对第三句的回答,是阐明天命的本原地位。[②] 在答金而精的信中他也说:"方塘一鉴,虚明能应,光影徘徊,万象无逃,以谕人心虚灵不昧,寂感无边,应用不穷也。因叹其妙,而问方塘何以能如许清澈乎?以有从头活水源源而来故耳。以谕人心何以能如许神明乎?以有降衷至理源源不已故耳。……晦庵此诗兼智之体用。"[③]退溪在此强调的是天理的本原地位和心之虚明,即体用关系。退溪和朱诗,作有《琴闻远东溪惺惺斋》其三:"上台真觉洗心肠,对此虚明一镜光。若使襟灵千物累,天云那得似方塘。"以及《光影塘》:"小塘清澈底,天光共云影。更待月印心,真成洒落境。"这两首诗显然以《观书有感》诗为典(另有其他和诗),意谓心灵须不为物欲所累,不为功利所动,"虚明"如明镜止水,方能真正悟道,进入"洒落"的天人合一之境。

退溪善于运用古诗来说明圣学之道。据载,一日往陶山,当时山花盛开,烟林明媚,退溪随口吟咏杜甫《愁》诗"盘涡鹭浴底心性,独树花发自分明"句。李德弘问这两句诗何意,退溪答曰:"为己君子,无所为而然者,暗合于此意思。学者须当体验'正其谊不谋其利,明其道不计其功',若小有一毫为之之心,则非学也。"[④]儒家的为己之学在于完善自我,自我成圣,成就理想人格,达到理想的人生境界。然而,杜诗这两句,实与此意无干,"盘涡鹭浴"是为怪异,花开自好而不解人愁,"心烦意乱,故觉山水花鸟,触目可憎"[⑤]。退溪自然明白这一点,他只是假借这两句诗引出圣学之训,随时教导其后学为学求道,正如他自己后来所言:"子美之意非言为己,某当日特假借以明之耳。"[⑥]

另一方面,退溪诗又表现出直接进入自然山水、领会其忘言之妙的思想。如《三月病中言志》:"晴鸠唤屋角,劝我开新扉。策杖步西园,花木争芬菲。城中春雾

---

① 《退溪先生言行通录》卷二,《增补退溪全书》(四),第 23 页。

② 《退溪先生言行通录》卷二,《增补退溪全书》(四),第 42 页。

③ 《答金而精》,《增补退溪全书》(二),第 98 页。

④ 《退溪先生言行通录》卷三,《增补退溪全书》(四),第 59 页。

⑤ 萧涤非:《杜甫诗选注》,人民文学出版社 1998 年版,第 274 页。

⑥ 《退溪先生言行录》卷三,《增补退溪全书》(四),第 201 页。

笼，楼阁映丹晖。览物抚幽怀，所慕岂轻肥。田园春事作，野兴浓于兹。向来樗散质，平生丘壑期。怅望青山郭，目送白云归。"《陶山言志》："自喜山堂半已成，山居犹得免躬耕。移书稍稍旧龛尽，植竹看看新笋生。未觉泉声妨夜静，更怜山色好朝晴。方知自古中林士，万事浑忘欲晦名。"《武夷九曲》："悯世难从圣海浮，隐屏嘉遁且优游。晨门岂识当时意，只有寒溪万古流。"其归隐之志、山林之情，溢于言表。邵雍诗《清夜吟》云："月到天心处，风来水面时。一般清意味，料得少人知。"退溪评之曰："但愚恐只是无欲自得之人，清明高远之怀，闲遇着光风霁月之时，自然景与意会，天人合一，兴趣超妙，洁净精微，从容洒落底气象，言所验证状，乐亦无涯。康节云云，只此意耳。"[①]感性客体与审美主体融为一体，浑然无间：景与意会，思与境偕。关于退溪评《清夜吟》，后文人格境界部分另有专论。

这种物我两忘之乐，天理已经完全隐去。

> 观古之有乐于山林者，亦有二焉。有慕玄虚、事高尚而乐者；有悦道义、颐心性而乐者。由前之说，则恐或流于洁身乱伦，而其甚，则与鸟兽同群，不以为非矣。由后之说，则所嗜者，糟粕耳，至其不可传之妙，则愈求而愈不得，于乐何有？虽然，宁为此而自勉，不为彼而自诬矣。又何暇知有所谓世俗之营营者而入我之灵台乎！[②]

笔者在前文中曾引用这一段退溪原文并指出：儒家以自然为媒，通向道义、颐养心性之乐，无论是"慕玄虚、事高尚"还是"悦道义、颐心性"，都有功利目的，而退溪作为理学家，却认为儒家这种"悦道义、颐心性"之乐为"糟粕"。因此，退溪天人合一的审美思想带有超功利的、非伦理的成分，自由赏适的、感性的人生乐趣更是天人之乐，退溪诗更注重人与山水感性的、自然的契合。当然，义理与情趣，本身是不可能完全分离的，况且在理学家看来，二者应完美结合，如其评南时甫诗云："来诗古雅，理趣俱到。其得于游观所养者如此，深可嘉尚。"[③]既得情趣之"游观"，又得义理性情之"所养"，也是一种境界。

退溪评论朱熹《武夷棹歌》曰：

> 盖九曲乃是寻游极处，而别无奇胜，若因其无胜而遂谓游意了讫，则兴尽意阑，而向来所历奇观，都成虚矣。故末句云云，意若劝游人须如渔人寻入桃源之境，则当得世外别乾坤之乐，至是方为究竟处，不但如今所见而止耳。乃既竭吾才后，如有所立卓尔处，亦百尺竿头更进一步处，然则此处及八曲所谓"莫言此地无佳境，自是游人不上来"之类，可作学问造诣处看矣。[④]

---

① 《答李宏仲》，《增补退溪全书》（二），第 235 页。

② 《陶山杂咏（并记）》，《增补退溪全书》（一），第 102 页。

③ 《答南时甫》，《增补退溪全书》（一），第 363 页。

④ 《与奇明彦・别纸》，《增补退溪全书》（一），第 426 页。

朱熹《九曲棹歌·九曲》原诗为:"九曲将穷眼豁然,桑麻雨露见平川。渔郎更觅桃源路,除是人间别有天。"退溪前后共和诗两首。第一首和诗《闲居读〈武夷志〉次〈九曲棹歌〉韵十首》其十云:"九曲山开只旷然,人烟墟落俯长川。劝君莫道斯游极,妙处犹须别一天。"后二句即是指"奇胜"后的"百尺竿头更进一步处"、"学问造诣处"。该首相当于学问注解诗,重点在于学问次第。然而,在更进一步仔细体味朱熹原诗后,退溪对自己所和的这首诗并不满意,认为朱熹的本意可能并非如此,"滉闲中尝读《武夷志》,见当时诸人和《武夷棹歌》甚多,似未有深得先生意者,又尝见别概所刊行棹歌诗注,以九曲诗首尾为学问入道次第,窃恐先生本意不如是拘拘也。……其中第九曲有二绝,其一用注意者旧所作也,后来反复其'更觅'、'除是'等语意,似不为然"①。

退溪认为,按照一般理解,《九曲棹歌·九曲》诗中"平川"以上,可以作自得无穷的乐趣看,但其下的渔郎更觅桃源处而别有洞天的两句又作何解释呢?综合这些因素,特别是从自得其乐的意思来看,不应该有下句更进一步寻觅桃源而别有洞天的意思。他说,前八曲与一般注解者的注释大致是相同的,如第八曲"莫言此地无佳境,自是游人不上来"以及这一绝,虽然本为描述景致的言语,但其间也不无托兴之处和寄寓之意。然而,"先生(按:指朱熹)此一绝本只为景物而设,而九曲一境山尽川平而已,素号此处别无胜绝,殆令游兴顿尽处,故诗前两句直叙所见,而末二句意若曰:勿谓抵此境界为极至处,而须更求至于真源妙处,当有除是泛常人间而别有一段好乾坤也云云。观诸贤和诗和此意者……皆以景致尽处,故更欲别寻一仙境以为究竟处。窃意先生初意,亦只如此而已。而读者于讽咏玩味之余,而得其意思超远涵畜无穷之义,则亦可移作造道之人深浅高下抑气进退之意看"②。由此可知,虽然退溪并不反对赋予朱熹诗以作超越景致描写而进入造道之深浅高下抑气进退之意,但他认为朱熹九曲十绝起初并无关于学问次第的意思,只是注解者穿凿附会,逐渐把并非朱熹原意的东西捆绑起来强加于其诗。因而他重作了一首:"九曲停挠却悯然,真源应只在斯川。何心更觅桃源处,雨露桑麻总是天。"并说:"棹歌九曲一绝四句意,滉当初所见亦与'注'意同,故初一绝云云,其后所以改作一绝如此者,非故欲凿新而立异也,只因反复详味本诗之意及'除是'、'别有'四字,而疑其当如此看也。"③就此,可以看出,除了修身养性在于日用践履这一层意思外,退溪认为就自然山水而言,真正的乐趣可以在于停留于自然山水本身而并不一定要将之赋予"学问造诣"。

在物我关系上,退溪极为重视外物对人心的触动作用,认为外物触动人的感官

① 《与奇明彦·别纸》,《增补退溪全书》(一),第426页。

② 《答金成甫别纸》,《增补退溪全书》(一),第347页。

③ 《答金成甫别纸》,《增补退溪全书》(一),第346页。

后感动于人心，七情随着环境的影响而发出，四端与七情一样，也感物而动。就文艺而言，它与艺术创作冲动的兴起是紧密相关的，即客观外物对创作冲动的触发。自然山水、花鸟鱼虫都有助于性情的兴发，其诗《林居十五咏・观物》云："芸芸庶物从何有？漠漠源头不是虚。欲识前贤兴感处，请看庭草与盆鱼。"另一方面，个人有着表现主观情感的欲望，所谓"兴来情适已难禁"(《吟诗》)。要之，艺术创作情感因外物的触发而动，艺术创作则是有感而发。性情之发，动静关系在其中举足轻重。在理论上，退溪说："动静者，气也；所以动静者，理也。"[①]《琴闻远东溪惺惺斋》其二云："活水源源止更清，端如明镜写群形。可怜妙应能如许，物去依然湛一呈。"动静之机，以静为本，以动为用，所谓"守身贵无挠，养心从未发。苟非静为本，动若车无輗"(《守静》)。退溪虽然认为人心性情受外物的触动而发，但不能以被动或主动形容之，实际上处于"静而存养，动而省察……一动一静，互为其根"[②]的状态，即自动性的状态。心物之间的动静辩证观在于：平常之时，心须如明镜止水，安然勿动；物来则随物而动，但又不滞于外。观物即是观我，物即物，物即我。其诗《寄题权章仲观物堂》云："观物须从观我生，易中微旨邵能明。若教舍己惟观物，俯仰鸢鱼亦累情。"又《次韵金惇叙》云："人正虚襟对窗儿，草含生意满庭除。欲知物我元无间，请看真精妙合初。"景与意会，使其诗歌能以有限表现无限，从在场进入不在场：从具体的山水草木、鸟兽虫鱼进入到主观世界与客观物象相融合的、充盈着生命情调的艺术境界之中。这一境界不仅包括客观世界自身，也包括主观感受情调；然而，它既不完全是原来的客观世界，也不完全是原来的主观经验情调，而是二者相统一所产生的新的审美的世界。

退溪诗歌中拟物抒情方式的运用，可谓得心应手，所要表现的就是主体与自然之天的契合，即天人合一的境界。虽然退溪在理论上极力排斥道家，但其诗歌中却暗含着道家思想。儒道对"天"的内涵认识不尽相同：儒家的出发点是人与人、人与社会的关系，而道家的出发点则是人与自然的关系；儒家更侧重于其社会属性，道家则更侧重于其"自然"即天道无为的本性。在道家看来，天是自然，人亦自然，是自然的一部分。因此庄子认为"天地与我并生，而万物与我为一"(《庄子・齐物论》)，"有人，天也；有天，亦天也"(《庄子・山木》)，并要求"以天合天"(《庄子・达生》)，即人的天然本性须与自然本性相契合，从而"独与天地精神往来"(《庄子・天下》)。退溪的审美理论从其性情观出发，在静观(实质是"庄敬涵养")中与宇宙万物相契合，达到物我两忘和心灵涤荡，正如《观心》所言："静中持敬只端襟，若道观心是两心。欲向延平穷此旨，冰壶秋月杳无寻。"又如《玩乐斋》："主敬还须集义功，

① 《静斋记》，《增补退溪全书》(二)，第 358 页。

② 《静斋记》，《增补退溪全书》(二)，第 358 页。

非忘非助渐融通。恰臻太极濂溪妙，始信千年此乐同。”而且，退溪极为欣赏庄子“知鱼之乐”的物我两冥所表现出来的境界，在其诗歌中多有和及，如《鱼乐台》：“台下平波湛不流，洋洋群队雨天游。却思庄惠同登日，鱼乐还从自乐求。”《次答金龙宫舜举》其二：“梦里春归已杳茫，思君长夏奈愁长。居穷正似韩延座，遇病还如孔瞰亡。鱼乐本无分物我，木生那更愿青黄。君看竞利人间者，不耻要钱子母商。”《临羡亭》：“泼泼潜鳞得意游，小亭临玩自夷犹。非鱼已信庄知乐，结网翻嫌董有求。”

与之相应，退溪极为欣赏陶渊明的诗歌及其人格，其《陶山书堂》云：“大舜亲陶乐且安，渊明躬稼亦欢颜。圣贤心事吾何得，白首归来试考槃。”陶渊明“结庐在人境”(《饮酒》其五)而寻求一片桃源圣地；退溪诗在与自然的亲近中寻求人生的“从容洒落底气象”，如其《次韵金道盛三绝》其一云：“闻昔浔阳归卧客，结庐人境每关门。平生叹仰高风处，不要逃喧自绝喧。”陶诗萧散冲淡；退溪诗亦典实简淡。陶诗出于自然，归于悠然自得的心灵宁静；退溪诗亦亲近于自然，心灵与自然融为一体，自我与自然组成一个和谐的世界。

退溪所处的时代发生了四次牵涉到士林的政治风波，大批政治参与者包括一些有影响的士人遇难或被罪，再加上当时隐逸之风的影响，退溪后半生一直期望退隐山林；与仕途相较，更加向往山林之乐。他也因此更加注重人格精神的追求以及格物穷理的践履工夫的落实：“格物存心理自融，眼前无地不光风。始知实践真难事，难处无难庶渐通。”[《闲居次赵士敬(穆)具景瑞(凤龄)金舜举(八元)权景受(大器)诸人唱酬韵》其三]在其诗歌美学思想及诗歌创作中，不但明显包含着儒家“文以载道”的理论，而且还暗合于道家崇尚自然的文艺思想。

这种共存的原因，除了上述的时代背景和环境影响之外，与理学本身的产生和演变也有极大关系。佛家和道家思想的冲击以及传统儒学本身的不完善，促使了理学的诞生，宋代理学即是儒学部分吸收和融合了这两家思想的产物。作为理学集大成者的朱熹，其思想中多有援禅、道入儒的成分。退溪虽然没有直接受到禅道思想的影响，并且极力排斥佛道(这一点前文已有详论，不再赘述)，但他直接宗于朱熹，其思想中亦多有暗合于禅道之处(如前述的“知鱼之乐”)并形成了内圣与外王的紧张关系、生活与逻辑之间不一致的张力。

因此，退溪诗歌的天人合一思想，有时表现为理学家对天理、对天德彝伦的本原性质的思索，并经由外在的美的形式(审美对象)进入道德审美境界——退溪笔下看似纯粹写景状物的山水诗不再是纯粹的山水诗，天理潜藏并流行于亘古未老的山川明月之中；有时又表现为道家对自然的亲近之情，呈现出不计事功、淡泊悠然的心境。

二、繁华不属诗人料——自胸中流出与典实简淡

落魄江湖知几日，行吟时复上高楼。
横空飞雨一时变，入眼长江万古流。
往事苍茫巢鹤老，羁怀摇荡野云浮。
繁华不属诗人料，一笑无言俯碧洲。
——李退溪《矗石楼》

关于文品与人品的关系，历史上不乏论述。《尚书·尧典》云："诗言志，歌永言。"至《诗大序》则发展为："诗者，志之所之也，在心为志，发言为诗。情动于中而形于言。言之不足，故嗟叹之；嗟叹之不足，故永歌之；永歌之不足，不知手之舞之、足之蹈之也。"其原意是讲文艺是表现人的情意、意志思想、志向抱负的，但已露出了文与人相统一的思想之端倪。扬雄《法言·问神》认为从声画可辨出君子，小人："言，心声也；书，心画也；声画形，君子小人见矣。声画者，君子小人之所以动情乎。"曹丕著名的《典论·论文》讲"文"、"气"关系，也即"文"、"人"关系："文以气为主，气之清浊有体，不可力强而致。譬诸音乐，典度虽均，节奏同检，至于引气不齐，巧拙有素，虽在父兄，不能以遗子弟。"南北朝时期刘勰《文心雕龙·体性》强调内见于外的"文"、"人"观："夫情动而言形，理发而文见，盖沿隐以至显，因内而符外者也。……各师成心，其异如面。……触类以推，表里必符。"至宋代，苏轼《答张文潜书》明确提出"文如其人"，将二者统一、等同起来："子由之文实胜仆，而世俗不知，乃以为不如；其为人深不愿人知之，其文如其为人。故汪洋淡泊，有一唱三叹之声，而其秀杰之气，终不可没。"

在西方，法国布封也提出过"文"、"人"关系的看法："只有写得好的作品才是能够传世的：作品里面所包含的知识之多，事实之奇，乃至发现之新颖，都不能成为不朽的确实的保证；如果包含这些知识、事实与发现的作品只谈论些琐屑对象，如果他们写得无风致，无天才，毫不高雅，那么，它们就会是湮没无闻的，因为，知识、事实与发现都很容易脱离作品而转入别人手里，它们经更巧妙的手笔一写，甚至于会比原作还要出色些哩。这些东西都是身外物，风格却就是本人。"①不过他的观点在学界颇多争论。1957 年第 9 期《译文》中布封《论风格》的这一句话有注如下："这是布封的一句名言，在法国常被引用，也常被误解，因此有许多人把它释为'文如其人'。"但"文如其人"真的就是这句话的真实内涵吗？钱钟书说：

吾国论者言及"文如其人"，辄引 Buffon 语(Le style, c'est l'homme)为

① ［法］布封：《论风格》，范希衡译，《译文》1957 年第 9 期，第 151 页。

比附，亦不免耳食涂说。Buffon 初无是意，其 *Discours* 仅谓学问乃身外物(hors de l'homme)，遣词成章，炉炼各具，则本诸其人([de] h'mommo même)。"文如其人"，乃读者由文以知人；"文本诸人"，乃作者取诸己以成文。若人之在文中，不必肖其处世上、居众中也。①

胡经之主编《西方文艺理论名著教程》说：

> "风格就是人"这句名言，过去往往被解释为"文如其人"，这与布封的原意不尽相符。布封的意思不仅讲作品的风格像作家的人格，而且强调作品的风格就是作家思想感情的表现形式，是作家本人的思想、感情、性格、气质、审美爱好、艺术才能等主观因素在作品中的印记和标志。惟其如此，他认为风格因人而异，它"既不能脱离作品，又不能转借，也不能变换"。这一观点与我国古代文艺理论家刘勰提出的"因内而符外"的风格论颇为相似，是符合于艺术规律的。②

也有不少学者对内外相合，"文"、"人"统一的观点提出不同意见。"心画心声总失真，文章宁复见为人。高情千古《闲居赋》，争识安仁拜路尘。"元好问这首讽刺诗认为，扬雄"心画心声"不合文艺创作规律，"心画"与"心声"不一定相符，如《闲居赋》思想与作者潘岳本人的品质是有出入的。清代纪昀评论刘勰"触类以推，表里必符"云："此亦约略大概言之，不必皆确。万世以下何由得其性情。人与文绝不类者，况又不知其几也。"③不过黄侃又反评纪昀云："不悟因文见人，非必视其义理之当否，须综其意言气韵而察之也。"④钱钟书则从另一角度说：

> "心画心声"，本为成事之说，实匙先见之明。就所言之物，可以饰伪：巨奸为忧国语，热中人作冰雪文，是也。其言之格调则往往流露本相；狷急人之作风，不能尽变为澄淡，豪迈人之笔性，不能尽变为谨严。文如其人，在此不在彼也。……人之言行不符，未必即为"心声失真"。常有言出于至诚，而行牵于流俗。蓬随风转，沙与泥黑；执笔尚有夜气，临事遂失初心。不由衷者，岂惟言哉，行亦有之。安知此必真而彼必伪乎。⑤

可见，"文"与"人"的关系，需要从形式修辞、创作个性、内在气质和性情甚至所处环境等角度进行多方面、多层次的理解，况且，真理向前一步便成谬误，失之毫厘则差之千里，因此还需要注意其适用限度、适用范围，正如上引钱钟书"在此不在彼也"之言。

---

① 钱钟书：《谈艺录》，中华书局 1984 年版，第 165 页。

② 胡经之主编：《西方文艺理论名著教程》上卷，北京大学出版社 2003 年第 2 版，第 239 页。

③ 黄霖编：《文心雕龙汇评》，上海古籍出版社 2005 年版，第 98 页。

④ 黄侃著，吴方点校：《文心雕龙札记》，中国人民大学出版社 2004 年版，第 94 页。

⑤ 钱钟书：《谈艺录》，第 162～164 页。

儒家对伦理道德的注重，要求反求诸己而实现道德的自我修养和完善。推之于文艺，则要求人品与文品的统一，穷理与作文的统一。它们的统一在于物理之真与主观情感之真，可以"诚"概括之。东汉王充说："文由胸中而出，心以文为表。……实诚在胸臆，文墨著竹帛，外内表里，自相副称，意奋而笔纵，故文见而实露也。"(《论衡·超奇》)朱熹云："人之有言，皆出于心。其心明乎正理而无蔽，然后其言平正通达而无病。"(《四书章句集注·孟子》卷三)并称赞渊陶明诗的高明之处在于不待安排而从胸中自然流出。退溪亦强调文字之由胸中流出，他说："晦斋之学甚正，观其所著文字，皆自胸中流出，理明义正，浑然天成，非所造之深，能如是乎？"[①]

退溪的往来信件中包含许多诗评。他在与权章仲的信中评权章仲诗：

> 此诗好语甚多，非论比，但被间间蔓辞、赘句坏累他，所以并好处亦不好，是为可惜！以尔之气质恬静、学问笃切，宜无此弊，不知何故？胸中容得许多草木丛杂，不能以时芟剔净尽耶？如此不改，非唯于吾儒学问路脉甚远，亦恐文章家，炉锤亦不堪当得；非唯文章家，下至场屋文字，亦不可以此手段求之。[②]

如果"气质恬静、学问笃切"，文章自然浑然天成；如果"胸中容得许多草木丛杂"，则易流入诸多弊病，如贪多而不简练、累赘杂乱等，胸中气质如不改正，不但不能得儒学之正，恐怕连文章家锤炼字句的功夫也不如。这正是文品体现人品的思想，如其所言：

> 诗之为道，本于性情而发于言词者也。故有敦厚之实者，其辞和正，有轻躁之心者，其辞浮华。本深而末茂，形大而声宏。其为人也，苟有忠爱之大节，则其发而为诗者，亦岂常人之所可及哉。[③]

诗歌本于性情，有温柔敦厚之实，则文辞和正而不浮华；有大节之正，作为末技、余事的诗歌自然亦正，"苟能先立乎其大者，则其英萃之发焕然赫然者，皆其绪余耳"。

文字自胸中流出，是文道合一思想的体现：自胸中流出，即是从心中流出；从心中流出，即是从道中流出。如果人品与文品不统一，那么诗的词句越是清丽奇伟，就越显出其品质的丑恶。退溪评宋之问《明河篇》："已能舒卷任浮云，不惜光辉让流月。明河可望不可亲，愿得乘槎一问津"等句说："盖言云或掩于河而河不忤于云，月增光于河而河能让于月，河之美德如此，宜若无绝物不可亲之义。惟我在下土，但可仰望而不可得而相亲，所以发叹而有乘槎问津之愿。其辞愈清丽奇伟，而

---

① 《退溪先生言行通录》卷五，《增补退溪全书》(四)，第98～99。

② 《与权章仲》，《增补退溪全书》(三)，第110页。

③ 《策》，《陶山全书》(四)，第314页。

其人之恶之实愈不可掩。《唐书》本传曰：'天下丑其行。'史氏真得恶恶之义矣。"[①]以诗悦武后，为退溪所不齿。与之相反，他对陶渊明的人品和文品推崇备至：

> 晋之渊明，天资夷旷，学问渊博，以耿介拔俗之标高，不事二姓之心，其英风伟节，有非常人窥测者。故其为诗也，亦冲澹闲雅，若无意于句律而造语天成，立意淳古，使读而味之者，有脱略尘埃、翛然独立于万物之表之意。岂非节义之本于中者既厚，故言词之畅于外者，不期然而然乎。故论者谓诗家之视陶潜犹孔门之视伯夷，岂不以渊明之于诗，独得其清高淳雅之一节而能造其极，犹伯夷之于圣人，独得其清而能造其极也欤。[②]

人品与文品、穷理与作文的统一，就退溪的文艺创作而言，体现在风格上可以归纳为"典实简淡"。朱熹评李白诗："李太白诗不专是豪放，亦有雍容从容和缓底。如首篇'大雅久不作'，多少和缓。"(《朱子语类》卷一四〇)"豪放"与"和缓"乃是两种风格，作为理学家的朱熹自是赞赏后者，推崇"从容和缓"的圣贤气象。退溪亦如此。他欣赏时人李大用所作《研经书院记》："爱其文清而赡，婉而正，叙事详而纪胜实，其终之议论亦有理趣。"[③]据《退溪先生言行通录》载，退溪"为诗清严简淡，类其为人。少尝学杜诗，晚喜晦庵诗，往往调格如出一手，笔法亦端重"。这与上面所说的人品、文品相统一的特点有着内在的联系。同在《退溪先生言行通录》中，门人赵士敬对此有着非常高的评价：

> 先生喜为诗，乐观陶杜诗，晚年尤喜看朱子诗。其诗初甚清丽，既而剪去华靡，一归典实，庄重简淡，自成一家。为文本诸六经，参之诸子，华实相兼，文质得中，雄浑而典雅，清健而和平。要其归则又粹然一出于正。笔法初踵晋法，后又杂取众体，大抵以劲健方严为主，人得一字如宝百金。诗文之美、书法之妙，举世靡不师法。亦可见有德必有言，通材无不能，而此则先生之余事尔，乌足为先生重轻哉。初先生深自韬晦，不以学问轻与人说，故在当时人不甚知其知之者；或以诗人目之，或指以为尘表之人而不知所学之正、所得之真，有暗然日章之实也。及夫退闲以来，年益高，德益卲；玩心益高明，行道益亲切；自得者日益深，从游者日益众。然后人始知东方有真儒出，识与不识皆称退溪先生。

总退溪后学对其诗歌的评价，大致不出清、严、庄、实、简、淡等范畴。这些范畴，是从审美类型上说的。比如《二十四诗品》分为雄浑、冲淡、纤秾、沉着、高古、典雅、洗练、劲健、绮丽、自然、含蓄、豪放、精神、缜密、疏野、清奇、委曲、实境、悲慨、形容、超诣、飘逸、旷达、流动，共二十四品。其中，冲淡、典雅、清奇等几品，类于优美，

① 《退溪先生言行通录》卷五，《增补退溪全书》(四)，第105页。

② 《策》，《陶山全书》(四)，第314页。

③ 《书李大用〈研经书院记〉后》，《增补退溪全书》(二)，第384页。

如同“月上柳梢头，人约黄昏后”式的意境，让我们赏心悦目，产生平静和谐的情感；雄浑、劲健、豪放等几品，类于壮美，如同“惊涛拍岸，卷起千堆雪”式的雄伟气势，使人产生昂扬振奋的情感。实际上，这二十四品，大致都可以归入优美与壮美这两种审美类型，它们都以和谐为基本特征。同样，前述朱熹分李白诗为“豪放”与“和缓”两种风格，实际上可分别归于“壮美”与“优美”范畴，退溪典实简淡的风格可归于“优美”范畴。在“优美”范畴之下，又可以分出不同的细目来，比如退溪的“清”、“淡”。

东方人历来视“清”和“淡”为重要的艺术范畴和生活上的审美方式。“清”是天地自然的美质并被推之于艺术原则和人物品藻。其内涵，无论是用于自然之美还是艺术之美，均有自然、天然、清新之意，与人为、雕琢相对。具体于诗，胡应麟认为“诗最可贵者清”，并分诗之清为格清、调清、思清、才清四种，不同的诗人则体现出不同的“清”，如：“王、杨之流丽，沈、宋之丰蔚，高、岑之悲壮，李、杜之雄大，其才不可概以清言，其格与调与思，则无不清也。”（《诗薮》外编卷四）以“清”字评诗，认为陶潜之诗清而远，邵雍之诗清而丽，张九龄之诗清而澹，孟浩然之诗清而旷，常建之诗清而僻，王维之诗清而秀，储光羲之诗清而适，韦应物之诗清而润，柳宗元之诗清而峭，徐昌谷之诗清而朗，高子业之诗清而婉。总之，诗清方为佳品。“清”与“淡”又有着密不可分的关系。“清”为天地自然的美质，“淡”也是一种自然之趣，平淡出于自然。清与淡之应用于文艺，如朱熹云：“作诗间以数句适怀亦不妨。但不用多作，盖便是陷溺尔。当其不应事时，平淡自摄，岂不胜如思量诗句？至如真味发溢，又却与寻常好吟者不同。”（《朱子语类》卷一四〇）又评陶渊明诗云：“渊明诗平淡，出于自然。”（《朱子语类》卷一四〇）由此可以看出，退溪自谓“吾诗枯淡，人多不喜”[①]，前者是他自谦之语，后者则实为对自己诗歌风格的概括。所谓枯淡、清淡或曰平淡是一种自然平易之道，作为文风，实为一种很难达到的技巧，“作诗无古今，唯造平淡难”（梅尧臣《读邵不疑学士诗卷》）；运用于生活，则是一种高尚的精神理想。所谓“淡然无极而众美从之”（《庄子·刻意》），作为诗风，它在自然而然、平易亲切的表述中表现出隽永的风味，虽淡不槁，虽平实腴，虽浅实深。

朱熹评杜甫、韦应物诗：“杜子美‘暗飞萤自照’，语只是巧。韦苏州云‘寒雨暗深更，流萤度高阁’，此景色可想，但则是自在说了。……其诗无一字做作，直是自在，其气象近道，意常爱之。”（《朱子语类》卷一四〇）如前所引朱熹之所谓“从容和缓”及本处的“无一字做作”之“自在”，都在强调由诗文风格之平易而入精微的腴而深的义理之境，即“气象近道”。只讲义理而没有平易的风格，则过于刚直严猛；没有义理作为底蕴，则流于低浅粗俗。此亦可见理学家们强调诗文之境对于圣贤气

---

① 《退溪先生言行通录》卷五，《增补退溪全书》（四），第103页。

象的作用。《退溪先生言行通录》认为退溪诗歌"初看虽似冷淡，久看则不无意味"，今人也说其诗"枯而华，虚中实，静而动。因为无声无息的天理流行就在于此"①，正是此意。而在生活方式上，它与"浊"相对，前述的人品与文品的统一也体现于此，所谓"类其为人"。"清"是一种文人情趣，与"浊"是格格不入的。在理论上，退溪强调气禀清浊，气清情善而气浊情恶。运用于生活和文艺，心浊则景浊，心清则景清诗亦清；心清则身闲，身闲则诗淡，如陆游《幽兴》诗云："身闲诗简淡，心静梦和平。"这正是典实简淡的内涵所在。

这些范畴，除了指风格外，更主要地表现在其诗歌所包含的思想里。当然，它们在诗风上也有所体现，与"典"、"实"、"淡"等范畴也有共通性；反过来说，它们虽然重于风格意义，但也包含着思想内容。首先，就风格而言，体现为平实。退溪认为，用词亹亹，极富吸收力，好奇尚异，虽然使人鼓舞踊跃但却无暇考虑其他。看不清其中的思想则使人增加困惑，词句聱屈则使人难读。故以去奇去怪、去巧去异为善，不求奇异险怪，不求艰深。其次，就思想内容而言，体现为纯粹。《退溪思想的诗照明》一文从纯粹的角度来论说退溪诗，认为退溪常以水(海或池、河)、月、雪、阳光、云、镜子等作为诗的隐喻，大部分情况都以之象征纯粹，"他在论性时竭力抑气扬理，说到底这是其追求纯粹的意志的表现。气有清浊粹驳，其中包含被人欲污染的可能性，理则不然，理纯粹至善，是清明纯粹一体"②。这里的"纯粹"取纯正不杂之意，主要指退溪的义理追求。"庄"、"严"等范畴的内涵，大致相当于这一意义上的"纯粹"。概括起来，可以说是圣贤气象。程颐评说文艺与圣贤气象的关系云：

> 凡看文字，非只要理会语言，要识得圣贤气象。如孔子曰："盍各言尔志。"而由曰："愿车马衣轻裘，与朋友与共，敝之而无憾。"颜子曰："愿无伐善，无施劳。"孔子曰："老者安之，朋友信之，少者怀之。"观此数句，便见圣贤气象大段不同。若读此不见得圣贤气象，他处也难见。学者须要理会得圣贤气象。③

圣贤气象是理学家最为崇尚的最高理想人格，可以分成诸多方面如社会责任感、忧患意识、理性精神、博大的胸怀以及精神超越式的洒落胸襟，但于此而言，它表现于文而成为一种文艺风格，或者说这种风格就是追求圣贤气象的人格境界的一种延伸。就上述二者的关系而言，起着决定性作用的是纯粹的义理追求，而典实简淡的文风则是这种追求的表现。

"落魄江湖知几日，行吟时复上高楼。横空飞雨一时变，入眼长江万古流。往事苍茫巢鹤老，羁怀摇荡野云浮。繁华不属诗人料，一笑无言俯碧洲。"退溪这首《矗石楼》诗中的所谓"繁华"，除了指现实生活中的诸如熙攘、繁杂、功利、躁动等意

---

① [韩]崔根德：《韩国儒学思想研究》，学苑出版社 1998 年版，第 86 页。

② [韩]崔根德：《韩国儒学思想研究》，第 75～76 页。

③ 程颢、程颐：《河南程氏遗书》卷二二上，《二程集》，第 284 页。

之外，也对立于恬淡的内心、风格和内容上的典实简淡。比如游名山的作品，固然以奇丽为主，但其奇丽各有不同，对它们的各自的叙述也应恰到好处，“若每喜于诡论，而或为之强说，则其势必至于心荡而不返，学流而为异，如庄、释之伦是也”[①]。这种思想，是文道合一、文从道出的文艺思想的另一种表述，而且，当它与“心”联系在一起时，更具有不同的意义，同时也成为退溪排斥异端的理由之一：由为文之“诡论”、“强说”，导致“心荡而不返，学流而为异”，最终堕入“庄、释之伦”。退溪持敬、践履之论，在此具体运用于文艺风格之上。

退溪洒落的诗歌境界和典实简淡的风格，与其性情观、重理趣的精神以及温柔敦厚的思想是相统一的，且都是退溪作为理学家对圣贤气象这一最高人格境界的追求在文艺上的表现。如前所述，退溪诗歌是他感于情性而发的产物，是心声的吐露，“有感于情性者，每发于诗”[②]。性情应为温柔敦厚，清淡的风格即为性情温柔敦厚在其诗歌中的表现，所谓“淡者，理之发”。比如音乐，“乐声之和由人情之和畅而成。……和者情之和畅”[③]。清淡是和的表现，情感温柔和畅，所发之乐则为清淡平和，推之诗歌亦然。“和”的含义本身包含着“淡”的范畴。周敦颐说：“乃作乐，以宣八风之气，以平天下之情。……乐声淡而不伤，和而不淫，入其耳，感其心，莫不淡且和焉，淡则欲心平，和则躁心释。……优柔平中，德之盛也；天下化中，治之至也。是谓道配天地，古之极也。”（《周子通书·乐上》）他的这一观点，即为历史上的中和观和温柔敦厚思想在音乐上的应用，但更加强调“淡”的概念，所谓淡则去欲而心平。退溪认为，古人之情和而不流，一个“乐”字形象地把它表现出来了，已经全部包括其意而不必再用“淡”字。古乐庄正齐肃，而现今的音乐“流荡杂乱”。与古乐相比，其庄正齐肃之意方才显现出来而看得见。因此，周敦颐才重复强调“淡”字来讲明这个道理。又如程颢《秋日偶成》：“闲来无事不从容，睡觉东窗日已红。万物静观皆自得，四时佳兴与人同。道通天地有形外，思入风云变态中。富贵不淫贫贱乐，男儿到此是豪雄。”如“闲来无事”之“从容”，“静观”而“自得”，都属于感性的审美情趣——如前所云，这不仅仅是风格之淡，也是情趣之淡。这种情趣之淡是一种审美情趣，从“道通天地”与“风云变态”施然进入去欲平淡的理学精神并达到超然物表的圣贤气象。在退溪思想中，持敬为最基本的心法，以至存诚、防微、慎独、窒欲、守身。“敬”与“静”通，而“静”字又包含着“淡”的含义。故而，“淡”的范畴其实也是退溪持敬心法的体现。因此，“典实简淡”作为退溪的创作风格，是其持敬心学的具体体现。诗歌的本源为道，而道的统摄之处是心。心是枢纽总脑，天地之理皆具备于心。万事万物都充塞在于无方体、无内外的心，所以心是体万物、普四

① 《与金舜举》，《增补退溪全书》（二），第206～207页。

② 《〈陶山十二曲〉跋》，《增补退溪全书》（二），第383页。

③ 《答郑子明、李宏仲》，《增补退溪全书》（二），第207页。

海的心。反言之，在践履功夫上，要每时每刻、随时随地讲究养心修己的工夫并践履之，达成心与物、心与理的融会贯通，达到天人合一的境界。“有感于情性者，每发于诗”，诗歌即为其养心修己而正性情的实际表现。总而言之，退溪诗歌的这种风格和对待诗文的这种态度，是其文道思想的具体体现，是其践履思想的运用。

韩国学者李家源先生认为，退溪在学问上达到了渊深、崇高之境自不必说，在文学上也达到了道文一致的纯正高妙之境，固守以孔圣为渊源的温柔敦厚的传统思想，创作了修辞立诚的文学，同时借鉴陶、杜、欧、苏的长处，但在内在实质上又不违背宋儒文以载道的见解，岿然自成一家：

> 실로 退溪의 学问에 있어서 가장 渊深·崇高한 것은 释休静의 이른바〈伏羲数理三才主、孔子纲常万世师〉와 같이 数理와 纲常이 그 大者를占有하였음은 물론이었으다、文学에 있어서도 그 道文一致의 纯正·高妙한경지에 이르렀다。이는 실로 孔圣에게 渊源한〈温柔敦厚〉의 传统的인思想을 固守하여 〈修辞立诚〉的만 文学을 产生하였고、또陶·杜·欧·苏의 长点을 参用하였나、그 실에 있에서 宋儒의〈文以载道〉的인 见解에 违背됨이 없이하여 岿然히 独特한 一家를이룩하였던 것이다。①

从以上分析可以看出，退溪在文学上的确对各家均有所涉猎和借鉴，但内在基础仍为儒家，下文将从儒家温柔敦厚的诗教等方面对退溪诗文进行美学辨析。

第三节 缘情言志与温柔敦厚的诗教

李退溪秉承了朱熹的文道思想，认为道在日用亦在文艺，诗为末技但可正心，端庄于诗书方可近道。其温柔敦厚的诗教思想在于发挥文学的感化功能来陶冶情性。退溪创作的时调《陶山十二曲》，缘情言志，以委婉的抒情手法表达真情实感，以期荡涤鄙吝、感发融通而达教化之目的。将儒家温柔敦厚的诗教思想融于朝鲜本土时调，对朝鲜李朝的文艺创作产生了深远影响。

一、而今归故乡——《陶山十二曲》与温柔敦厚的诗教

当时问学路，弃之几多载？
经年何处去？而今归故乡。
既还未为迟，不复多歧思。
——李退溪《陶山十二曲·学勿歧思》

① [韩]李家源：《退溪先生의文学》，《退溪学报》第10辑，第76页。

在退溪的诗词创作中，时调《陶山十二曲》是其具有本土特征的文艺创作的重要贡献之一。时调又称“短歌”或“时节歌”，源于新罗乡歌和高丽歌谣，是朝鲜中世纪的诗歌形式之一，三行两句，通俗易记，在李朝一直盛行，“真正通过文学的发抒，表露现实社会的状况，是时调文学发展的重要原因之一，于是在为一般庶民吟咏之后，益发广泛发展，上自帝王下至庶民，莫不普遍大量创作，至于家弦户诵”①。退溪时调以汉语和朝鲜文混合写成，影响很大，“退溪对后代诗歌的影响……实因李朝实学勃兴，道学失势。在实学派的开拓下，诗歌文学的新方向，时调、小说、歌辞文学蓬勃发展。虽然退溪诗的影响不那么深远，但他那自然无间的时调作品对当时的影响却十分巨大，甚至至今不衰”②。《陶山十二曲》现译如下：

陶山六曲之一　言志

其一　泉石情深

此亦如何，彼亦如何？
草野愚生，彼此亦如何？
泉石难舍入膏肓，何需改弦更张。

其二　烟霞风月

烟霞为家，风月为友。
太平圣代，叹老病膏肓。
吾所愿耳，无咎且康。

其三　淳风厚俗

淳风泯灭，误语讹传。
人性本善，金玉良言。
奈何见欺，诸多英贤？

其四　我思美人

幽兰生峡谷，自在吐芬芳。
白云绕山峦，悠然伴身旁。
彼美一人兮，迟暮亦难忘。

陶山六曲之二　言学

其一　往来风流

径入天云台，潇洒玩乐斋。
万卷生涯路，其乐更无穷。
往来山水间，风流不言中。

其二　勿误聪明

雷霆破山，聋者不闻。
白日中天，瞽者不视。
吾辈耳聪又目明，岂如瞽聋无视听？

其三　效古仿贤

古今不相见，今古无与闻。
先贤路何在，导我康庄途。
古道终可迹，吾辈勿止息。

其四　学勿歧思

当时问学路，弃之几多载？
经年何处去？而今归故乡。
既还未为迟，不复多歧思。

① 李秀雄：《朱熹与李退溪诗比较研究》，北京大学出版社1991年版，第93页。

② 李秀雄：《朱熹与李退溪诗比较研究》，第250页。

其五　不远自然

山前有台，台下有水。
白鸥不孤，飞逐不离。
皎皎白驹，缘何远去如过隙？

其六　天地玄妙

春风徐徐花满山，秋夜谧谧月满台。
四时佳兴，与人同。
兼鱼跃鸢飞云影天光，了无穷。

其五　万古问学

青山何如斯，万古历常青？
流水如既往，昼夜不舍息。
有如吾辈者，乐此永不彼。

其六　愚圣几希

愚夫识而可行，岂不易乎？
圣人为亦不足，抑或难哉？
难易几希，惟忘食忘忧不知
老之将至。

退溪《〈陶山十二曲〉跋》全文如下：

右《陶山十二曲》者，陶山老人之所作也。老人之作此何为也哉？吾东方歌曲，大抵多淫哇不足言。如《翰林别曲》之类，出于文人之口而矜豪放荡，兼以亵慢戏狎，尤非君子所宜尚。惟近世有李鳖《六歌》者，世所盛传，尤为彼善于此，亦惜乎其有玩世不恭之意而少温柔敦厚之实也。老人素不解音律，而犹知厌闻世俗之乐。闲居养疾之余，凡有感于情性者，每发于诗。然今之诗异于古之诗，可咏而不可歌也。如欲歌之，必缀以俚俗之语，盖国俗音节所不得不然也，故尝略仿李歌，而作为《陶山六曲》者二焉，其一言志，其二言学，欲使儿辈朝夕习而歌之，凭几而听之。亦令儿辈自歌而自舞蹈之，庶几可以荡涤鄙吝、感发融通，而歌者与听者不能无交有益焉。顾自以踪迹颇乖，若此等闲事，或因以惹起闹端，未可知也。又未信其可以入腔调、谐音节与未也。姑写一件，藏之箧笥，时取玩以自省，又以待他日览者之去取云尔！嘉靖四十四年岁乙丑暮春既望山老书。[①]

虽然时调在当时十分盛行，然而在退溪看来，很多时调歌曲“淫哇不足言”且“矜豪放荡，兼以亵慢戏狎”，有的“有玩世不恭之意而少温柔敦厚之实”，故创作时调《陶山十二曲》，以期“荡涤鄙吝、感发融通”。这种期望，正是儒家温柔敦厚的诗教目的的另一种表达。

高令印在《李退溪与东方文化》一书中评论称：

李退溪认为，过去文人所作歌曲，不仅没有思想性，还“矜豪放荡，兼以亵慢戏狎”，不适合君子歌唱，而自己所作诗又只能咏而不能歌，于是他作十二曲，其内容是言志、言学，能使歌者、听者提高思想意识，还能使他们增加感情。这就是说，他所作的十二曲是载道的。李退溪所作十二曲，前六曲分别是仕途

① 《〈陶山十二曲〉跋》，《增补退溪全书》(二)，第383页。

殊道、圣代无过、勿欺英才、所思美人、怀我色友、欣赏妙道，后六曲分别是万卷生涯、耳目聪明、古道今行、莫作他想、万古常表、圣愚之间，前者言志，后者言学。①

另如贾顺先教授主编的《退溪全书今注今译》，认为退溪创作的《陶山十二曲》与屈原《楚辞》中的《九歌》极其近似，都是在吸收民间歌谣的基础上加工而成的，歌词新鲜，音调轻松活泼，描绘出一幅幅诗人、隐者吟咏于山水之间的画面，是退溪不迷恋于仕途而追求人生最后归宿的一种写照。②

前一种说法从文以载道的角度切入，结合退溪自作的跋文指出其创作目的；后一种则从十二曲的形式和内容着手，指出其创作特点。从《陶山十二曲》本身来看，既描绘了诗人、隐者吟咏于山水之间的画面，也有说理近道的思想。首先，该时调缘情言志，是退溪情感的真实表现。其次，温柔敦厚的诗教思想贯穿全曲。当然，这两个特征是相互关联、相互融合的。

“诗言志”与“诗缘情”是关于“志”与“情”的两个著名命题，之后又发展为“情志统一说”。“诗言志”出自《尚书・尧典》，其中的“志”，从表层意义来看是指意志、志向、抱负等，而其核心却在于个体生命和生命之美及其展现，“这是一种人格美，或者说是美的个体生命。‘志’是人的生命的主旋律，所以‘诗言志’命题的核心在于健全、陶冶人的内在精神生命，培养完整的人格”③。

对于“情”的范畴，早在先秦时期，庄子就已指出过“情”必须具有的素质，“真者，精诚之至也。不精不诚，不能动人。故强哭者，虽悲不哀；强怒者，虽严不屯；强亲者，虽笑不和。真悲无声而哀，真怒未发而威，真亲未笑而和。真在内者，神动于外，是所以贵真也”（《庄子・渔父》）。“情”表现的是实在的内在精神生命，因此它必须“真”，是真实的情感。情感的表达，只有真实，精诚之至，方能动人。没有真感情，无法表现个体生命，无法体现生命之美。文艺表现出生命的真情实感，神动于外，方能产生意境，正如王国维《人间词话》所说：“真感情者，谓之有境界。”道家重生命情调、情感，庄子的“游心”，强调思想感情的自由以及审美的想象空间。儒家也强调情感在诗歌中的作用，如比兴说，更是开辟了通向意境生成的思维之路，如钟嵘将“兴”解释为：“文已尽而意有余，兴也。”（钟嵘《诗品・序》）“兴”在这里已不仅仅是写作手法，“兴”的是言外之意，韵外之旨。晋陆机《文赋》说：“诗缘情而绮靡。”陆机主“情”，扩大了艺术的表现范围，向更深处的生命活跃迈进了一大步，因为“情”也是人的内在精神生命的一个重要的、基本的要素。又如姜夔强调情感是诗歌的根本：“意中有情，景中有意。”（姜夔《白石道人诗说》）

---

① 高令印：《李退溪与东方文化》，第166页。

② 参见贾顺先主编：《退溪全书今注今译》（八），四川大学出版社1996年版，简介第1页。

③ 黎启全：《美是自由生命的表现》，广西师范大学出版社1999年版，第29页。

无论是“志”还是“情”，表现的都是内在的精神生命，只是层次、方面不同罢了。还应注意的是，“志”虽以志为主，却兼含“情”；而“情”以情为主，却兼含志。两者并非泾渭分明、截然分离，没有无思想的纯粹情感，也没有无情感的纯粹思想，“志”与“情”逐渐合流。《毛诗·序》早已把“志”与“情”联系起来：“诗者，志之所之也，在心为志，发言为诗。情动于中而形于言。言之不足，故嗟叹之；嗟叹之不足，故永歌之；永歌之不足，不知手之舞之，足之蹈之也。”艺术所要表现的内容为“志”，而生命的重要组成部分“情”所外化的产物即为艺术，因此，“言志”即为“表情”，所表现的核心都是内在精神生命之美，二者是一而二、二而一的关系。唐代的孔颖达更加明确地把“志”与“情”联系起来：“在已为情，情动为志，情志一也。”（《春秋左传正义·昭公二十五年》）至此，“情志统一说”已经正式确立。言志抒情是艺术的根本，不过大致而言，道家偏重于“情”的表现，而儒家则从其社会伦理道德观出发强调“发乎情，止乎礼义”，偏重于“志”的表达，但也应看到，儒家仍然承认艺术的表情作用，况且，心物感应说也为个体生命的真性真情留下了很大的表现空间。就个人而言，“志”与“情”所占的比重，在不同的作家、不同作品里所占的分量会因作家所处的时代背景、社会环境及其个人经历等的差异而有所不同。同为诗人的李白与杜甫，前者重“情”，追求浪漫主义的理想；后者重“志”，更多地表达对国家、民族命运的深切关怀。

回头来看退溪时调。如前所言，《陶山十二曲》分两组，“其一言志，其二言学”。其实，就其内容来看，二者是不可分的，志中有学而学中有志，同时又有个人情感的真实表达。

《陶山六曲之二》其五《万古问学》云：“青山何如斯，万古历常青？流水如既往，昼夜不舍息。有如吾辈者，乐此永不彼。”按退溪跋文，该时调为“言学”之一；从其内容来看，准确地说，当为劝学，其中又包含着儒家的历史观念和时间意识。

《论语·子罕》云：“子在川上曰：‘逝者如斯夫！不舍昼夜。”孔子以奔流不息之川，喻指时间的流逝即自然力之不可抗拒。“未知生，焉知死”（《论语·先进》），在某种意义上也道出了孔子对个体生命渺小之无奈。陈子昂《登幽州台歌》诗云：“前不见古人，后不见来者。念天地之悠悠，独怆然而涕下。”从时间的无限性和空间的广延性两方面抒发了个人的渺小，即个人置身于时空有限性中的无奈感和悲怆感。正是在这种无力的境况里和对渺小的体悟中，儒者才强调个体生命存在的每一刻的意义，强调“天行健，君子以自强不息”。

具体对于该时调而言，退溪既然自云为“言学”，故其所谓“青山”、“流水”之生生不息，当喻指个人问学求道之持之以恒，即只能如此，方能比之以青山之“万古历常青”，流水之“昼夜不舍息”。从其对时间的感悟来看，宇宙自然如“青山”、“流水”之永恒与人生之短暂之间，是矛盾统一的。矛盾之处在于永恒与短暂的背道而驰，统一之处在于个人短暂的自然生命在问学求道中求得永恒的存在。封孝伦教授认为：

> 社会生命走向永恒的手段是历史。进入历史，这是个人的社会生命存在的标志。……生命不再是DNA的表现形式，也不只是灵魂的一个载体，而是对社会有益有贡献并得到社会承认的一个存在了。[①]

若应用于该时调，恰恰道出了退溪的社会生命要求，即在历史中、在时间的流逝中求得社会生命的永恒。陈炎教授则从根源上指出：

> 如果说"宗教文化"是一种指向宇宙主宰乃至彼岸世界的"外在的超越"，那么"宗法文化"则是一种指向宗族血缘乃至人类历史的"内在的超越"。习惯于祭祀祖先的中国人明白，在他们自己死后，也将成为后代子孙祭祀的对象。因此，尽管其肉体生命是有限的，但其精神生命却可能是无限的。他们生前的所作所为，都将成为后人评说与毁誉的根据。所以，尽管中国人不太习惯于将自己的有限生命与无限的宇宙本体或神灵世界联系起来，但却总是希望在自己的有生之年干出一番无愧于后代子孙的不朽业绩。[②]

退溪思想以朱子学为宗，属于儒家文化圈，自然处于宗法文化的序列。具体而微，退溪之"乐此永不彼"，正是在问学求道的基础上对时间、历史的扬弃。这正是其劝学的目的，要求超越个体的自然生命而得"不朽业绩"。时调中的"青山"、"流水"是宇宙时间意象，是亘古不变的，而"少年头"则是个体生命时间的意象，是易逝的、短暂的、一次性的。在内圣与外王的取舍中，易逝的、短暂的个体生命不再是一次性的，而是像亘古山河一样生生不息，历万古而常青。也因此，退溪之劝学可谓苦口婆心，如《陶山六曲之二》其四《学勿歧思》："当时问学路，弃之几多载？经年何处去？而今归故乡。既还未为迟，不复多歧思。"其六《愚圣几希》："愚夫识而可行，岂不易乎？圣人为亦不足，抑或难哉？难易几希，惟忘食忘忧不知老之将至矣。"同时，退溪也将求学问道看作乐事，如《陶山六曲之二》其一《往来风流》云："径入天云台，潇洒玩乐斋。万卷生涯路，其乐更无穷。往来山水间，风流不言中。"

再看其《陶山六曲之一》其六《天地玄妙》："春风徐徐花满山，秋夜谧谧月满台。四时佳兴，与人同。兼鱼跃鸢飞云影天光，了无穷。"第一部分写春秋之景，"风"、"花"、"夜"、"月"等，浑然天成，显示出清新的意趣。后部分看似纯粹写景，实则寄寓着退溪的性理学思想和自然美观。稍具文学知识的人都知道，时调中的"鱼跃鸢飞"出自《诗·大雅·旱麓》中"鸢飞戾天，鱼跃于渊"句，"云影天光"出自朱熹诗《观书有感》中"天光云影共徘徊"句，都是理的体现。

① 封孝伦：《人类生命系统中的美学》，第133页。

② 陈炎：《多维视野中的儒家文化》，山东教育出版社2006年版，第42～43页。

前文已对“鸢飞鱼跃”作了分析：天理是宇宙万物的法律和规则，而鸢飞鱼跃等自然现象，无不是天理之运用。“鸢”和“鱼”具有象征意义，它们是审美意象之一种，是天理的载体，表现出来的是道之流行发见，同时又融合了审美主体的情、意、理、趣等。一切自然物，都有可能成为诸如“鸢”和“鱼”等具有象征意义的意象，即成为审美客体。“天光云影”寓指修养心法，即保持心的静寂，但能感知，外物一来便能完全映照。故而，该时调既写景又说理，理寓景中，可以说是由景言志、借景说理。在退溪看来，道不远人，亦在自然，所谓“四时佳兴，与人同”（程颢《秋日偶成》），因此其《陶山六曲之一》其五《不远自然》云：“山前有台，台下有水。白鸥不孤，飞逐不离。皎皎白驹，缘何远去如过隙?”同时，退溪对自然山水极为热爱，在时调中自然少不了对它们的赞美。而理学家的责任感使他在诗歌创作中，即使在纯粹写景抒情的诗歌中，也时刻不忘加入一些天理道义的成分。

《陶山六曲之一》其四《我思美人》云：“峡谷怀幽兰，自在吐芬芳。白云绕山峦，悠然伴身旁。彼美一人兮，迟暮亦难忘。”该时调具有三重含义。其一，“美人”典出屈原《离骚》，指君王。在这一层意义上当指对君王的思念之情。这一点并不难理解，因为退溪是持“君仁臣敬”、“忠君”思想的儒者。其二，表现和赞叹人格之美。从行文来看，应该是因仰慕屈原及其人格而有感而发——除“美人”外，“幽兰”也见于《离骚》。其三，对隐者生活的向往。陶渊明有“悠然见南山”句，退溪极慕渊明，时调中的“悠然”等语也蕴涵着隐士的淡泊心态，《陶山六曲之二》其一《往来风流》亦云：“往来山水间，风流不言中。”故而“美人”一词，除了第一点指出的代指屈原及其人格美外，也寓指隐士。退溪平生之愿是退居林泉，游吟自然，如《陶山六曲之一》其一《泉石情深》：“泉石难舍入膏肓，何需改弦更张。”其二《烟霞风月》：“烟霞为家，风月为友。”因此，该时调实为借他人酒杯浇自己块垒——借屈原、渊明之人格，抒发自己的志愿和情感，正如他在跋文中所言，诗歌是他感于情性而发的产物，是心声的吐露，该时调即为退溪缘情言志相结合的一个很好的注脚。

退溪评赵士敬诗曰：

> 细看公诗，近觉有长进，得趣味，可喜。但其间不无有夸逞矜负自喜之态而少谦虚敛退温厚之意。恐如此不已，终或有妨于进德修养之实也。其首章“归来十里江村路，宿鸟趋林只自知”，此一句正是公所以自言其超然独得于人不及知处。以诗人趣味论之，亦甚得意，然以学问意思看来，正恐病处在此句上。①

退溪认为，赵士敬诗“归来十里江村路，宿鸟趋林只自知”句，从学问意思上看是一种自我满足，仅一知半解就认为自己无所不知而以别人为无知，不再求益从善，甚

① 《与赵士敬》，《增补退溪全书》(一)，第568页。

至狂妄到瞧不起同世之人及诸多先贤的地步。故而退溪批评其诗“有夸逞矜负自喜之态而少谦虚敛退温厚之意”，恐其“有妨于进德修养之实”。这正是儒家传统的温柔敦厚的诗教思想的一个方面。

温柔敦厚的诗教思想，与中和思想在内涵上是完全一致的。关于儒家中和思想的核心概念“中庸”，《论语·雍也》云：“中庸之为德也，甚至矣乎！民鲜久矣。”《中庸》阐释为“执其两端，用其中于民”，同时对“中”与“和”及其关系作了更为丰富的规定，并将“中”与“和”合二为一，提出了“致中和”的思想：“喜怒哀乐之未发谓之中，发而皆中节谓之和。中也者，天下之大本也；和也者，天下之达道也；致中和，天地位焉，万物育焉。”朱熹释云：

> 喜、怒、哀、乐，情也。其未发，则性也，无所偏倚，故谓之中。发皆中节，情之正也，无所乖戾，故谓之和。大本者，天命之性，天下之理皆由此出，道之体也。达道者，循性之谓，天下古今之所共由，道之用也。（《四书章句集注·中庸》）

所以朱熹又指出，中庸实包含着中和思想：“然中庸之中，实兼中和之义。”（《四书章句集注·中庸》）首先，从情感表现上看，中和强调适度，各种情感应含蓄，要时常保持为中的状态；所表现出来的情感要有节制，符合节度，达到和的要求。要而言之，中和要求恪守中道，强调过犹不及。中国古代思想一贯强调“和而不同”的中和观念。它不是普通意义上的折中调和，而是强调对立双方的互相依存、和谐统一。其次，从中和的地位来看，中和是天地位形、万物生成的必要条件。中与和二者的统一，构成宇宙的本源和通理，成为先秦儒家的最高审美标准。

至于文艺，孔子认为《关雎》纯正而不失中和，强调“乐而不淫，哀而不伤”。就艺术内容与形式而言，“质胜文则野，文胜质则史。文质彬彬，然后君子”（《论语·雍也》）。其一，艺术的质（内容）不能胜过或弱于其文（形式，即文采、文饰），二者不能有所偏颇，须协调地统一起来，如此艺术才是中和的艺术、尽善尽美的艺术。其二，人的质（内在修养）与其文（外在的表现）也应如是，这样的人才能算得上是“君子”。艺术在于中和，由此而培养的人也是中和的、文质彬彬的“君子”。它在作为审美标准的同时包含着礼贵中和的思想，所谓“礼之用，和为贵”（《论语·学而》）。可以说，孔子十分强调个人情趣与伦理道德的相互关系。《吕氏春秋》从具体艺术门类音乐与中和的关系作了一番描述。首先，它从宏观上指出音乐是天地和谐运转、阴阳相互协调的产物：“凡乐，天地之和，阴阳之调也。”（《吕氏春秋·大乐》）其次，通过音乐的具体要素，分析了音乐与中和的关系以及中与和二者的关系：“夫音亦有适……何谓适？衷音之适也。何谓衷？大不出钧，重不过石，小大，轻重之衷也。黄钟之宫，音之本也，清浊之衷也。衷也者，适也。以适听适，则和矣。”（《吕氏春秋·仲夏纪》）情感之中乃为适，音乐之中也为适；以心情之适听音乐之适，乃为和；中和，不仅在于客体（音乐），也在于主体情感。

《礼记正义·经解》云："温柔敦厚，诗教也。……其为人也，温柔敦厚而不愚，则深于诗者也。"孔颖达疏："温谓颜色温润，柔谓情性和柔。诗依违讽谏，不指切事情，故云温柔敦厚是诗教也。……此一经以诗化民，虽用敦厚，能以义节之，欲使民虽敦厚不至于愚，则是在上深达于诗之义理，能以诗教民也，故云深于诗者也。"一方面，诗教的目的是使人性情温顺柔和、忠实厚道。虞集《郑氏毛诗序》说："圣贤之于诗，将以变化其气质，涵养其德性，优游餍饫，咏叹淫泆，使有得焉，则所谓温柔敦厚之教，习与性成，庶几学诗之道也。"认为温柔敦厚的诗教是变化气质、涵养德性的途径。另一方面，为人为文均需中和有度，如有讽谏，需寄寓委婉之词，怨而不怒。所谓"发乎情，止乎礼义"（《毛诗序》），一方面要求文艺要发乎真情实感，另一方面又将这种真情实感限制在一定的范围之内，要受到礼义的节制，如此才能"经夫妇，成孝敬，厚人伦，美教化，移风俗"，达到心灵之和、社会秩序之和。

退溪评金文卿诗曰：

> 今见来诗所得如许，不是虚行，深贺深贺。如狄丘关雨古风，讽意深远，使当世牧民者见之，能无惕然愧惧之意乎？镜浦长篇辞语清越，三复吟玩，恍若身在江门桥上，座下凉生，颇慰孤郁，深幸深幸。[①]

从"讽意"和"清越"两方面道出了温柔敦厚的诗教思想。退溪《陶山十二曲》正是温柔敦厚的体现。首先，正如他在该曲跋文中所言，作此曲是因为"吾东方歌曲，大抵多淫哇不足言"，即便很多出自文人之口的，也不免矜豪放荡、亵慢戏狎，不适宜于君子之崇尚。"《诗》三百，一言以蔽之，曰：'思无邪。'"（《论语·为政》）后世对"思无邪"含义的见解持多种不同意见，而主要的理解在于强调文学思想纯正而无邪念，无过而归于正。程颐以"诚"字释"思无邪"。在朱熹看来，"凡诗之言，善者可以感发人之善心，恶者可以惩创人之逸志，其用归于使人得其情性之正而已"（《四书章句集注·论语》卷一）。理学家的理解主要在于发挥文学的感化功能来陶冶人的思想，正其情性。王夫之也说：

> 能兴即谓之豪杰。兴者，性之生乎气者也。拖沓委顺，当世之然而然，不然而不然，终日劳而不能度越于禄位田宅妻子之中，数米计薪，日以挫其志气，仰视天而不知其高，俯视地而不知其厚，虽觉如梦，虽视如盲，虽勤动其四体而心不灵，惟不兴故也。圣人以诗教以荡涤其浊心，震其暮气，纳之于豪杰而后期之以圣贤，此救人道于乱世之大权也。（王夫之《俟解》）

退溪作该时调的目的，一是纠偏当时歌曲之"淫哇"、"矜豪放荡，兼以亵慢戏狎"，使其无"玩世不恭之意"而有"温柔敦厚之实"；二是令儿辈等"荡涤鄙吝、感发融通，而

---

① 《答金文卿》，《增补退溪全书》（一），第358页。

歌者与听者不能无交有益”。如《陶山六曲之二》其一《往来风流》云：“径入天云台，潇洒玩乐斋。万卷生涯路，其乐更无穷。往来山水间，风流不言中。”其中包含着儒家对“乐”的沉思、对洒落气象的追求、对隐士般的淡泊心境的向往以及劝学言志而求圣贤气象的深切期望。

时调作为一种审美文化形态，承载着朝鲜李朝当时的审美理想和文化内涵。然鉴于当时的歌曲“大抵多淫哇不足言”且“矜豪放荡，兼以亵慢戏狎”，退溪有感而发，针锋相对地创作出时调《陶山十二曲》。

作为诗人的退溪的诗歌创作，与其作为理学家的身份是完全吻合的，即以意索理、以诗呈理，从具体的形象描述来展开抽象的哲学思索，由生动的物象呈现来体悟宇宙底蕴和人生内涵。韩国林荧泽《国文诗의传统과陶山十二曲》(《国文诗的传统与陶山十二曲》)一文认为，《陶山十二曲》是纯粹诗，排除了低级趣味，在内在主体性的持守中流露出自得之情，对于人心的明澈融通大有裨益，就其效用来说，具有很高的社会意义，因此应从整体性美学论的高度予以重视：

> “陶山十二曲” 의 특장은 俗气와 作为가 배제된 纯粹诗라 할 것이다。물론近代 이후의 纯文学·纯粹诗와는 역사적 성격뿐 아니라 자체의 속성도같지 않다。东洋文学의 일반 범주로는 闲静诗·自然诗 계열에 속할 것이다。내면적 주체성을 지키는 한 학자의 自得에서 流露된 것임이특이하지만、특히 退溪 자신이 이 노래를 부르고 듣게 하면 인간들의마음을 맑게 융화시키는 유익함이 있을 것이라고、그 효용에사회적의의를크게 부여했다。이러한 그의 생각은 하다의 美学论으로주목해야할 것 같다。①

通观《陶山十二曲》，既有发挥诗歌社会教化功能的内容，也有用委婉含蓄的抒情手法表达真情实感并使其“感发融通”而达到教化的目的。语言平淡朴素，即便有用典处，也平实易懂，在看似朴质枯淡的描述中蕴含着高洁的胸襟和诚挚的情怀；在说理劝学处，娓娓道来，不急不促而不愠不怒。退溪将儒家温柔敦厚的诗教思想融于朝鲜本土时调，对朝鲜李朝的文艺创作具有纠偏的作用，产生了很大影响。它同时也是退溪诗歌创作实践和诗歌美学思想的基本原则。

二、此意凭谁问——退溪诗词与理学家丰富的内心世界

> 酒难消悯，此意凭谁问。
>
> ——李退溪《点绛唇》

① 林荧泽：《国文诗의传统과陶山十二曲》，《退溪学报》第19辑，第262页。

虽然退溪以诗歌为末技、为余事，但其诗《复用前韵》却说："莫笑文章为小技，胸中妙处状来真。""胸中妙处"，即为情之发处、理之真处。退溪所写的诗歌，特别是写景诗、抒情诗，体现出他丰富细腻的内心世界。如《清明溪上书堂二首》其一："轻红欲发花迎喜，嫩碧初生草带怜。酒入口中才盎若，诗从笔下已超然。"《和陶集饮酒二十首》其一："无酒苦无悰，有酒斯饮之。得闲方得乐，为乐当及时。熏风鼓万物，亨嘉今若兹。物与我同乐，贫病复何疑。岂不知彼荣，虚名难久持。"其八："酒无独饮理，偶兴聊自为。陶然形迹忘，况复婴尘羁。"《从侄凭家赏菊乘月归溪上二首》其一："带醉归来信马行，一钩新月照溪明。萦回屡渡溪中月，溪月相随曲曲清。"这几首诗都与酒有关。关于退溪与酒，《退溪先生言行通录》载："先生饮酒未尝至醉，微酡而止。其接待宾客，随量劝之，称其情款焉。""酒量素宽，中岁痛断，终身未尝至大醉。"由此看来，退溪酒量不小而且常饮，只是在中年过后，不再豪饮。他批评金河西说："其初入处多在老庄，故中年颇为诗酒所坏，为可惜。"[①]但酒不可少，无酒不乐，特别是在游历、吟诗之际："踯躅成林，方盛开烂漫，绰约如行锦障之中，如醉祝融之宴，可乐也。峰上引三杯，题诗七章，日已向昃矣。"[②]"陶山有山水之胜，或于花朝月夕独乘小艇，沿洄上下，兴尽而返，或与学子登陟冈峦，散步洲涧，哦诗觞酒，不知日之将夕。"[③]饮酒吟诗，思物我无间，得天人之乐；以酒入诗，寓高怀雅致，抒悠悠情怀。酒入口中，笔下超然，眼中和笔下的天地万物也灵气浮动，如红发花喜、碧生草怜。饮酒之乐，在于忘却世尘之羁绊，陶然而忘形；寄情于酒，享风雅情致而逍遥自得，故踏月而归，信马而行，月也新来溪也明。以之入诗，同得悠然之趣。有一颗淡泊平和的心，才有如此从容恬然的人生。

如其《感春》诗：

> 清晨无一事，披衣坐西轩。家僮归庭户，寂寥还掩门。细草生幽砌，佳树散芳园。杏花雨前稀，桃花夜来繁。红樱香雪飘，缟李银海翻。好鸟如自矜，间关弄朝暄。时光忽不留，幽怀怅难言。三年京洛春，局促驹在辕。悠悠竟何益，日夕愧国恩。我家清洛上，熙熙乐闲村。邻里事东作，鸡犬护篱垣。图书静几席，烟霞映川原。溪中鱼与鸟，松下鹤与猿。乐哉山中人，言归谋酒樽。

诗中有生活之和，有风光之美；有时光之怅，有图书之乐；有仕宦之忧，有酒樽之趣；人生的感慨和情感的抒发，在这一长诗中均有表现；格调、境界俱高，勾勒出理学家忧乐相间的生活风貌和精神状态。

又如其《夕霁登台》："天末归云千万峰，碧波青嶂夕阳红。携筇急向高台上，一笑开襟万里风。"《种梅》："广平销铁肠，西湖脱仙骨。今年已萧疏，明年更孤绝。"

---

① 《答奇明彦》，《增补退溪全书》(一)，第410页。

② 《游小白山录》，《增补退溪全书》(二)，第343页。

③ 《退溪先生言行通录》卷一，《增补退溪全书》(四)，第18页。

《九日独登书堂后翠微寄林士遂四首》其一："野菊犹多思，尊前小橘枝。杯盘真偶设，歌管岂曾随。望远愁肠断，登高病脚危。陶然成一醉，短舞为谁垂。"《十月四日游月澜庵二首》其一："一叶扁舟度碧流，来寻丛桂小山幽。寺门白日临哀壑，台石苍松戴凛秋。扫迹免同逋客返，伤心无复老仙游。个中趣味无人共，清夜寒灯意转悠。"《次惇叙游山约韵》："块居难遣郁怀浓，作意登山一荡胸。况有好朋相赴约，凌云豪气跨千峰。"《酬赵士敬明字韵》："白云深处一庵清，庵下长江万古声。近日君能知我乐，七台三曲玩分明。"《郡斋移竹》："荒哉酒放林下七，邈矣诗豪溪上六。倘有翩翩丹穴禽，千载回翔此栖宿。老我年来冷淡生，相对宁忧食无肉。从今更叹卫公贤，一篇淇澳湔心读。何必柴桑归去来，白衣怅望东篱菊。"《己巳正月闻溪堂小梅消息书怀二首》其二："手种寒梅护一堂，今年应发满园香。主人京洛遥相意，无限清愁暗结肠。"如此等等，有感伤、有快乐，有豪迈、有婉约，作者内心若无真情实感，实难写得如此意长情深，如《退溪思想的诗照明》一文所评："他生来就有诗人的气质，后来，因为偏重于对其性理学卫道方面的研究，便忽视了对其表现情绪方面的观照，几乎把他固定成为一个执气刚强的形象。实际上退溪兼通诗书画，多才多艺，是一位伤感和浪漫的儒士。"①

作为"伤感和浪漫的儒士"，退溪还写词。一般而言，与诗相较，词更侧重于表现作者细腻的个人情感。退溪作有《武陵春》、《忆秦娥》、《点绛唇》(《和松冈乐府三篇》)等词。韩国李家源先生对退溪词评价极高，认为是益斋李齐贤之后、兰雪许楚姬之前的名作："또退溪의《和松冈乐府三篇》은실益斋 李齐贤의이후와、兰雪许楚姬의이간에있어서의名作이아닐수없다。本词는《武陵春》、《忆秦娥》、《点绛唇》등으로되었다。"②李齐贤(1288～1367)是高丽理学家，卓越的诗人和优秀的词作家，许楚姬(1563～1589)则是李朝中期著名女诗人，可见李家源先生的评价之高。理学家作词实属罕见，虽然退溪词在其诗歌总量中仅占很小一部分，但却很典型地表现了这位"执气刚强"的理学家的"伤感和浪漫"的一面。故此特地拈出浅析，以期一窥退溪细腻的内心情感世界。

武陵春

屋角鸠鸣春雨细，起晚倚窗栊。
满目烟花一万重，好是几番风。
阵阵吹红香不断，庭院正薰浓。
惆怅闲吟望远空，淡淡日斜红。

---

① [韩]崔根德：《韩国儒学思想研究》，第75页。

② [韩]李家源：《退溪先生의文学》，《退溪学报》第10辑，第76页。

此词写暮春时节的惆怅伤春之情，结合作者的生平，则应喻含有病中想要辞官归隐而不得遂其志的感怀。

从表面上看，整首词只是描写作者晨起后，在庭院中观望风雨的一个简单的日常生活场景；从结构上看，全词的大部分篇幅都在进行客观的景色描写，只在最后一句以“惆怅”二字点明此刻的情绪。短短一首令词，没有大肆的铺张，没有强烈的情感抒发，但细细品味词中意境，则会发现其中有极细微和精致的思索安排，而作者复杂丰富的情感也得以蕴藉其中。

词的上片以叙述的口吻描写了作者晨起后来到庭院中所看到的景象。首句的“鸠鸣”和“春雨”点明暮春这一时间，“起晚”二字则暗示了百无聊赖的心情。次句“烟花”二字与首句“春雨细”对应，正因为是细雨，才产生如烟似雾的迷蒙景色。这时天空不仅下着细雨，而且还有风。从“好是”和“几番”这两个略带感情色彩的词，可以想见风力之大。那么，在这样一个风雨交加的早上，会发生什么事呢？

过片对此进行了很好的衔接。“阵阵吹红香不断，庭院正薰浓”，劲风必然要带走些什么，而它带走的竟是人世间最美好的象征：落红。而且从“浓”字，可见这落红一定是积了厚厚的一层。在经历了一番风雨之后，有多少落花就这样被摧残败落了！本来在这样一个暮春的早上，风雨交加，吹散落花，面对这样一番景象，对于任何一个具有灵心善感的人，都必然引发出一种伤春叹逝之情，而何况对于久病的作者！久病中的人最易感到生命的流逝。暮春和落花象征着世间美好的事物，而这种美好如同人的生命一样短暂。不仅要承受自然生命本身的短暂和病痛，还要饱受外界风雨的打击！结合作者生平，在朝为官时的种种挫折就正像风刀雨剑一般在摧残他的生命。生命之花，也会如暮春和落花一样在病痛和外界的种种摧残中过早地消逝！如此，则风雨中的暮春和落花正与作者的心情相共鸣，故而能引发他强烈的身世之悲。这是词中蕴含的象征意义。

词的最后一句，则将这种情绪作了直抒胸臆的表达。“闲吟”二字，看似轻松，而实际上，正如辛弃疾所说“闲情最苦”！看着本来就极为短暂的生命在无意义地流逝，却无能为力，不能过自己所向往的归隐生活，这份“闲吟”，真是让人“惆怅”不已！而写到这里，作者的情感抒发并未最终完成，最后一句“淡淡日斜红”尤其值得注意。这不是一句简单的以景结情的描写。因为词的前面部分一直在写风雨和落花，而这里突然出现了斜阳，而读到这里，才让人恍然明了，原来作者面对风雨交加的庭院，已经默默守候了整整一天，则作者心中的怅惘和失落已不言自明。

全词主要使用以景衬情的手法，看似全未说破，而情自在其中。

忆秦娥

逢佳节，楼台锦绣春三月。

春三月，情亲远送，适秦归越。

柳条攀尽离肠绝，征衫雨泪斑斑血。
斑斑血，夜来天上，只看银阙。

这是一首送别词。从表达上来看，似乎是与所爱女子道别。

上片运用叙述的口吻将离别时的情景作了交代。时间是暮春三月的某个佳节。上古时代的民间风俗是，每年的暮春三月，男女青年来到桑间浦上相会，看到心仪之人，表达爱慕之情，多少美妙浪漫的爱情故事就此发生。然而，在此暮春三月浪漫多情时节，作者却要与所爱女子分离。

上片采取"赋"的方式进行铺叙，下片则对这番缠绵悱恻的感情以及所爱之人走后绵绵无尽的相思进行了一番直接的抒发。中国古代有折杨柳送别的传统，在古往今来的文学作品中，"杨柳"这一意象早与"送别"结下了不解之缘，如"杨柳依依"之谓。作者在此处即运用了这种传统的表达方法。"柳条攀尽离肠绝"是送别时的情景，"征衫雨泪斑斑血"是离别后的相思。短短两句，将离别时和离别后一段较长的时间跨度都囊括在内了。而"斑斑血"用了中国古代一个习见的典故，那就是舜帝死后，他的两位妻子娥皇和女英将伤痛的眼泪流入竹林，而在竹子上留下了斑痕的故事。征衫上的泪痕就如竹子上的斑点一样，那不是眼泪，而是断肠的思念所流出的心血。如今两人已各分两地，有什么能寄托这种相思之情呢？"夜来天上，只看银阙"似乎是对相思之情的一种解脱。为什么是"银阙"呢？在孤寂失眠的夜晚，两人共同仰望天上的银河，而银河正可以将双方的思念之情互为传达。此意与苏轼"千里共婵娟"相似。而同时，此处的"银阙"又让人联想到织女和牛郎，他们被银河相隔，两人日日望着银河，期盼团圆的那一天，这正如作者和他心爱的人。由此又让人想到了秦观描写牛郎织女的那句"两情若是久长时，又岂在朝朝暮暮"。这样看来，又似乎是对离别之情的一种解脱。总之，"银阙"一词由于负载了深广的中国文学传统意蕴，可以引发读者无穷的联想，这也使得本首词虽篇幅短小却含蕴无穷。

退溪诗歌包括一些送别诗，表达他与友人的深情厚谊与别后怀念之情，如《可兴江上别南时甫》："此后重逢知几秋，舟中今日别离愁。还将白发三丈，去入仙源独溯流。"也善于借用古人诗歌表达这种感情，如与李刚而分别，摘唐人刘商《送王永》诗相送："君去春山谁共游，鸟啼花落水空流。如今送别临溪水，他日相思来水头。"并说："初欲于石涧台吟叙别怀，偶思唐人此诗道尽今日事，无以复加，故只写此诗送呈行轩，想垂领悉也。"[1]送别历来是古诗词的一个重要内容，退溪更多地以诗为载体，词并不多见，由此亦可见这首《忆秦娥》的弥足珍贵。

---

① 《与李刚而》，《增补退溪全书》(一)，第526页。

点绛唇

春慕芳园，百红千紫珍禽韵。
路长家远，缥缈愁情慢。
绿草满庭，弱柳枝枝嫩，临觞晚。
酒难消悯，此意凭谁问。

这首词是暮春时节思家念远、慨叹身世之作。

与上一首不同，这首词更多地采取直抒胸臆的手法，将情感一泻无余，十分显豁。但景物描写仍然在词中占有一半的篇幅，上下片都采取以景寓情的表达方式，先以景色起兴，而后接以情感的抒发。而这种以景起兴的做法，是中国古代最为传统也最能感发生命意义的表达方式，同时也是词作中最有特色的审美特质。可见作者对于中国古代文学传统有很高的造诣。

如前所述，本词上下片的结构相似，都是先写景物再抒情，结构非常整齐。同时值得注意的是，结合作者生平来看所要表达的主题，则充满了思念家乡而不得归去和官身不自由的伤感，而上下片的景色描写却都是以清新、欢快的基调为主的。这又是中国文学在《诗经》中就曾出现的“以乐景写哀，以哀景写乐，一倍增其哀乐”（王夫之《姜斋诗话》）的传统。作者对中国文化之熟识和运用之自如，的确令人叹服。

上片首句声情并茂地描写了迷人的春色，其中有色彩的描摹如“百红千紫”，有声音的摹写如“珍禽韵”。“芳国”、“珍禽”等名称的运用，增加了词作的雅趣，而将禽鸟的叫声形容为“韵”，更添令人回味无穷之感，可谓匠心独运。在这样美好的一番春色里，能与日日思念的家人一起度过才算完满，王昌龄“楼头小妇不知愁，春日凝妆上翠楼，忽见陌头杨柳色，悔教夫婿觅封侯”一诗，正是以女子的口吻表达了这种春日引发的思念家人的情怀。可见，正是这番撩人的春色最易让人产生思家念远的心情。而下句就接着将这种愁情表达出来。所谓“路长家远”只是一个借口罢了，真正的原因却是自己在朝为官，不得自由。如此，则回家的希望何其渺茫！但尽管如此，悠悠的思念是不会停止的，它如潺潺不断的流水，虽然缓慢但悠长。以“慢”字来形容“愁情”，看似无理，但细细品味，又正与这份情在感官上给人的感觉相仿佛。李煜有词云“离愁渐远渐无穷，迢迢不断如春水”，李清照有词云“只恐双溪舴艋舟，载不动，许多愁”，都正是这种通感手法的运用，与此词可互相参看。

下片开篇又是一番初春景色的描写，如前所述，上片描写了姹紫嫣红的鲜花，而这里又补充以嫩绿的枝条和芳草，则在色彩上构成了搭配得当的极为丰富和艳丽的图案。而面对美好的春光所引起的加倍的思乡之感，如何才能排解呢？只好借助于酒了，但殊不知“举杯消愁愁更愁”！“临觞晚”，暗示了饮酒之多和时间之长，但却是“酒难消悯”。更何况身边又没有一位可以理解自己、能向之倾诉的知己。“此意凭谁问”，将一份孤独之感平添在思乡之愁上，整首词的情感表达由此更加浓烈。

前已概括出退溪诗的整体特征是典实简淡。这样的特征，从审美类型划分角度来说，主要属于优美的审美类型。“优美的对象不仅在形式上表现为诸要素的中庸协调，而且在内容上表现为诸功能的和谐统一。过于深刻的理智思考，过于强烈的意志诉求，过于动荡的情感体验都不适于优美形象的塑造。适于这种形象塑造的，则是乐而不淫、哀而不伤、怨而不怒的古典情绪。”[①]古代大部分诗歌，或表现为壮美，或表现为优美，很大程度上没有超出这两个范畴。而典型愁绪在不少退溪诗词也有表现，但这种类型的诗歌仍然属于优美的范畴。“黯黯悲秋思，悠悠送远情。中京辞凤阙，西海殿鹏程。”退溪这首《次韵》其二，虽然隐藏着悠悠的别绪、淡淡的哀愁，却无绝望之情，所以它是优美的；“向来樗散质，平生丘壑期。怅望青山郭，目送白云归。”退溪这首《三月病中言志》，虽然传达出隐隐的惆怅，却并不是要表现出痛苦之情，所以它是优美的。退溪严肃庄穆、敬畏自守的理学家风貌下隐藏着的丰富的内心世界、细腻的内在情感，在这些诗词中一览无遗。

① 陈炎、马正应：《六大情感范畴的历史发展与逻辑关系》，《文艺理论研究》2011年第5期，第4页。

第五章

退溪人格美论与人格美育

李退溪后半生基本上投身于学术和教育，朝廷屡召不起。虽没有做官之情，退隐山林，但却无时不在关心民生疾苦和国是，关心内圣之学向外延伸的政治和社会效用。退溪偏重于内圣甚于外王，其内圣的垂范与外王的践履之异同，无论如何，只有置于整个社会背景之下、整个人生经历之中才能全部展现。忧乐进退之间的解决，在于其美学思想特别是人格美论和书院思想、人生境界论与其人生实践的紧密结合。

第一节　为己之学与人格之美

退溪的心学是治心之学。其人格修养观，落实于为己之学。通过修身养性的为己之学，达到随处随时存养省察的人格美育，最终达成从容洒落的人生境界。

一、君子之学，为己而已——修身养性

> 君子之学，为己而已。所谓为己者，即张敬夫所谓无所为而然也。如深山茂林之中有一兰草，终日薰香而不自知，其为香，正合于君子为己之义，宜深体之。
>
> ——《退溪先生言行通录》

退溪人格修养之要，在于对修身养性的强调，这与朱熹及其后学所恪守的心法是一脉相承的，即“本诸心而贯事物”：“圣贤之学，本诸心而贯事物。故好善则不但心好之，必遂其善于行事，如好好色而求必得之也；恶恶则不但心恶之，必去其恶于行事，如恶恶臭而务决去之也。”[①]退溪心学并不是从人本身来阐释人心，而是从理本体来论证心的枢纽地位。退溪以理为本，其心贯事物在于以纲常彝伦为准则，在日用工夫中寻求“所以然”之故和“所当然”之则。“所以然”是物之为物的根源或本质规定性，是伦理道德价值的依据；“所当然”是价值范畴，是道德认知和实践的准则。寻求“所以然”之故和“所当然”之则实际上是对价值理想、价值本源的探究。

对于人心与人欲的关系，退溪认为：

> 人心者，人欲之本；人欲者，人心之流。夫生于形气之心，圣人亦不能无，故只可谓人心而未遽为人欲也。然而人欲之作，实由于此，故曰人欲之本。陷于物欲之心，众人遁天而然，故乃名为人欲而变称于人心也。是知人心之初，本不如此，故曰人心之流。此则人心先而人欲后。一正一邪，不可以轻重言也。[②]

在他看来，人欲来自人心，由外界的物质诱惑而生。心是人的枢纽总脑处，为天下之大本，由理气合一而成。心又分道心和人心。道心生于理，为善；人心生于形气，易受外界物欲的影响，易趋于恶和私。心的这种二重性，凸显出个人修养的重要性，即遏制个人心中的物质欲求。人心人欲，一正一邪，人格修养之要，在于以正胜邪，在于人心之“存天理”而不“遁天”，即“遏人欲”。由此引出了退溪关于人格修养、人格美的思想。反过来说，他的人格修养论和人格美思想，奠基于他关于天理人欲的理论之上。

退溪的心学是治心之学。他依据真西山《心经》所阐发的心学，最终归结为知行一致，实现道德伦理的社会化。他说：“大抵心学虽多端，总要而言之，不过遏人欲、存天理两事而已。”“一部《心经》，无非遏人欲、存天理事。在公能精之一之，每遇欲境，便当挥‘勿’旗以退三军而已，更安有他法哉！”[③]退溪从小就受到儒家礼教的熏陶，作为理学家，他有着强烈的理性探求欲望，所谓“遏人欲，存天理”，即要求在形而上的伦理追求和正当欲求满足的基础上，制约超出正常范围内的欲求。

其“人欲”范畴也分为两个方面。退溪的人心，与道心、人欲相关联，是知、情、意的统一。他认为，心兼有形而上的道心和形而下的人心，道心与人心虽相互区别，但相互渗透、相互包含，共存于人之心。人心又包含着人欲，人心与人欲的关系

---

① 《〈传习录〉论辩》，《增补退溪全书》(二)，第334页。

② 《答□侄问目》，《增补退溪全书》(二)，第307页。

③ 《答李平叔》，《增补退溪全书》(二)，第259、257页。

在于前者为后者之本，而后者为前者之流，“人心先而人欲后”，然而人心与人欲并非二物，二者之间的界线只在几微之间，需动态地把握。“饥食、渴饮等事，非独众人，虽上智亦不能无。然所不能无者，天理之正也。才涉于有所则已流于人欲之私矣。”[①]人必然有感性需求，有自然欲望，这种需要欲望是人欲，如饥食、渴饮等事，即使是上智之人、圣人也不能避免，其中含着天理之正。“饮食、男女，至理所寓，而大欲存焉。君子之胜人欲而复天理，由此；小人之灭天理而穷人欲，亦由此。故治心、修身，以是为切要也。”[②]故而退溪认为：“人们只能在实实在在的社会中生存，人们的吃饭穿衣、婚丧嫁娶，都是一些真实的事。这些事，既是人类社会规律‘天理’的反映，也是人类共同追求的‘公利’、‘财货’、‘大欲’的所在。因此他不同意离开人们的‘财利’和吃饭穿衣、‘饮食男女’等去谈天理、人欲和义利问题。”[③]天理与人欲既对立又统一。饮食男女，是天理人欲对立统一的维系点。其对立之处在于二者的不相容，为两极；统一之处在于二者共存于饮食男女之事当中，而且人的情欲本身就是人性的一部分，如其所言：“性者，人之欲。‘欲’字即‘情’字之意也。”[④]故而，人欲其实并不是非要全部扼杀的，正当的欲望须得到正常的满足。生命之欲和道德之善共同存在于人生，是人的两个基本方面。在生命的欲念之流与道德的关系上，就现代的观点来说：

> 我们并不认为生命欲念之流就是浊流，是不道德的，它宁可说是中性的，生命就是生命；我们也不否认在两者之间存在联系，但反对把道德归结为欲念，把对他人的关怀归结为对自己的关怀。道德并非源自非道德的、中性的东西，也不最终流入他。道德自有意义、自有价值，不能把道德之流与生命欲念之流混合为一而贬低道德。所以我们反对结合观，坚持一种分别观，因为我们也不会僭妄到主张生命欲念之流是来自道德、并只向它奔赴[⑤]。

只是，过分的利己情欲或感情欲念须置于仁、义、礼、智、信的规范之中，受其引导并加以限制和克服。道心应支配人心，人心应服从于道心的正确引导，因为仁、义、礼、智、信反映的是人心的理性精神或道德理性。就情感而言，儒家所重视的是道德情感。道德情感发自道德本性，通过仁、义、礼、智、信的引导，最终达到仁的境界，因此，退溪提出通过自我修养及其践履达到仁的境界。

学者赵士林认为：

> 就最根本的价值取向来说，无论儒道都追求一种现世人生中超越的精神

---

① 《答赵起伯问目》，《增补退溪全书》(二)，第 276 页。

② 《答李宏仲》，《增补退溪全书》(二)，第 214 页。

③ 贾顺先：《儒学与世界》，四川大学出版社 2006 年版，第 380 页。

④ 《答权章仲〈心经〉问疑》，《增补退溪全书》(二)，第 256 页。

⑤ 何怀宏：《良心论——传统良知的社会转化》，上海三联书店 1994 年版，第 83 页。

价值，而不是留驻于现世人生中的自然感性层面。它们并不宗教式地否弃人的自然感性欲求，但它们经常强调的是“节欲”，是欲的满足的合理化，并且就在这种强调中，淡化欲，突出理。在欲和理的关系中，欲永远处于被支配、被规范的从属地位。可以为理牺牲欲，却决不能为欲牺牲理。欲虽然没有被简单地否弃，但它却永远也不会是人的本体存在，永远也不会是人生目的。[①]

对于超出正常需求之欲，当“挥‘毋’旗以退三军”。所谓“三军”，指妨碍个人修养的外界干扰如情欲、“欲境”。这种“三军”当以孔子所说的“四毋”即“毋意，毋必，毋固，毋我”(《论语·子罕》)退之、遏之。对于超出正常需求之欲，他说：“知深创两斧之为害，欲消除防检，以免于坑堑之辱。……常自懔惕，以再见堕落为戒。”所谓“两斧”，典出“而惟麴蘖是耽，嫔妃是好，是犹两斧伐孤树，未有不颠仆者”(《元史·阿沙不花传》)，指酒色之欲。退溪认为，大凡知道尊崇德性，就必然不忍心去做亵渎上天神明、怠慢人际礼仪的下流之事；知道求收放心，就必然会勉力于持敬、存诚、防微、慎独，从而远离人欲而谨守其身。即便如此，也要时时提防人欲之险。酒色之欲，防不胜防，为此取辱而为天下诟笑的事，多而可怕，正如朱熹诗《宿梅溪胡氏客馆观壁间题诗自警二首》其二云：“十年湖海一身轻，归对梨涡却有情。世上无如人欲险，几人到此误平生。”故对于人欲之险，当常持懔惕之心，以再现堕落为戒。至于制欲之道，退溪认为是一个艰苦的历程，甚至将之比为战争：“滉之于制欲，如败军之将，愤回溪之垂翅，坚壁清野，枕戈尝胆，厉兵誓士，而敌自不至。其或遇敌，或多设方略不与交锋，而坐销西羌之变；或不得已至于用兵，则当凿城怒牛，一举而扫荡燕寇，斫树发弩，顷刻而蹙死穷庞可也。”[②]比如声名利禄，“声利海中易以溺人，若非在我者硬着脊梁，牢着脚跟，鲜不堕落于坑堑中矣。如欲免此，只在更加励志于真知实践之地，庶见内益重，则外不期轻而自轻矣”[③]。

弗洛伊德将心理分为本我、自我和超我。本我属于生物层面，是动物性的本能冲动，一味要求满足眼前的所有欲望，它按照快乐原则行事。自我处于本我和超我之间，有意识、有理性，是本我的仲裁者，在超我的指导下监督和引导本我，也适当地满足本我的欲望。它按照现实原则来行事。对于本我和自我的关系，弗洛伊德比喻说：

> 在它与本我的关系中，它就像骑在马背上的人，它必须牵制着马的优势力量；所不同的是，骑手试图用自己的力量去牵制，而自我则使用借来的力量。这个类比还可以进一步引申。假如一个骑手没有被马甩掉，他常常是不得不引它走向它所要去的地方；同样，自我习惯于把本我的欲望转变为行动，好像

① 赵士林：《心学与美学》，中国社会科学出版社 1992 年版，第 151 页。

② 《答奇明彦·别纸》，《增补退溪全书》(一)，第 425～426 页。

③ 《与韩永叔》，《增补退溪全书》(二)，第 279 页。

这种欲望是它自己的欲望似的。[①]

超我是道德化的自我，代表良心和自我理想，处于人格结构的最高层，指导自我、限制本我，按照理想原则行事。本我、自我和超我始终处于矛盾运动之中，只有三个“我”和睦相处、平衡发展，才会有健康的人格。退溪之所谓“欲”，大致相当于弗洛伊德的“本我”。如前所述，退溪认为人不能无欲，圣人也不例外，正常正当之欲应得以满足，然欲望不能无限制，必须压制在一定范畴内，挥“勿”旗以退三军，即“制欲”，实际上就是以自我来监督和引导本我。弗洛伊德的“超我”，在一定意义上可以对应于退溪所推崇的圣贤气象。

“遏人欲，存天理”，始终在于一个“敬”字，“‘敬’为圣学之始终”[②]。何谓“敬”？他说：

人心备体用，该寂感，贯动静，故其未感于物也，寂然不动，万理咸具而心之全体无不存；事物之来，感而遂通，品节不差，而心之大用无不行。静则寂而未发之谓也，动则感而已发之谓也。人之所以参三而立极者，不出此两端而已。……未发则为戒慎恐惧之地，已发则为体察精察之时，而所谓唤醒与提起照管之功，则通贯乎未发已发之间而不容间断者，即所谓敬也。[③]

退溪的体用论、动静观等，其实都统一于“敬”字。

退溪要求常持懔惕之心以防人欲之险，即以敬为本、以持敬治心，“敬以为本，而穷理以致知，反躬以践实。此乃妙心法而传道学之要”[④]。故而，以敬为本，在于以持敬之心抑制人欲，使人心在日用之际活跃于穷理致知、反躬践实等活动之中，在体用、动静、理气的相互关系中把握住性情的尺度而得圣贤境界。他认为，人们只看见物欲之害，故而说事物是心的祸患，憎恶外事并求忘掉它们，厌恶动而沉溺于静，不唯老、佛，部分儒者也未能免此；在心物关系上，应该以敬为本，物未来而心不迎，物方来而心毕照，日接万事而心未尝有物、应物而不滞于物，如此则可保持心如明镜止水、不为物害的境界。

日本学者高桥进指出：

“敬”便是如此地贯穿于人的身心活动之全体，并作为形成自我人格的必然根源。若进而说到关于新儒家强调的“穷理”，心如果是处在“敬”的状态，那么，由于它变得最纯粹的而能发挥非比寻常的作用，因而外物的理和心（像水渗透物一样）便相互贯通起来，从而使理的把握成为可能。同样的，用持“敬”去集中心的努力，使学习和练习与作为它的对象的事（情）相互融合在一起，最

① ［奥］弗洛伊德：《自我与本我》，林尘、张唤民、陈伟奇译，上海译文出版社 2011 年版，第 214 页。

② 《敬斋箴图说》，《增补退溪全书》（一），第 210 页。

③ 《答黄仲举》，《增补退溪全书》（一），第 486 页。

④ 《戊辰六条疏》，《增补退溪全书》（一），第 186 页。

> 终便能使学得之事成为我的东西。……由“敬”来统一理论(思)与实践(学)、心(内)与理(外)的主张,是宋代的儒家们还没有提到过的问题。[①]

的确,退溪为着“遏人欲,存天理”而持敬,实质在于治心修身,以求达到具有社会道德伦理的完全人格;心如明镜止水,去人欲而主义理,应接事物而事事中理;内心主敬专一,神明昭彻而真理具足。持敬使天理和人心得以相互贯通,使天理在动静、内外的关系中成为现实的可能,即转化为人格修养实践。正是在这一意义上,与朱子学相较,退溪持敬的实践人生论有了更进一步的含义。学者周月琴对此作了比较论述:

> 在“敬”的问题上,朱子是在为学态度的意义上强调“敬”,在现实人生的理论对策意义上,朱子强调的是“格物穷理”,即通过探求客观事物(包括人类社会及其制度)之理来证明三纲五常之伦理道德的正确性、先验性与神圣性,从而最终达到“遏人欲,从天理”的人生目的;而退溪则是在现实人生的理论对策的意义上强调“敬”的,从而使在程朱哲学中作为为学态度的“敬”获得一种社会生命力。……敬(对圣贤之学的信仰)成为一种现实的人生态度,成为走向圣贤人格的唯一通道。[②]

退溪对异端的驳斥也表现了他重治心和践履的人格修养论。儒家的道统历来被视为尧、舜、禹、汤、文、武、周公、孔、孟之传,朱熹“得千载道统之传”。退溪几乎把道统圣学以外的其他学说全部斥为异学、异端。他说:“东方异端之害,佛氏为甚。……老庄之虚诞,或有耽尚,而侮圣蔑礼之风间作;管商之术业,幸无传述,而计功谋利之弊犹锢。”[③]吾道自足,异端文字移人甚易、使人中毒,不必援引求合而宜戒除,佛家经典、《庄子》诸书甚至到了全然不知亦不妨的地步。而同属儒家的陆象山、王阳明,因学问与朱不合,同样受到退溪的批判甚至严厉的指斥。在他看来,他们的学问是禅而非儒:“陈白沙、王阳明之学,皆出于象山,而以本心为宗,盖皆禅学也。”象山之学“异于吾道”,乃“一超顿之学,以穷理为疲精神,不做问学工夫”,与“释氏不立文字、见性成佛”没有两样,故而他告诫说,儒释之间的差异只在毫厘之间,若工夫粗浅,则会滑向释家一边。至于王阳明,退溪认为他刚愎自用、自以为是,其学说亦颇多差错,且其辩论言辞张皇而有文采,更容易使人迷惑而失去正确的方向、丧其所守,故而他在《〈白沙诗教〉、〈传习录〉抄传因书其后》中严厉指责王阳明“贼仁义、乱天下,未必非此人也”。退溪《〈白沙诗教〉、〈传习录〉抄传因书其后》一文还批评了阳明编纂的《朱子晚年定论》。阳明辑录朱子晚年部分言论编为《朱子晚年定论》,认为朱子在其晚年彻底领悟到自己之前的学说的错误并痛苦、悔

---

① [日]高桥进:《李退溪和主敬哲学》,王根生等译,延边人民出版社1991年版,第207～208页。

② 周月琴:《退溪哲学思想研究》,第88～89页。

③ 《戊辰六条疏》,《增补退溪全书》(一),第188页。

恨到了极点，认为朱子晚年思想已转向心学一边。阳明自云：

> 予既自幸其说之不谬于朱子，又喜朱子之先得我心之同。然且慨夫世之学者徒守朱子中年未定之说，而不复知求其晚岁既悟之论，竞相呶呶，以乱正学，不自知其已入于异端，辄采录而裒集之，私以示夫同志，庶几无疑于吾说，而圣学之明可冀矣。（《传习录·朱子晚年定论·序》）

阳明此说一出即引起极大争议，从结果上看，大多否定阳明所论。退溪则认为，朱子晚年，见其弟子们过多纠缠于文义而确实有过要弟子们依循本体并归重于尊德性的言论，但朱子并未偏向心学，“然是岂欲全废道问学之功、泯事物之事，如阳明所云者哉”？因而认为阳明以心即理之说来穿凿附会朱子学说，是不可取的。

退溪一生的学问事业，奠基于朱熹。然而，朱熹对异端的批判却没有退溪那么激烈。年轻时的朱熹对各种学术流派都有所涉猎，并非专攻儒学。直到他三十一岁时拜李侗为师，才开始正式转向理学的道路上来。当时的儒学相对于佛道而言处于弱势的地位，其原因之一是传统儒学本身的不完善。要提升自身的历史地位，首先必须在传统儒学的基础上有所提高，其方法之一便是借鉴佛道的思维方式，以其长处来改造自身。宋代理学即是儒学部分地吸收和融合了这两家思想的产物。比如“静坐观心，乃新儒家出入释老而返归儒学的心地工夫，是一种将庄禅打并入儒学的切身体验”①；朱熹的“援佛入儒”，即以佛家思辨的论证形式来阐发儒家的思想。总而言之，朱子学中暗含着很多佛道的成分。退溪尊朱以及过激地排斥和批判佛老、管商、陆王及其原因，前文已有详论，不再赘述。这里所要讨论的是他是基于什么立场或者说他从何种角度对他心目中的所谓异端进行论辩、驳斥的。

治心、修身为退溪思想中极为重要的内容，而退溪对于异端的驳斥，也是从这个立场即“心”出发的。退溪认为，异端的“心”学以心观心，容易流入于虚无寂灭，最终堕入灭天理而殄人伦的深渊，与“吾家”之治心、修身之途完全不合。心统括动静，具备和包容万事万物，动与静二者均不可忽视。心的动静之间是辩证的关系，动静之机，要求以理率气，禀气之清。外物触心动情，气禀清浊，形成或善或恶的性情。心在躯壳且在视听，于静中求动，动入于静，方能静主于内而动应于外。心与外物的动静辩证观在于：平常之时，心须如明镜止水，安然勿动；物来则随物而动而不滞于外，日接万殊而心无一事。他极力反对以心观心的寂灭空见，力倡于动静之间格物穷理的践履工夫。总之，退溪治“心”，重动静的辩证关系，穷理而验于践履。

儒家的为己之学在于完善自我，自我成圣，成就理想人格，达到理想的人生境界。《退溪先生言行通录》载退溪语：“君子之学，为己而已。所谓为己者，即张敬夫所谓无所为而然也。如深山茂林之中有一兰草，终日薰香而不自知。其为香，正合

---

① 张毅：《儒家文艺美学——从原始儒家到现代新儒家》，第247页。

于君子为己之义，宜深体之。”又引杜甫《愁》诗“盘涡鹭浴底心性，独树花发自分明”解释说：“为己君子，无所为而然者，暗合于此意思。学者须当体验‘正其谊不谋其利，明其道不计其功’，若小有一毫为之之心，则非学也。”人格要如兰草之薰香，须知道理、行德行：“为己之学，以道理为吾人所当知，德行为吾人所当行，近里着工，期在心得而躬行者是也。为人之学，则不务心得躬行而饰虚，徇外以求名取誉者是也。”故此，为己之学在于治心，治心成于日用工夫之践履，即知行并进、表里如一。“卧云庵里存心法，观善斋中日用功。要识讲明归宿处，请将践履验吾躬。”退溪这首《示诸友》诗，即是围绕“心法”、“日用”、“归宿”、“践履”等方面向弟子们提出的要求。

践履，是身心的亲切体认，日用之间，读书玩理、洒扫应对均可用工，随时随地而持之以恒，所谓“勿忘勿助，敬义夹持，无少间断，此最紧切工夫”[①]。有人问为何陆象山之学为异端，他回答说：“为佛者灭绝天理，亏毁发肤。今象山非有此事，只是为一超顿悟之学，以穷理为疲精神，不做问学工夫。正如释氏不立文字、见性成佛何异？此象山所以为异于吾道也。然儒释之间，判于毫厘，吾道之功浅，则定归于释矣。”[②]在退溪眼里，在修身治心方面，象山之学乃“一超顿悟之学”而“异于吾道”，所谓“以穷理为疲精神”、“不做问学工夫”，即以心观心的寂灭空见，最终会堕入“佛者灭绝天理”之域。故而，退溪特别反对禅宗之“悟”，认为圣学治心之法与禅家顿悟之机相左：“禅家顿悟之机，圣门无此法。”[③]圣门之学，重“涵养体察”的践履工夫，使“人事”切于“天理”：“见喻涵养体察吾家宗旨，天理人事本非二致，善矣。但悟之一字，力主言之，此则葱岭带来顿超家法，吾家宗旨未闻有此。”[④]其诗《明诚斋》亦云：“明诚旨诀学兼庸，白鹿因输两进功。万理一原非顿悟，真心实体在专攻。”其中的“学兼庸”指《大学》和《中庸》，退溪说：“《大学》，学者事也，而曾子必以格致诚正为知行之训；《中庸》，教者事也，而子思必以择善固执为知行之道。”[⑤]台湾学者王甦评曰：“日事明诚，工夫在熟。重思复践，用力要深。重思在求知之真，复践才是行之力。大学是方法论，注重格物致知。中庸是本体论，注重慎独存诚。明诚的旨诀全在大学中庸二书，其学问工夫，全在身体力行。由行以求知，因知以进行。所谓‘真心实体在专攻’，就是要一心一意地去力行。”[⑥]这种重视身体力行的工夫论，与顿悟是格格不入的。其诗《玩乐斋》云：“主敬还须集义功，非忘非助渐融通。恰臻太极濂溪妙，始信千年此乐同。”“渐融通”，自然来自一点一滴的日常工夫。

---

① 《答南时甫》，《增补退溪全书》(一)，第368页。

② 《李子粹语》卷四，《增补退溪全书》(五)，第440～441页。

③ 《〈白沙诗教〉辩》，《增补退溪全书》(二)，第332页。

④ 《答南时甫·别幅》，《增补退溪全书》(一)，第362页。

⑤ 《天命图说》，《增补退溪全书》(三)，第144页。

⑥ 王甦：《退溪学论集》，第58页。

再如，朱熹《再题西林可师达观轩》诗云："古寺重来感慨深，小轩仍是旧窥临。向来妙处今遗恨，万古长空一片心。"退溪评论说："所谓'长空一片心'者，语意旷荡虚邈，悬空说著，全似禅家顿超气味，不类吾儒说心处。"[①]他认为，朱熹诗表现出来的是禅家思想，不是儒家治心之道。但作为理学宗师，朱熹为何会犯这样的错误呢？退溪解释说，"长空一片心"的确全是禅家顿悟超然的气味，然联系前一句"向来妙处今遗恨"，可以看出，朱熹是在遗恨往日一向自以为妙悟之处，即误入了"妙处"，"误认吾心为万古长空一片孤悬底物，其误入如此，所以为可恨云尔耶"。这个误入之处，正是"万古长空一片心"。其实，该诗作于朱熹再次拜访李侗之时，其时朱熹才正式转入理学之路。由此看来，其思想中包含着佛禅思想，是很正常的事，朱熹也说自己曾"禅、道、文章、《楚辞》、诗、兵法，事事要学，出入时无数文字"(《朱子语类》卷一〇四)。退溪为朱熹所作的辩解，自有几分道理。然而无论如何，对于朱熹诗中所表现的禅家气味，退溪的意见，从其语气来看是有所保留的。

"悟"是禅宗的重要范畴，是佛禅的思维方式，大致指志思、寂想、静虑。"悟"，即通过戒、定、慧三学获得的对佛性这个终极本体的了然于心。"悟"的是真空妙理，不立文字，直指人心，明心见性。其根本要义在于"识心见性，自成佛道"，从而达到清虚空灵的心境。禅宗的顿悟是借助禅机，刹那间的彻悟，与我们所说灵感有一定的相似之处。"悟"在南北两宗各分"顿悟"和"渐悟"，禅风殊异，然二者实大有关联，求深彻之"悟"，由浅入深，由"渐"而"顿"，进入并体味生命。

禅悟至少在魏晋时期就已介入诗艺，至唐宋两代，以禅作诗、以禅入诗成为一时风尚。唐代诗僧皎然评价谢灵运说："康乐公早岁能文，性颖神澈，及通内典，心地更精，故所作诗，发皆造极，得非空王之道助耶?"(《诗式·文章宗旨》)所谓"空王"即指佛学，得"空王"之助，故"有时意静神王，佳句纵横，若不可遏，宛如神助"(《诗式·取境》)。禅悟对艺术意境的影响是深刻的，吴可《学诗》云："学诗浑似学参禅，竹榻蒲团不计年。直待自家都了得，等闲拈出便超然。"诗之"悟"与禅之"悟"是相通的，一旦"悟"由禅的领域转入艺术领域，心灵之境即为艺术之境，意境便充满了禅的精神和意蕴。苏轼强调"悟"的"静"、"空"状态，强调空明澄澈的审美心境："欲令诗语妙，无厌空且静。静故了群动，空故纳万境。"(《送参寥师》)"悟"因静而动，由渐而顿，进入宇宙自然大化，实现生命的自由和精神的永恒，其中却又悄然融入了哲思与情怀。因此宗白华先生说："禅是动中的极静，也是静中的极动，寂而常照，照而常寂，动静不二，直探生命的本原。禅是中国人接触佛教大乘义后体认到自己心灵的深处而灿烂地发挥到哲学境界与艺术境界。静穆的观照和飞跃的生

---

① 《答李刚而·别纸》,《增补退溪全书》(一),第539页。

命构成艺术的两元，也是构成‘禅’的心灵状态。”[①]

严羽以禅喻诗，提出妙悟说：“大抵禅道惟在妙悟，诗道亦在妙悟。且孟襄阳学力下韩退之远甚，而其诗独出退之之上者，一味妙悟而已。惟悟乃为当行，乃为本色。”（《沧浪诗话·诗辨》）严羽认为，“悟”与人的才力并无必然联系，它是审美直觉的瞬间体悟，是诗歌的创造力，是诗歌创作的根本途径和方法。严羽从其“妙悟”说出发，认为意境就是一种透彻玲珑的空灵境界：“诗者，吟咏情性也。盛唐诸人，惟在兴趣，羚羊挂角，无迹可求。故其妙处透彻玲珑，不可凑泊，如空中之音、相中之色、水中之月、镜中之象，言有尽而意无穷。”（《沧浪诗话·诗辨》）这正是禅宗的“悟”与诗歌相结合产生的空灵的审美境界。由“妙悟”所达到的空灵之境，正是司空图所说的“超以象外，得其环中”、“不着一字，尽得风流”（《二十四诗品·含蓄》）之境，也正是禅宗不立文字、教外别传的奥妙空灵之境。

“悟”的范畴在历史上的流变以及作为一种特殊的思维方式对于诗歌的重要作用，为何退溪视而不见呢？原因之一是维护儒学或曰理学的治心之学的正统地位。如其诗《奉酬南时甫（彦经）见寄》所言：“圣门言达不言悟，功在循循积久中。既道无为便脱误，如何自说落禅空。”原因之二是强调的侧重点不同。前述之“悟”已从作为其根本心法的含义延伸到诗艺，即禅悟对诗艺的重要推动作用，而退溪在这里强调的是日用之际的践履工夫对于修身治心的重要性，“其理至于融会，敬至于专一，皆深造之余自得之耳，岂若一起顿悟，立地成佛者之略见影象于恍惚冥昧之际，而便谓一大事已了耶。故穷理而验于践履始为真知，主敬而能无二三方为实得”[②]。从根本上说，对“悟”之忌惮，是防落入禅空，排佛崇儒。

二、随处随时，存养省察——人格美育

> 此一静一动，随处随时，存养省察，交致其功之法也。果能如是，则不遗地头而无毫厘之差，不失时分而无须臾之间。二者并进，作圣之要，其在斯乎。
>
> ——李退溪《夙兴夜寐箴图说》

“遏人欲，存天理”在于持敬的心法，而持敬又表现在言行举止的方方面面。朱熹对穿戴、起居、出行、言行等都作出过严格的道德规范，作有《敬斋箴》云：

正其衣冠，尊其瞻视。潜心以居，对越上帝。足容必重，手容必恭。择地

① 宗白华：《美学散步》，第76页。

② 《答李叔献》，《增补退溪全书》（一），第370页。

而蹈，折旋蚁封。出门如宾，承事如祭。战战兢兢，罔敢或易。守口如瓶，防意如城。洞洞属属，罔敢或轻。不东以西，不南以北。当事而存，靡他其适。勿贰以二，勿叁以三。惟精惟一，万变是监。从事于斯，是曰持敬。动静弗违，表里交正。须臾有间，私欲万端。不火而热，不冰而寒。毫厘有差，天壤易处。三纲既沦，九法亦斁。于乎小子，念哉敬哉。墨卿司戒，敢告灵台。(《朱文公文集》卷八五)

朱熹的三传弟子王柏(鲁斋)据其制成《敬斋箴图》，退溪评曰："金华王鲁斋柏排列地头作此图，明白整齐，皆有下落。"[①]并在其《圣学十图》中，列王柏《敬斋箴图》原图为第九图(见图 5-1)。

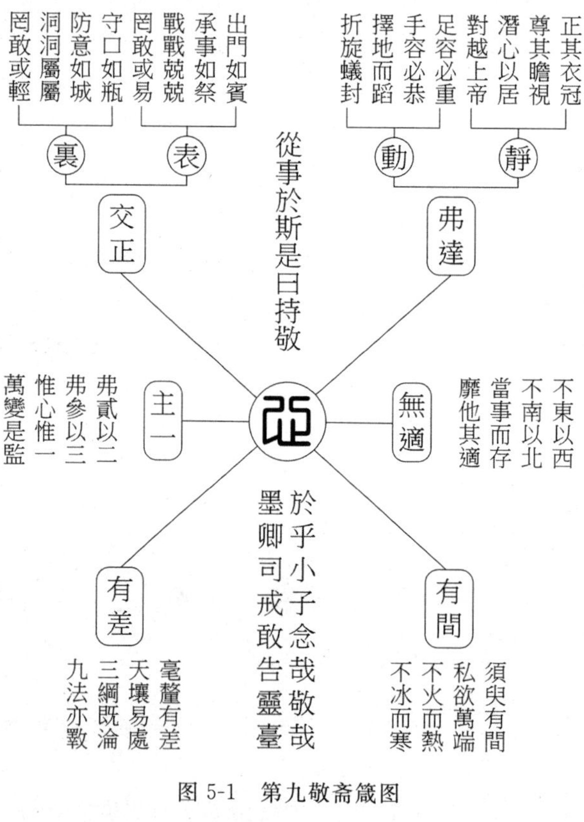

图 5-1　第九敬斋箴图

退溪认为，总朱熹的《敬斋箴》，则为一个"敬"字，并要求以之为心法，体玩警省于日用之际、心目之间："常宜体玩警省于日用之际、心目之间而有得焉。则敬为圣

① 《敬斋箴图说》，《增补退溪全书》(一)，第 209～210 页。

学之始终，岂不信哉！”这是退溪注重践履的体现，而日用践履之心法在于持敬。持敬之细目，正如图所示，“于做工好有据依”而避免陷于空谈。

在《圣学十图》中，退溪列《夙兴夜寐箴图》为第十图（见图 5-2）。《夙兴夜寐箴》本为陈柏（茂卿）所作。《夙兴夜寐箴图》是退溪以《夙兴夜寐箴》为蓝本，依效王柏《敬斋箴图》而作的，“以与彼图相对”，可以看作第九图《敬斋箴图》的补充，二者都是围绕着敬与日用工夫来展开的。退溪对该二图作了这样的区分：“盖《敬斋箴》有许多用工地头，故随其地头而排列为图；此箴有许多用工时分，故随其时分而排列为图。”一是从“用工地头”即空间条目入手，一是从“用工时分”即时间条目入手。

如果说，第九图侧重于日用之际、心目之间的“作为圣学之始终”的持敬心法，那么第十图则侧重于以敬为核心来规范日用践履中的行为和思想情感。全图如下：

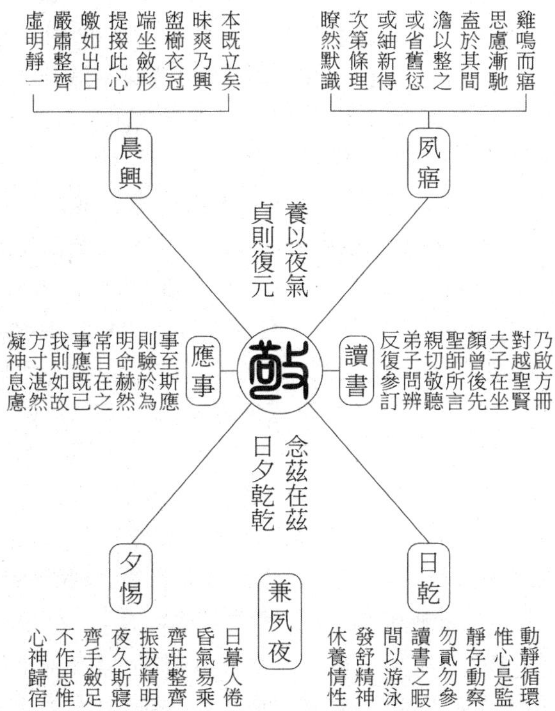

图 5-2　第十夙兴夜寐箴图

该图对晨寤到夜寝的行为举止，包括性情修养等方面，作了详细的规范。总第十《夙兴夜寐箴图》，退溪说：

> 夫道之流行于日用之间，无所适而不在，故无一席无理之地，何地而可辍

> 工夫？无顷刻之或停，故无一席之时，何时而不用工夫？故子思子曰："道也者，不可须臾离也。可离非道也。是故君子戒慎乎其所不睹，恐惧乎其所不闻。"又曰："莫见乎隐，莫显乎微。故君子慎其独也。"此一静一动，随处随时，存养省察，交致其功之法也。果能如是，则不遗地头而无毫厘之差，不失时分而无须臾之间。二者并进，作圣之要，其在斯乎。[①]

敬的工夫贯穿于人生的每时每刻、每处每事，所谓"道之流行于日用之间，无所适而不在，故无一席无理之地，何地而可辍工夫？无顷刻之或停，故无一席之时，何时而不用工夫"？这是退溪之道在日用的具体体现和运用。可以看出，退溪把严格的道德规范落实于现实生活的时时刻刻和点点滴滴，从中提高个人修养。无论是独处还是群乐，都严格以这种道德规范为准则，并时时体悟理之流行。他说："所云谨独为日用亲切工夫，此固为确论，又须见得此理流行，无物不有，无时不然，故吾之用工亦当无时无处而不用其力焉。盖谓酬酢处既常戒谨，而于独处尤当加谨耳，非谓可忽于彼而只谨于此也。"[②]下学上达即在于从日用工夫见理之流行，其终极目标指向天理，故而，在教育方法上，退溪同时强调指示源头本然处的重要性，认为下学而上达固然是普通顺序，但其弊端在于，如果学者学久而无得则容易中途而废，"不如指示本原也，故先生之接引学者，颇指示源头处"[③]。

但这并不是说退溪完全就是一幅庄严整肃的形象。前文已论及，践履可从方方面面入手，随时随地体认潜玩方能融会贯通，但又不可操之过急，要适当加以调节之法。为学求道应松弛有度，太过紧切于穷理格物，反而为其所累。解决方法有：第一，须将世间穷通得失、荣辱利害一切置之度外，不以累于灵台。第二，人心与日常待物和山水的关系，凡日用之间，少酬酢，节嗜欲，虚闲恬愉以消遣，至如图书花草之玩，溪山鱼鸟之乐，苟可以娱意适情者，不厌其常接，使心气常在顺境中。一方面要硬着脊梁去做，同时不必计较短期成效，另外还须时时虚闲修养。可以说，退溪的为学休养与休闲适情是辩证的：

> 《夙兴夜寐箴》亦谓读书之暇，间以游泳，发舒精神，休养情性，皆此意也。然非欲学者，流于怠慢放肆之谓也。只是虚心玩意，以悦适性情，宣畅堙郁，调和气体而已。而其于俯仰顾眄之顷，优游涵泳之际，昔所辛苦而不得者，又往往不觉其自呈露于心目之间。朱子白鹿诗所谓"深源自闲中得，妙用元从乐处生"是也。夫闲中所得之深源、乐处所生之妙用，岂曾无辛苦积累之功，而一朝无故自得且自生哉！其所由所因者久且厚，故所得所生者能深远而无穷矣。[④]

---

① 《夙兴夜寐箴图说》，《增补退溪全书》(一)，第210～211页。

② 《答南时甫》，《增补退溪全书》(一)，第365页。

③ 《退溪先生言行通录》卷二，《增补退溪全书》(四)，第31页。

④ 《答李平叔》，《增补退溪全书》(二)，第263页。

可见，一则退溪要求在随时随地无间断、无懈怠的日常践履中排除邪思妄想，不为物欲所累，不为功利所动，使身心虚闲恬愉、娱意适情，心体湛然若水，二则认为在这样的优游涵泳之际，反而可能体得辛苦努力中不能体得的东西，同时又认为闲中乐处体得的妙用又来自于平日辛苦积累之功。说到底，无论是为学、日用践履还是悦性适情，都在于一个“敬”字。

“遏人欲，存天理，”关键在于持敬，在日用工夫中以“敬”的心法一以贯之。“敬”是心的主宰原则。他说：“敬者一心之主宰，而万事之本根也。”[①]又说：“苟非敬以一之，安能保其性，而立其体哉？此心之发微，而为毫厘之难察，危而为坑堑之难蹈。苟非敬以一之，又安能正其几，而达其用哉？”[②]心兼有形而上的道心和形而下的人心，人心又包含着人欲。人心与人欲并非二物，二者之间的界线只在几微之间，需在日用践履之际，通过持敬的工夫动态地把握。退溪列程林隐《心学图》为《圣学十图》第八图（见图 5-3），并引其说云：“心者一身之主宰，而敬又一心之主宰也。”[③]其第一《太极图》又引朱熹语云：“敬则欲寡而理明，寡之又寡以至于无，则静虚动直而圣可学矣。”[④]他在《答李平叔》信中亦说：“大抵心学虽多端，总要而言之，不过遏人欲、存天理两事而已。故‘戒惧’以下所言诸说，不问已发与未发，做工与不做工，凡遏人欲事当属人心一边，存天理事当属道心一边，可也。程林隐《心学图》

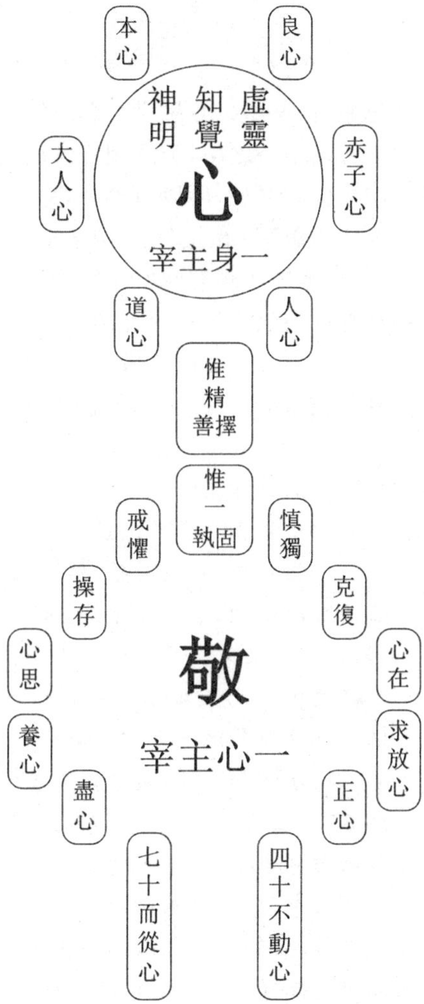

图 5-3　第八心学图

① 《大学经》，《增补退溪全书》（一），第 203 页。

② 《天命图说》，《增补退溪全书》（三），第 144 页。

③ 《心学图说》，《增补退溪全书》（一），第 208 页。

④ 《太极图说》，《增补退溪全书》（一），第 199 页。

意正如此。”[①]持敬才能寡欲、明理，即“遏人欲，存天理”。退溪的“敬”与日用践履密不可分，是穷理躬行的心法妙道：“敬以为本，而穷理以致知，反躬以践实。此乃妙心法，而传道学之要。”[②]“敬”为心之主宰，才能穷理致知、反躬践实。因此退溪说：“持敬者，又所以兼思学，贯动静，合内外，一显微之道也。其为之之法，必也存此心于齐庄精一之中，穷此理于学问思辨之际，不睹不闻之前，所以戒惧者，愈严愈敬。隐微幽独之处，所以省察者，愈精愈密。”[③]

要之，“敬”乃治心之法、圣学根本，是圣学的方法、原理和目的。既然持敬如此重要，如何才能实现它呢？在儒者看来，伦理道德是衡量人的一切活动的最高标准并体现在社会生活的各个方面，日用工夫是进德修业、近道之途。《中庸》云：“修道之谓教。”所谓“道”即以伦理道德为内核的圣贤之道，故而“教”即为教习圣贤之道的教育。儒家对伦理道德的注重，要求反求诸己而实现道德的自我修养和完善。从个人方面，上述《敬斋箴图》和《夙兴夜寐箴图》已有所规定。在社会方面，退溪认为须从教育的具体实施入手。

朱熹对小学和大学的区别、教育对象和教育内容作了具体规定：

> 三代之隆，其法浸备，然后王宫、国都以及闾巷，莫不有学。人生八岁，则自王公以下，至于庶人子弟，皆入小学，而教之以洒扫、应对、进退之节，礼乐、射御、书数之文。及其十有五年，则自天子之元子、众子，以至公、卿、大夫、元士之适子与凡民之俊秀，皆入大学，而教之以穷理、正心、修己、治人之道。(《四书章句集注·大学章句序》)
>
> 小学涵养此性，大学则所以实其理也。忠、信、孝、弟之类，须于小学中出；然正心、诚意之类，小学如何知得？须其有识后，以此实之。大抵大学一节一节恢廓展布将去，然必到于此而后进。既到而不进，固不可；未到而求进，亦不可。”(《朱子语类》卷一四)

退溪也认为，人的教育和修养工夫须分小学、大学两个阶段，先小学、后大学，先后递次而进。同样，小学、大学二者在培养方法、规模和作用上不相等同，比如小学的基本目标是奠定和培养德性之根，在此基础上，在大学阶段才能扩大学问和修养的规模、范围，所谓“养德性而立根本，在乎小学；广规模而达干支，在乎大学”[④]。

退溪根据朱熹思想，特别是关于小学、大学之别的思想，制成《小学图》，作为《圣学十图》第三图(见图 5-4)。

其制作起因和过程，退溪自云：

---

① 《答李平叔》,《增补退溪全书》(二)，第 259 页。

② 《戊辰六条疏》,《增补退溪全书》(一)，第 186 页。

③ 《进〈圣学十图〉札》,《增补退溪全书》(一)，第 197 页。

④ 《李子粹语》卷二,《增补退溪全书》(五)，第 258 页。

> 右小学，古无图。臣谨依本书目录为此图，以对大学之图。又引朱子《大学或问》通论大小之说，以见二者用功之梗概。盖小学、大学相待而成，所以一而二、二而一也。[①]

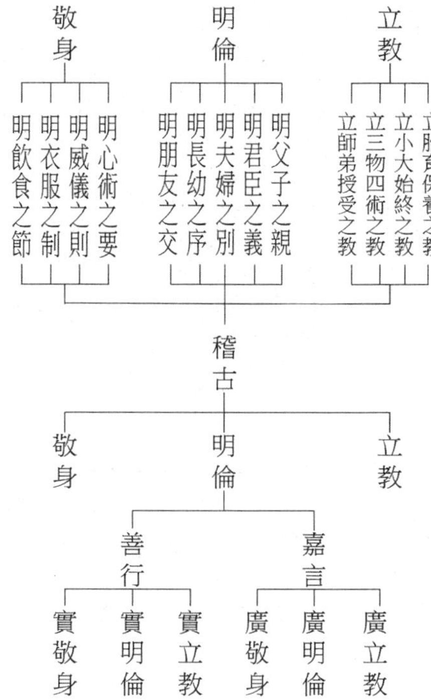

图 5-4　第三小学图

《小学图》分三纲：立教、明伦、敬身。三纲之下具体又分细目，其中，“立教”分为“立胎育保养之教”、“立小大始终之教”、“立三物四术之教”、“立师弟授受之教”四目；“明伦”即明“五伦”，分为“明父子之亲”、“明君臣之义”、“明夫妇之别”、“明长幼之序”、“明朋友之交”五目；“敬身”分“明心术之要”、“明威仪之则”、“明衣服之制”、“明饮食之节”四目。退溪受宋儒特别是朱熹影响最深，认为教育以及由此而形成的个人修养，其核心在于“明伦”。他说：“抑尝闻之，人之有道也，无教则近于禽兽，圣人有忧之，教以人伦。三代之学皆所以明人伦也。”[②]所谓“明人伦”，正是第三《小学图》中的“明父子之亲”、“明君臣之义”、“明夫妇之别”、“明长幼之序”、“明朋友之交”。退溪以“明人伦”为小学教育之目的，因此，在该图中，三纲（“立教”、“明伦”、“敬身”）又以“明伦”为目的旨归。达到“明伦”的目的，则个人修养表现为“嘉言”、“善行”，从而又回报三纲（“立教”、“明伦”、“敬身”），分别对应为“广立教”、“广明伦”、“广敬身”，“实立教”、“实明伦”、“实敬身”。如此循环，进而达到儒者心目中父子有亲、君臣有义、夫妇有别、长幼有序、朋友有信的社会和谐之旨。

按照教育年龄和教学内容，教育之第一步为小学，第二步则为大学，然则二者是相通的：

> 先王教人之法今可见者，小学、大学也。小学之教，固所以尽人事之纤微曲折。至于大学，虽有以极其规模之大，然以言乎其知，则就事物而言空格，以

① 《小学题辞》，《增补退溪全书》（一），第 202 页。

② 《伊山书院记》，《增补退溪全书》（二），第 362 页。

言乎其行，而达之于天下，其教之有序而学之务实也。

故此，在第三《小学图》之后，退溪列《大学图》为《圣学十图》第四图(见图 5-5)。

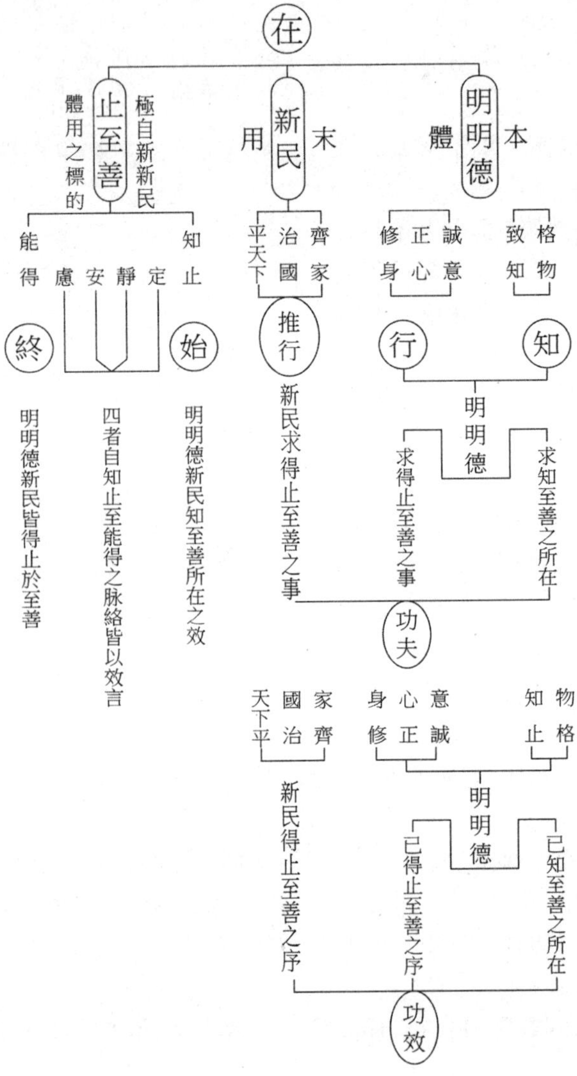

图 5-5　第四大学图

《大学图》源于《大学》而由朝鲜李朝初期的儒者权近绘成。退溪以之作为教育的第二步。《大学》制三纲领，分别为“明明德”、“新民”、“止至善”。第四《大学图》以“明明德”为“本”和“体”，以“新民”为“末”和“用”，以“止至善”为“极自新新民”和“体用之标的”。“明明德”下分“格物”、“致知”、“诚意”、“正心”、“修身”，其中前二者为行,后三者为知。知的目的在于“求知至善之所在”,而行的目的在于“求得止至善之事”。知行合一则可“明明德”。“明明德”均属于践履功夫的范畴。同时,“新民”也属于功夫范畴。“新民”为“末”和“用”,分“齐家”、“治国”、“平天下”,其目的仍在于“求得止至善之事”。因而,三纲领之中“明明德”与“新民”二者,都属于功夫论。只不过,在“明明德”纲领之下,“格物”、“致知”而得“物格”、“知止”,从而就个人修养而言成就“已知至善之所在”;“诚意”、“正心”、“修身”而得“意诚”、“心正”、“身修”,从而就个人修养而言成就“已得止至善之序”。在“新民”纲领之下,“齐家”、“治国”、“平天下”而得“家齐”、“国治”、“天下平”,从而就个人修养而言成就“新民得止至善之序”。“止至善”则为前二纲领之标的。所谓“标的”,为“知止”、“能得”,以“知止”为始,“知至善所在之效”;以“能得”为终,“皆得止于至善”。因此,第四《大学图》仍在于强调个人日用践履和修养工夫,以之为近道、体仁、至善的手段,这也是退溪个人修养与教育论中的方法论。

《圣学十图》是一个整体,具有内在的逻辑性,就前述《小学图》和《大学图》而言,“非但二说当通看,并与上下八图,皆当通此二图而看。盖上二图是求端扩充,体天尽道极致之处,为小学、大学之标准本原。下六图是明善诚身,崇德广业用力之处,为小学、大学之田地事功”①。退溪重践履的日用工夫,更加注重后者即日用之敬畏或曰敬畏之日用工夫。他在图说《大学经》中说:

> 敬者,一心之主宰,而万事之本根也。知其所以用力之方,则知小学之不能无赖于此以为始;知小学之赖此以始,则夫大学之不能无赖乎此以为终者,可以一以贯之而无疑矣。盖此心既立,而由是格物致知以尽事物之理,则所谓尊德性而道问学;由是诚意正心以修其身,则所谓先立其大者而小者不能夺;由是齐家治国平天下,则所谓修己以安百姓,笃恭而天下平。是皆未始一日而离乎敬也,然则敬之一字,岂非圣学始终之要也哉?

同样,就其《圣学十图》而言,退溪强调,十图都要以“敬”为主,其中第九《敬斋箴图》和第十《夙兴夜寐箴图》,更是“敬”的心法在日用之际的详细条目,是其人格美育的具体落实。因此,在《圣学十图》中,从人格教育这一角度来说,第三《小学图》、第四《大学图》、第九《敬斋箴图》和第十《夙兴夜寐箴图》联系最为紧密,可互为参照。

比如,都在接受小学、大学,然终究有人学有所得而有人学而无成,何故?孔子所讲的,不唯孝、悌、忠、信、《诗》、《书》、执礼等,所教的“仁”,也不过是为仁之事而已,然三千门徒游于孔门,虽随材成就,各有所得,但其一贯之道只有曾子、子贡能够领悟,何故?其要害全在一个“敬”字工夫。同样,朱子之学全体大用皆已具备,

---

① 《大学经》,《增补退溪全书》(一),第203页。

其为学者立规特以五伦为本原，同时辅之以为学之次序，终之以笃行之实事。诸如此等，也都不必完全道出道体之整全，而所谓一贯之旨、为邦之道，只是有待而发、待人领悟而已，并非疏忽遗漏。这正是孔门之遗意，朱子之教法。博学以下讲致知，笃行以下讲力行。从这两方面来教导天下之学者，虽然理无精粗，但可由粗而得精；语意已然贯彻上下，学者依此下学而上达。如同诸人聚河饮水，各人所饮多少会各有不同一样，领悟得多的则为圣贤，领悟得少的则为善士。总之，“至其所自为说，则其言虽多，要以诚敬为主，毋不敬以上，主敬而言；道有体用以下，主诚而言。其主敬而言者，辞气之间，虽有急迫之病，龃龉之疵，尚不至大缪矣”[①]。

退溪对于四书五经、诸子百家典籍以及朱书在教学中的先后安排有系统思索。《退溪先生言行通录》载：“先生教人，先之以《小学》，次及《大学》，次及《心经》，次及《语》、《孟》，次及朱书，而后及诸经。”首先，读书要以《小学》、《大学》为根本。就《小学》而言，“《小学》体用俱备，固不可不读”。读《小学》而知洒扫之节、孝悌之道，“先生自己卯岁读《小学》，已自讲洒扫之节、孝悌之道”。如果说，《小学》如修正地基，那么《大学》则如结构于地基之上的大厦，只修地基而不筑屋是半途而废，筑屋而不修地基则是空中楼阁，小学为始，大学为终，“朱子《大学或问》初面以《小学》为《大学》之根本，而其通而为一之工夫，则又以敬为大本。《小学》虽释之以‘小子之学’，入《大学》后，亦不可舍此而专事《大学》也。故曰，圣学之所以成始、成终，《小学》所以成始，《大学》所以成终也”[②]。其次，退溪认为，“《大学》入德之书，而学者之事也；《中庸》明道之书，而教者之事也；《论语》入道之书，而敦乎仁博乎义；《孟子》卫道之书，而遏人欲存天理”[③]。所谓“入德”、“明道”、“入道”、“卫道”，其核心都是道与德，都是圣贤之学。对于朱书与四书，《退溪先生言行通录》载退溪语：“人能读此（按：指《朱子书节要》），则可知为学之言。既知其方，则必且感发兴起，其驰外之心少间矣。从此做功，积习既久，然后回看四书，则圣贤之言，将节节有味于身上，方有受用处。故而，退溪要求在《小学》、《大学》的基础上，参以《论语》、《孟子》、《中庸》及《诗经》、《尚书》诸书作为补充，“每自体念如明伦篇及敬身篇，明心术之要、明威仪之则等处，顷刻不忘。日用之间，天理流行，支支节节，无不照管，《大学》规模，以此填之。其他如《语》、《孟》、《中庸》及《诗》、《书》诸书，皆当填之于《大学》之规模而为之修妆。”另须一提的是，退溪非常看重真德秀《心经》一书，《年谱》说“先生于《心经》尊尚尤至，以为不下于《四子》、《近思录》”。退溪自言：“吾得《心经》而后，始知心学之渊源，心法之精微。故吾平生信此书如神明，敬此书如严父。”[④]“只默念

---

① 《答黄仲举论〈白鹿洞规集解〉》，《增补退溪全书》（一），第 479 页。

② 《退溪先生言行通录》卷二，《增补退溪全书》（四），第 28 页。

③ 《四书总论条目》，《陶山全书》（四），第 326 页。

④ 《退溪先生言行通录》卷二，《增补退溪全书》（四），第 24 页。

声诵其经文，已觉一生知得不能尽，行得不可穷。矧乎附注，实濂、洛、关、闽之渊海。每入其中，不自胜其望洋向若之叹也。"[1]因为退溪最重视"治心"，认为"治心"之法是与异端相别的根本。在广阅诸书的过程中，须特别留意明心术之要、明威仪之则等处，即如前所说的"明伦"。退溪认为，道流行发见于天地之间，无所不在，故读书须注意践履并时时留意源头处，于日用之间、人伦之间默体道之流行以近道。

退溪的人欲天理论、持敬思想、建书院订训条等，都是为了人格的完善。这里所说的人格当然是指道德人格；人格的完善，在儒者看来，即为天理的恢复。张立文先生指出：

> 如何克去"人欲"，而恢复"天理"，便关系道德修养论。道德修养论是完成道德理想人格和达到道德理想境界的重要方法和手段。中国传统的儒家思想，与基督教、伊斯兰教的根本区别，是不讲彼岸天国，不讲超人的救世主，而讲现实尘世和重视人的自我价值。因此，理想人格的完成，道德理想境界的实现，不能期望神的启示、超度和拯救、赐给，而只能依靠人自身独立地涵养，能动地修炼，而达到道德的完善，天理的恢复[2]。

道德的完善、天理的恢复，植根于现实生活之中，讲究"反躬以践实"。退溪的人格美论思想，可以说是以敬为本的践实的人生论。

故此，退溪虽更偏重内圣的垂范，但并不囿于书斋。比如他认为，孝悌忠信乃人道之大本，而家庭与乡里恰恰是实际执行孝悌忠信之地，"士者亦必修于家，著于乡"，况且"乡俗之间，远于王灵。好恶相攻、强弱相轧，使孝悌忠信之道或尼而不行，则弃礼义捐廉耻日甚，流而为夷狄禽兽之归，此实王政之大患也"，因此患于"人心无恒，习俗渐讹，清芬罕闻而蘖芽间作"[3]的恶劣风气而订立乡约。乡约如下：

> 父母不顺者（不孝之罪，邦有常刑，故姑举其次）；兄弟相阋者（兄曲弟直均罚；兄直弟曲止罚弟；曲直相半兄轻弟重）；家道悖乱者（夫妻殴骂，黜其正妻，妻悍逆者减等。男女无别，嫡妻倒置，以妾为妻，以孽为适，适不抚孽，孽反陵适）；事涉官府，有关乡风者；妄作威势，扰官行私者；乡长凌辱者；守身孀妇，诱胁污奸者。
>
> 已上极罚（上中下）
>
> 亲戚不睦者；正妻疏薄者（妻有罪者减等）；邻里不和者；侪辈相殴骂者；不顾廉耻，污坏士风者；恃强凌弱，侵夺起争者；无赖结党，多行狂悖者；公私聚会，是非官政者；造言构虚，陷人罪累者；患难力及，坐视不救者；受官差任，凭公作弊者；婚姻丧祭，无故过时者；不有执纲，不从乡令者；不伏乡论，反怀仇怨

---

① 《答赵士敬》，《增补退溪全书》（一），第563页。

② 张立文：《李退溪思想研究》，第270页。

③ 《乡立约条序》，《增补退溪全书》（二），第352页。

者;执纲徇私,冒入乡参者;旧官饯亭,无故不参者。

已上中罚(上中下)

公会晚到者;斋坐失仪者;座中喧争者;空坐退便者;无故先出者。

已上下罚(上中下)

元恶乡吏、人吏,民间作弊者;贡物使滥征价物者,庶人蔑士族者。

韩国李东薰《退溪先生所作"乡立约条"之现代性的意义》一文认为,"乡立约条"对于现在和未来的人伦纪纲教示具有重要意义:西欧物质万能的个人主义思想流入污染,以仁义礼智、孝悌忠信为本之儒教或家庭伦理与社会纪纲受到严重损坏,滋生了夫妻相虐、邻里不和、凭公贪私等恶风,对于健康的恢复,"乡立约条"起着非常平易而有用的指南盘的作用。[①] 从历史发展看,这些乡约条规浸染着封建时代的色彩,已不完全适合现今社会的要求,但其正人格、美风俗的核心思想却不会过时。"儒先辈出,羽仪王朝者前后接踵,观感熏陶乡风最美"[②]式的表率作用,确实是值得肯定的。

三、言所难状,乐亦无涯——人生境界

> 无欲自得之人,清明高远之怀,闲遇着光风霁月之时,自然景与意会,天人合一,兴趣超妙,洁净精微,从容洒落底气象,言所难状,乐亦无涯。
>
> ——李退溪《答李宏仲》

退溪对道德规范作严格要求的同时,在自身行为举止上重礼仪,身体力行,表里如一。其门人金诚一这样描述退溪的言行举止和道德操守:

其可见之行,则律己甚严。淫乐慝礼不接于心术,暴慢邪僻之气不设于身体。所履者,规矩准绳也。雅言者,道德仁义也。居必整衣冠,尊瞻视。或对案观书,或焚香静坐。终日钦钦,未尝见其惰容。治家有法,抚子孙以恩而导以义方,御家众以宽而饬以谨恪。闺门内外,怡愉肃穆。无所作为,而庶事自得其伦序。家素清窭,所居仅蔽风雨。饭蔬咬菜,人所不堪,而处之晏如。祭先极其诚孝,事兄极其爱敬。敦睦宗族,周恤孤穷。其接人也,恭而有礼;其处己也,约而尽道。喜怒不形于外,骂詈不及于人。虽在苍黄造次之顷,未尝有疾言遽色。严于义利之辨,审于取舍之分。别嫌明微,一毫不放过。苟非其

① 参见中国孔子基金会编:《儒学与廿一世纪——纪念孔子诞辰2545周年暨国际儒学讨论会会议文集》,华夏出版社1995年版,第1365页。

② 《乡立约条序》,《增补退溪全书》(二),第352页。

义，禄之以万钟不受也，遗之以一芥不取也。好善嫉恶，出于天性。见人善行，则再三嘉奖，必欲其成就。闻人过失，则反覆嗟惜，必欲其迁改。是故贤愚皆获其益，莫不慕而畏之，惟恐不善之名闻其耳！[1]

另一门人郑惟一在《退溪先生言行通录》中描述说：

其可见之行，则持己甚严，非礼不行。少时与诸友会肄时文，群居甚敬，终日端坐。同游之士畏而敬之，虽私相戏谑，见先生至，皆敛容改坐。后在玉堂，同僚或在旁喧笑，而先生观书不辍，默无一语，同僚多愧而止之。平居，鸡鸣而起，盥栉衣冠。出就书室，左右简编，俯读仰思，神疲气倦则或拱手默坐，或瞑目假睡，未尝偃卧枕席也。天性简默，对客终日无一闲话杂谈。与人言，思而后发，虽在仓卒急迫之际，未尝有疾言遽色。襟怀洒落，韵致清远，望之若不屑于人事，而其条理之密，节目之详，则有不遗锱铢矣。虽在纷华波荡之中，而所以自守者愈严愈约，虽在暗室屋漏之隐，而所以自处者，愈敬愈谨。思虑之发虽小，必致其审；事物之应虽细，必求其当。一酬酢之间，心未尝放也。一饮食之际，体未尝肆也。坐必端直，不少跛倚，行必安徐，不少忙遽。手不妄举，目不傲视，烦歇劳困，未见有怠惰之容。应酬稠沓，未见有厌倦之色。虽贵为卿相，而衣服安于粗恶，饮食极其疏淡。于为义若趋嗜欲，惟恐其不得；于为利若蹈汤火，惟恐其不远。闻人之谤，未尝少辨，不善加己，直为受之。不喜谈人过恶，有问者亦不答。书籍外泊然无他好，视外物无一婴其怀者。酒量素宽，中岁痛断，终身未尝至大醉。其定力之固，随处可见者，类如此。

作为理学家，退溪确有其严肃庄穆、敬畏自守的一面，但也有作为自然之常人情感丰富而细腻的另一面，这主要体现于退溪对自然山水以及对诗歌的钟爱之中。南时甫向退溪请教，问为何将朱熹《答吕伯恭书》中的“数日来蝉声益清，每听之未尝不怀高风也”一段选入《朱子书节要》，答曰：“大抵人之所见不同，所好亦异。滉平日极爱此等处，每夏月绿树交荫，蝉声满耳，心未尝不怀仰两先生之风。亦如庭草一闲物耳，每见之辄思濂溪一般意思也。”[2]庭草作为审美意象“与自家意思一般”，由自然景物的感发而怀古人之风，是退溪热爱自然景物和山水的一层含义。

而第二层，应该完全出自个人情感，已经超越了伦理范围，或者说是非伦理或超伦理的。《退溪先生言行通录》如此记述退溪：

雅好佳山水。中岁移居于退溪之上，爱其谷邃林深，水清石洁也。晚卜地于陶山之下，洛水之上，筑室藏书，植以花木，凿以池塘，遂改号“陶翁”，盖将为终老之所矣。陶山有山水之胜，或于花朝月夕独乘小艇，沿洄上下，兴尽而返，

① 《退溪先生言行通录》卷一，《增补退溪全书》(四)，第15～16页。

② 《答李仲久》，《增补退溪全书》(一)，第299页。

> 或与学子登陟冈峦，散步洲涧，哦诗觞酒，不知日之将夕。自陶山至清凉山下，水凡九曲，层峦叠嶂，翠壁丹崖，愈往愈奇，常以春秋呼朋命侣，寻幽诗胜，吟眺游赏。玩心经籍，寄兴溪山，颓然若无当世之念。

游历山水，饮酒咏诗，是文人闲时常有的消遣。对此，退溪感叹说：

> 山间不知灯节繁华事，晨坐溪窝，数杯浇肠后，索枕欹卧，窅然一场游仙之梦，未竟，忽闻跫音，接得瑰缄。缄中虽无诗，语意洒然，如无韵诗。因审履兹泰亨，神佑清福，瞻想欣艳，盖不知幽居之为独，离索之钝滞也。[①]

退溪所作的诗歌，体现出其丰富的内心世界。诗文与自然山川的结合或者说二者与天理流行的结合，以及从中体现出来的清明世界，在一定意义上说，是退溪人格及人格境界的写照。

退溪的人格境界，大致可用“洒落气象”概括之。“洒落”一词，用于人物品藻，大意为胸怀坦荡、光明磊落、品格高洁，又有雅致不俗、洒脱飘逸、豁达不拘之意，如程颐评程颢：

> 先生资禀既异，而充养有道。纯粹如精金，温润如良玉。宽而有制，和而不流。忠诚贯于金石，孝悌通于神明。视其色，其接物也，如春阳之温；听其言，其入人也，如时雨之润。胸怀洞然，彻视无间；测其蕴，则浩乎若苍溟之无际；极其德，美言盖不足以形容。（程颐《明道先生行状》）

理学家在这方面的评价不胜枚举。黄庭坚曾以“洒落”形容周敦颐：“春陵周茂叔，人品甚高，胸怀洒落，如光风霁月。”（黄庭坚《濂溪诗序》）退溪对理学的开山鼻祖周敦颐也极为推崇，说“其言平淡质悫若无甚异，而其旨意精深浩博，不可涯涘！推其极也，可谓明并日月，幽参造化”[②]。除了对周敦颐学问方面的盛赞之外，退溪对他的胸怀同样赞美有加。黄庭坚对周敦颐人品方面的评价，退溪应该是很清楚的，他自己就借用了“洒落”、“光风霁月”等词来形容周敦颐，如其《寓感五绝》诗其五云：“绝艳风流玉雪真，开时休怪混芳春。太平当日濂溪老，光霁襟怀映俗尘。”又作有两首《濂溪爱莲》诗，一首为《郑子中求题屏画八绝・濂溪爱莲》诗云：“天生夫子辟乾坤，洒落胸怀绝点痕。却爱清通一佳植，花中君子妙无言。”另一首为《黄仲举求题画十绝・濂溪爱莲》：“牡丹倾世菊鸣贤，千载无人解赏莲。感发特深无极老，花中君子出天然。”周敦颐曾作《爱莲说》，善说莲，喜其“出淤泥而不染”；李退溪常赞梅，“梅君特好我”（《次韵金惇叙梅花》），喜其“琼枝疏瘦雪英寒，纵被缁尘不改颜”（《题金季珍所藏蔡居敬墨梅》其二）。无论是莲还是梅，都被赋予象征性的意义，形成人格化的意象。同属理学一脉，二人在诸多方面有相似之处。周敦颐之“胸怀洒

① 《答黄仲举》，《增补退溪全书》（一），第467页。

② 《〈延平答问〉跋》，《增补退溪全书》（二），第378页。

落”，对李退溪人品以及审美意识的形成有很大的影响。退溪后学亦曾以“洒落”一词来形容退溪，说他“襟怀洒落，韵致清远”[①]。

退溪追求的“洒落”之境，到底是什么样的境界呢？大致可以从他对邵雍《清夜吟》诗的评论中看出一些痕迹。邵雍《清夜吟》诗云：“月到天心处，风来水面时。一般清意味，料得少人知。”退溪评之曰：“但愚恐只是无欲自得之人，清明高远之怀，闲遇着光风霁月之时，自然景与意会，天人合一，兴趣超妙，洁净精微，从容洒落底气象，言所难状，乐亦无涯。康节云云，只此意耳。”[②]黄庭坚说周敦颐“胸怀洒落，如光风霁月”，而这里退溪的诗评，虽不是直接评说周敦颐，但就人物品藻而言，却有以他（以及邵雍）为典范，推之于生活与审美之态度、人生之意义（此处“光风霁月”等语，与黄庭坚语一致无二）。实际上，不管是周敦颐、邵雍还是李退溪，都在追求这种胸怀洒落的圣贤气象。

在审美心境方面，他注重“心”的修养，“无欲自得，清明高远”。这大致可以看作他的审美心境论。这种审美心境，归根结底在于“敬”字。“敬”与“静”又是密不可分的。为何人的思虑会有烦扰呢？退溪认为是人心未能持敬，如能持敬，能以理率气，便能心静，思虑便能如一，这样人心便不会如“翻车之环转，无一息之定贴”，不会受到外部的干扰。如宋儒罗大经所说：

> 吾辈学道，须是打叠教心下快活。古曰无闷，曰无愠，曰乐则生矣，曰乐莫大焉。夫子有曲肱饮水之乐，颜子有陋巷箪瓢之乐，曾点有浴沂咏归之乐，曾参有履穿肘见、歌若金石之乐。周程有爱莲观草、弄月吟风、傍花随柳之乐。学道而至于乐，方能真有所得。大概于世间一切声色嗜好洗得净，一切荣辱得丧看得破，然后快活意思方自此生。（《鹤林玉露·忧乐》）

看破世间一切声色、嗜好、荣辱，保持内心的定贴，则无论是曲肱饮水、陋巷箪瓢还是爱莲观草、弄月吟风，均可乐。

退溪重于“治心”，并为此而极力排斥异学。然而，其“无欲自得”之意，实与佛、道暗合。譬如，《五灯会元·净土惟正禅师》云：“月色如此，劳生扰扰，对之者能几人。”正是一种无欲无贪、坦然自得的审美心态。老子说“涤除玄鉴”（《老子》第十章），“见素抱朴，少思寡欲”（《老子》第十九章），要求持守全真素朴，无私无欲，回归自然，保持生命的本真；庄子说“忘乎物，忘乎天，其名为忘己。忘己之人，是之谓入于天”（《庄子·天地》），要求超脱来自外界的实际感知作用，唯道集虚，超越一切外物的纷扰，从各种生理欲望和名缰利锁中解脱出来，进入忘己的状态。这些都与“无欲自得”有着扯不断的关联。再如，退溪所谓“白沙禅学”，无论是哲学上的心学

① 《退溪先生言行通录》卷一，《增补退溪全书》（四），第17页。

② 《答李宏仲》，《增补退溪全书》（二），第235页。

还是文艺上的诗学都在于通过至静无欲而求自得。李退溪排斥异端，但其思想里却流淌着异端的血液。可以说，在治心方面或者说在性理学层面他明显指斥异端，但在审美心境、审美态度等方面却与之有诸多暗合之处。退溪后学在《退溪先生言行通录》中说他"清风洒然，无一点私累"，"淡然无欲，此心常伸于万物之上，天地之间无一物婴其怀者"。在佛、道的影响下，这种"无欲自得，清明高远"的审美心境，是超功利的，正如其后文所述之"兴趣超妙"，在某种意义上来说是超伦理的或非伦理的。

背景或曰自然景物表现为"光风霁月"，并与主体"无欲自得，清明高远"的心境相融通。在这二者的对象性的审美关系中，达到"景与意会，天人合一，兴趣超妙，洁净精微，从容洒落底气象"。审美心境与审美对象二者相契合，审美活动才能得以成立。韩国学者闵周植教授如是说：

> 邵康节的诗《清夜吟》是"景与意会"，也是"天人合一"的境界。这里的景是客观物景，意是主观情意，这两者的会合不是一方融入到另一方的单方面渗透，而是相互渗透，引发增效，才能得以完成的会合。两者"闲遇"与"自然"时，才发生这种增效作用。然而，天人合一有前提条件。这就是有关人格的问题，大前提是无欲自得的修养，小前提是清明高远的心。客观物景，即光风霁月是随时随地都能发生的现象。反之，自然玩赏的主体，即人类的心情态度则不是常常能够发生的。要达到合一的境界，就须消除障碍因素。人的欲望会妨碍景与意、天与人的和解。退溪强调在合一的境界中所能感觉到的妙不可言的兴趣，以及从中延伸出来的清净洒落的气象。[①]

这一评论从"天人合一"的角度指出了退溪审美活动的特点。"光风霁月"一词，形容雨过天晴、万物明净的景象，又比喻开阔的胸襟和心地。退溪在这里主要强调的是自然成为审美对象的条件。这一点颇似孔子"吾与点也"之"浴乎沂，风乎舞雩"(《论语·先进》)，其中一个重要范畴"气象"就与其相关。人问英气于甚处见，程颐回答说："但以孔子之言比之，便见。如冰与水精非不光，比之玉，自是有温润含蓄气象，无许多光耀也。"[②]程颢也说："孔子'与点'，盖与圣人之志同，便是尧、舜气象也。"[③]故"寻颜子、仲尼乐处，所乐何事"成为寻求圣贤气象的关键，其"气象"一词，作为美学范畴，以"乐"(孔颜乐处)的样态呈现出来。退溪这里的"气象"一词，自然也包含着这一层内容。与"洒落"范畴一样，"气象"一词，也多用于人物品藻，特别是用于人格境界方面。就理学家而言，作为人格境界的气象主要体现在

---

① [韩]闵周植：《作为美学实践课题的人格形成——退溪李滉的美学思想》，《文艺研究》2001 年第 1 期，第 46 页。

② 程颢、程颐：《河南程氏遗书》卷一八，《二程集》，第 197 页。

③ 程颢、程颐：《河南程氏遗书》卷一二，《二程集》，第 136 页。

道德精神领域，而最理想的人格境界是圣贤气象。

退溪的圣贤气象，一方面表现在为学求道上，如："延平使学者见喜怒哀乐未发时气象。大抵延平之学，皆在于此。……延平之学，已到得通透洒落处，故气象如冰壶秋月。"[①]此为学问通透而得性情之正的"喜怒哀乐未发时气象"。在给赵士敬的信中，退溪从气质的刚柔善恶以及相关的道德修养方面表达了相似的思想。他认为，人在气质上的毛病，多表现于"刚柔"二字，读书人应纠正刚柔之偏而趋于无过无不及的中道，如接人待物，须有谦恭逊顺、虚心求教的诚意，才不会害德妨物，在道德方面才会有所长进，如此方能"光风霁月、清明高远，无一毫滞吝气象"[②]。另一方面则体现为如"吾与点也"的天地境界。寻圣贤气象的过程，实际上已成为一种审美活动。这一特点与退溪的隐逸情怀是相关联的。李退溪在一定程度上作为山林隐逸者或曰作为山林隐逸向往者，独得幽居情趣，为人清淡简朴，"为诗清严简淡，类其为人"[③]，十分注重在大自然中内心的真切感受，强调自然浑成、景与意会的天人合一之境，从而得超妙之趣。

最后一句"言所难状，乐亦无涯"概括了"从容洒落底气象"这种境界的特征。从容洒落底气象，"超出一般认识之外，是一种超言绝象的直觉体验，也是人与自然界合而为一、融为一体的审美境界。它是超功利的，甚至是超道德的"[④]。落实到一点，即是心中之"乐"。这种乐，是天人合一的、浑然与物同体之乐，只能自家心中体会，具有不可描述性，只可意会而不可言传。

日本学者铃木大拙认为，"西方的心理是：分析的、辨别的、区分的、归纳的、个人主义的、理智的、客观的、科学的、概括的、概念的、图解的、非人格的、尊重法律的、条理化的、行使权力的、个人决断的、倾向于把自己的意愿强加他人的，等等。相对于西方的这些特征，东方则有如下一些特征：综合的、整体的、一体化的、非辨别的、演绎的、非体系化的、独断的、直觉的（或者不如说是感情的）、非推论的、主观的、精神上个人主义的而社会上团体心理的，等等"[⑤]。客观地说，这一概括有过于笼统之嫌，西方心理也有综合、演绎、直观等特征，而东方心理也有分析、客观、普遍化等特征，但它在一定程度上指出了东西方思维方式上的差异。这样的差异，导致了东西方美学思维方式的不同。东方传统美学不是以天人二分而是以天人合一为哲学基础，在方式上不注重理性的追求而注重诗性的领悟、不注重言说的可能性而

① 《退溪先生言行通录》卷二，《增补退溪全书》（四），第 33 页。

② 《与赵士敬》，《增补退溪全书》（一），第 554 页。

③ 《退溪先生言行通录》卷五，《增补退溪全书》（四），第 103 页。

④ 蒙培元：《李退溪的情感哲学》，《浙江学刊》1992 年第 5 期，第 74 页。

⑤ ［日］铃木大拙、［美］弗洛姆、德马蒂诺著，褚平校：《禅宗与精神分析》，洪修平译，辽宁教育出版社 1988 年版，第 6 页。

注重体悟的无限性，在终极价值上不是外在的超验追求而是内在的生命超越。退溪美学同样具有这种特征。

也正因如此，退溪并未只在道德价值的范畴之内追求人生的意义。“天人合一”之“天”具有天理之义，也包含自然之意。天理是宇宙万物的本原、根柢，是其最高主宰、至尊，是其规律与法则，也是伦理道德的准则。人的心性须符合天理，也要符合自然的本性。因此，在退溪的修养观中，“有自然人的人观和道德的人观，并兼备天人合一之人观的性理学人观之典型，可说就是退溪的人观”①。在审美意识中，天理与自然已然有一定的相通性，二者并不矛盾。张世英教授认为：“审美意识中的天人合一是一种高级的万物一体的境界，它不是间接的分析，不是知识的充实，不是功利的牵绕，不是善恶的规范，但它又不是同这些没有任何联系的，就像原始的天人合一阶段尚未发生这些一样，它包含间接性、知识性、功利性和道德性而又超出之。”②人是小生命、小宇宙——即小我，而整个宇宙则是一个生生不息的大生命、大宇宙，小我生命与宇宙脉动相互感应、相通相融，这是“天人合一”的生命观。如何感应、相融？这正是个人人格修养的作用所在。通过个人修养，培养主客一体的意识，以个人的心灵活动，体悟天道的无限性和整体性；扩展生命的内涵，从宇宙的角度把握人的存在。故而，就退溪天人合一的审美思想或曰人格境界思想而言，“本性即天理之内涵，此一思想本身就以我（人）与宇宙本质相同（理一分殊）为前提的。另一方面……构成人体的要素和宇宙自然的形成因素，都是同样的气。从此出现人相当于宇宙缩小版的思想。而且没入大自然被刻画成一种向大我之回归。这就是从退溪之前一直追求下来的传统儒学的‘天人合一’思想。退溪自然将它吸收，并变成自己的思想。而且与人类个体的有限相反，视宇宙为无穷存在的思想，当然也出自退溪的思考。由此可知，相当于回归大我的，与自然之调和或没入自然，也可满足永生的欲望，并可求得人生价值”③。

“洒落”、“气象”、“自得”、“静”、“敬”、“乐”等范畴，构成了退溪的人格境界。除了理论上的论述外，很多诗歌体现了退溪的人格境界和人格境界论。如：

《光影塘》：“小塘清澈底，天光共云影。更待月印心，真成洒落境。”讲人心如清澈止水，以静为本并在与外物的互动中达成洒落之境。

《题庆流亭》其三：“美酒高亭月正临，何须一斗百篇吟。小塘洒落如寒镜，真觉幽人善喻心。”讲心之本体湛然，在心的动静辩证中体味自然之美，体会生命之乐。

《石潭曲》：“奔流下石滩，一泓湛寒碧。踯躅烂锦崖，莓苔斑钓石。白鸥似我闲，鯈鱼知尔乐。何时办小艇，长歌弄明月。”《和陶集移居韵》其二：“独酌一杯酒，

① ［韩］安炳周等：《退溪李滉的哲学思想》，国际退溪学会 2000 年版，第 170 页。

② 张世英：《进入澄明之境——哲学的新方向》，商务印书馆 1999 年版，第 241 页。

③ ［韩］安炳周等：《退溪李滉的哲学思想》，第 170 页。

闲咏陶韦诗。逍遥林涧中，旷然心乐之。”《和子中闲居二十咏·爱闲》：“林间茅屋石间泉，闲爱秋风洒静便。易玩羲文一两卦，诗吟陶邵五三篇。园容野鹿栖云宿，窗对沙禽向日眠。不独身闲心亦泰，任从多病在人先。”均表现了一种从容不迫的心态和天人合一之乐。白鸥与我，鱼与你，物我一体，自然万物与人的生命融为一体。

《岩栖读启蒙示诸君》其二：“七十居山更爱山，天心易象静中看。一川风月须闲管，万事尘埃莫浪干。”以静为本、以闲为心，体化育流行，看沧海桑田。

《陇云精舍》：“常爱陶公陇上云，唯堪自悦未输君。晚来结屋中间卧，一半闲情野鹿分。”闲云野鹿，超然之趣，重在一个“分”字。

《黄仲举求题画十幅·舞雩风咏》：“童冠春游亦偶然，何能感圣极称贤。若知个里真消息，盖世功名一点烟。”是为求“吾与点也”的天地气象。

退溪一方面强调伦理本体，另一方面又十分重视现实人生，实现现实人生的洒落气象，二者实是互为联系的，“冲漠无朕者，在乾坤则为无极太极之体而万象已具；在人心则为至虚至静之体而万用毕备；其在事物也，则却为发见流行之用而随时随处无不在”[①]，体用之间的桥梁即为践履。与朱熹相较而言，退溪更加注重践履工夫，即更加注重知行的辩证统一，所谓“穷理而验于践履始为真知，主敬而能无二三方为实得”[②]。对践履的强调，使得退溪美学更为接近现实人生，使“洒落底气象”根植于现实人生而成为可能。

第二节　书院文化与人格美育

如果说，订立乡约这一类活动只是退溪在人格美育上的个别行为，带有特殊性，那么，书院活动和书院思想则集中体现了退溪的人格美育思想——当然，其目的都是指向“从容洒落底气象”。书院，是退溪立言垂教、实现其人格美育思想的重要基地。

退溪深受中国理学家书院活动的影响，积极推行书院活动。朝鲜李朝书院的兴盛，与退溪的书院思想和书院活动有直接关系。退溪认为，当时的国学乡校已经失去了育人的本质功能而沦为科举应试的工具。兴建书院势在必行，非为举业而为尊贤讲道。通过对为己之学与为人之学、君子儒与小人儒的分析，退溪认为书院重人格教育的尊贤讲道之风可以纠偏当时浮薄恶劣的士林风气，提高士人人格修养，美化风俗并使天下大治。退溪的部分诗歌，专为书院而作。其书院诗歌，与其

① 《心无体用辨》，《增补退溪全书》(二)，第329页。

② 《答李叔献》，《增补退溪全书》(一)，第370页。

理学思想浑然一体，涉及学问、圣贤、道统、学风、育才、风俗教化等领域，旨在弘扬程朱理学、追寻圣贤气象、凸显和传承儒家道统、纠正其时学风而最终化育天下。

一、从此静窗闻细韵——书院文化概说

一双幽色出凡尘，数粒秋烟二尺鳞。
从此静窗闻细韵，琴声长伴读书人。
——李群玉《书院二小松》

书院是中国古代特有的一种重要的历史文化现象和重要的文化教育组织，产生于唐，兴盛于宋，到清末共经历了千余年的漫长历程。书院在总体上属于亦官亦私的性质，最初由私人创建和主持，一般会逐渐演变为官方支持的形式，即融入了官办的性质；也有开始就由官方创办的，但为数不多。在类型上，书院是高于一般蒙学的高等教育，学人通过书院教育或修身养性，或登科入仕。其教育方式是聚徒讲学，并以之为核心进行藏书、校书、修书、刻书等活动。其教育目的是培养人才，并以之为基础展开文化传承、文化传播和文化创新，可以说书院是儒家文化的传承、传播和创新的重要途径。

书院的诞生，是从私人性质的教育开始的。西周“学在官府”的教育，与书院扯不上关系。孔子广聚门徒，共育包括七十二贤的三千余人，按孔子自己的说法，“自行束修以上，吾未尝无诲焉”（《论语·述而》），所谓“有教无类”。这种私人性质的教育应该可算作是书院的最早发端，在一定意义上可以说，它虽无书院之名和书院之形，却有书院之实。不过孔子周游列国，其教育活动很多是在迁徙中进行的，没有固定场所，再加上没有后续支持，特别是社会的不成熟，最终没能形成系统的教育组织，但其精髓却渗入了后世的书院教育之中。

据陈登原《中国文化史》：

> 《唐六典》称：“开元十三年，改集贤殿修书为集贤殿书院。”《益闻总录》云：“书院之始，起唐玄宗。时有丽正书院、集贤书院。本建朝省，为读书地，后衡州李宽建古鼓书院，始为士人肄业所。白鹿洞书院，南唐所建也。应天书院，宋时富人曹诚建也。”按丽正书院之置，在唐玄宗开元十一年。然则在科举国士未甚之际，官学教士未衰之时，而宋明书院之规模已兆端于斯时，得无天下有心人，未甘受郡县制度以下，操纵士子之牢笼，而思有以抉破藩篱乎？故在有宋，科举仍旧也，学校有三舍也，而书院勃兴已。[①]

最早使用书院之名是唐代，如陈登原所述之丽正书院、集贤书院。而清代袁枚指

① 陈登原：《中国文化史》上册，世界书局1937年版，第399～400页。

出："书院之名，起唐玄宗时，丽正书院、集贤书院皆建于朝省。为修书之地，非士子肄业之所也。"(《随园随笔》卷一四)按照袁枚的说法，丽正书院和集贤书院只是修书，还未具备直接培养人才的功能。当然，广义地说，无论是修书之地还是士子肄业之所，都可以称为书院。虽然在名称上"书院"一词可能定型于唐玄宗时期，但之前也有书院的存在。早至孔子的教育方式，说是没有固定实体的书院教育也不为过。丽正书院和集贤书院之前也存在着一些士人读书治学、传授生徒之所，如攸县光石山书院和陕西蓝田的瀛洲书院、山东临朐的李公书院、河北满城的张说书院。[①] 虽然它们并不完全是正式的教育机构，但与书院在职能上有着重要的联系，可以看作书院，或者说是书院的前身。这种书院，准确地说叫作精舍。"在唐以前，私人授学之所，名曰精舍。谢承《后汉书》云：'陈实，字仲弓，归家立精舍，讲授诸生数百人'，'董春，会稽余姚人。立精舍，远方门徒、从学者常数百人。诸生多升讲堂，鸣鼓三通。横经捧手请问者百人，追随上堂问难者百余人'，此即书院之前身。六朝以还，此风愈盛，僧道又各有精舍，以授其徒。此盖书院之前身云。"[②]由此看来，书院的正式诞生是在唐代。不少唐诗也有过书院的记载和描绘，如杨巨源《题五老峰下费君书院》："解向花间栽碧松，门前不负老人峰。已将心事随身隐，认得溪云第几重。"李群玉《书院二小松》："一双幽色出凡尘，数粒秋烟二尺鳞。从此静窗闻细韵，琴声长伴读书人。"贾岛《田将军书院》："满庭花木半新栽，石自平湖远岸来。笋迸邻家还长竹，地经山雨几层苔。井当深夜泉微上，阁入高秋户尽开。行背曲江谁到此，琴书锁著未朝回。"如此等等。

唐末五代战乱后，天下一统，社会安定，历经动荡的有心向学之士又产生了读书就学的要求，文风日起。然宋室初建，百废待举，经济萧条，朝廷还无力顾及教育，官学依旧匮乏。应此之需，一些有志于教育振兴、传经诵道的宿儒或地方官纷纷觅地筑室聚徒教学。吕祖谦《白鹿洞书院记》载："国初斯民，新脱五季锋镝之厄，学者尚寡，海内向平，文风日起，儒生往往依山林，即闲旷以讲授，大率多至数十百人。"马端临《文献通考·学校考》说："是时未有州县之学，先有乡党之学。"朱熹《衡州石鼓书院记》亦云："予惟前代庠序之教不修，士病无所于学，往往择胜地而立精舍，以为群居讲习之所，而为政者乃或就而褒表之。若此山，若岳麓，若白鹿洞之类是也。"可以说，书院(含"乡党之学")最初是宋初官学未兴时的一种重要教育手段，由最初的规模不大、数量不多、分布不均慢慢发展壮大，并得到朝廷的鼓励和支持，如赐经、赐额、赐学田等。宋代是一个星河灿烂的时代，古代精神创新能力、科学技术成就在这一时期达到了巅峰。四大发明之一的印刷术即成型于宋代书院，而书

① 参见邓洪波：《中国书院史》，东方出版中心 2004 年版，第 4 页。

② 陈登原：《中国文化史》下册，世界书局 1937 年版，第 39 页。

院，顾名思义，即是围绕“书”这一核心展开文化活动的组织，当然与书密不可分，因此印刷术的发达和成熟成为书院勃兴的必要条件之一，书院在宋代步入繁荣期就不难理解了。现在公认的几大书院均出自宋代。吕祖谦《白鹿洞书院记》认为天下四大书院是嵩阳、岳麓、睢阳、白鹿洞。范成大《衡山记》说“使诸郡未命教时，天下有书院四：徂徕、金山、石鼓、岳麓”。南宋王应麟《玉海》倾向于吕祖谦的说法，但又附列石鼓、茅山二书院于其后。南宋马端临《文献通考》采用吕祖谦的说法，但在其后又作了更动，列石鼓而去嵩阳。清代全祖望以王应麟的说法为是。现代盛朗西《中国书院制度》列石鼓、白鹿洞、嵩阳、岳麓、睢阳、茅山为北宋六大书院。陈东原在盛朗西的基础上加列龙门、徂徕，合称“八大书院”。总体说来，有“四大书院说”、“六大书院说”、“八大书院说”等。1984 年，中国邮政发行中国古代书院邮票一套四枚，所选书院是岳麓、白鹿洞、嵩阳、应天府，实际上就是吕祖谦、王应麟、马端临、全祖望都说过的北宋四大书院。

官学衰则书院兴，官学兴则书院衰。北宋书院在三次官学振兴中跌宕起伏。第一次兴学是在宋仁宗庆历四年(1044)。在仁宗的支持下，范仲淹精科举、建学校，规定参加科举者必须先接受官学教育。因此，士子们更多地进入官学，官学得到一定的发展。但范仲淹在政治斗争中败北而罢相去职，兴学运动也遭到攻击并宣告终结。因兴学时间过短而未显太大实效，而其他一些原因又造成败坏官学声誉的流弊，官学还无法完全承担教育的重任，完全没有达到独立存在而摒弃书院的程度，书院还有着很大的发展空间。第二次兴学是在熙宁和元丰年间(1068～1085)，由王安石发起。第三次兴学是在崇宁元年(1102)，由蔡京发起。这三次兴学因政治斗争、经费难以保障等都以失败告终，但官学(包括中央官学和地方官学)却也得到一定程度的发展，府、州、县学竞相设立，并形成了比较稳定的规模和体制，如学田、升迁、选官制度等。在三次兴学中，教育力量基本上都集中到了官学上，大部分士子入官学就读，书院受到较大程度的冷落，对书院的支持力度大为缩水，因而书院的影响力也大为减弱。“书院至崇宁末乃尽废”(王袆《游鹿洞记》)的说法虽然有些夸张，但北宋后期书院沉寂却是不争的事实，虽然这一时期也新建了一些书院，但与前期相比却大为逊色。同时，前期的书院也在发生变化，如应天书院变成应天府学，石鼓书院成为衡州州学……有的则逐渐衰败，沦为历史的记忆。

由兴起而繁荣再转向败落，成为书院在北宋的发展轨迹。由北宋而入南宋，书院又迎来了新一轮的发展良机。正是南宋这个偏于一隅的朝廷，见证了书院发展的巅峰。这一时期的书院无论是在数量、规模、制度还是影响力上，都可以说是前无古人后无来者。南宋偏安江南，无远大抱负、不图进取，虽有议和，但也时常受外乱骚扰。在这样的大背景下，朝廷无力顾及官学教育，虽然绍兴十二年(1142)临安府增修为太学，第二年增建国子学，州学、县学也相继恢复，但因制度弊端及经费等原因而有名无实，形同虚设。有心读书之士子自然不愿进入这样的官学而愿意自寻名师，有志于教育振兴、传经诵道的宿儒或地方官也纷纷仿效北宋初期的书院聚徒教学。朝廷也因官学的废落而对书院采取支持的态度。官学与书院是相对起伏的关系，书院由此遇到了复兴的契机。

书院在南宋的高度发展与理学的成熟也有极大关系。理学奠基于北宋，经胡瑗、孙复、石介、周敦颐、二程等名儒的奠基和发展，至南宋朱熹等人臻于巅峰。书院在宋代的兴衰与理学在宋代的发展大体是同步的。书院历来是理学家传道讲学的场所，在一定意义上可以说书院特别是宋代的书院又可以叫作“理学书院”。几乎所有的理学名儒都曾讲学于书院，或者曾就读于书院，而著名书院一般都曾有过由理学名宿执掌、讲学的经历。另外，南宋官学沿袭北宋体制，士子通过官学入仕，但官学只重入仕所需的经义辞赋而忽略了人生道德修养，容易导致不良的道德和学术风气。有识儒者深知其害、深为不满并转而以书院为基地弘扬义理之学，有志于真正学问的士人也更愿意投身书院，于此修身养性，获取真知。

在这种背景下，书院的复兴成为必然趋势。北宋名扬天下的白鹿洞书院和岳麓书院分别于淳熙六年(1179)和绍熙五年(1194)复兴。以之为契机，书院迅速发展，各地和各派理学家们纷纷建立书院，聚徒教学，以弘扬理学思想，至理宗时期(1258～1264)臻于巅峰。这一时期，以朱熹为代表的理学不再被视为“伪学”，且正宗地位得以确立，朱熹身后受到追封，书院内奉祀名儒，书院也名正言顺地得到朝廷的明确支持，书院的地位也因此百丈竿头。据统计，南宋书院共500余所，约占两宋书院总数的80%，而理宗时期建立的书院近300所，占南宋书院一半以上。其鼎盛期的发展速度和影响力，由此可见一斑。

书院在元代继续繁荣。民间自办加上朝廷鼓励，使书院得以进一步发展。与宋代相比，元代书院在数量上更大，在分布上更广。然而，元代书院严重的官学化，使得书院在很大程度上丧失了自由讲学、注重学理的性质、特色和优势；与官学化同步，官学的弊端如教学僵化、学术氛围淡薄、追求功名利禄等劣习也被带入书院之中。因此，所谓“书院之设，莫盛于元”的说法，仅仅局限于书院的数量和分布，其在讲学教育、学理研究等内在的质量方面却不及宋代。明代重视文化教育，坚持“世治宜用文”的文教政策，使官学得到极大发展。明代对官学的发展和强化，使得明初近一百年间书院备受冷落，无人问津，趋于沉寂状态。明中叶，王阳明、湛若水等人及其弟子们聚徒讲学，兴建书院，并恢复了书院自由讲学的传统和内在精神。即便如此，书院的发展并非一路坦途，正是因为自由讲学的兴起，使统治者感到不安而需要加强思想控制，由此引发几次禁毁书院的事件。其中，东林书院的禁毁，成为明代书院兴衰的转折点，明代书院从此一蹶不振。书院在明代的命运，就是在沉寂—兴建—禁毁的曲折轨迹上运行的。清代书院的兴衰与明代有一定的相似之处，至清末，改革书院的呼声越来越高，如戊戌变法主张建立新式学堂，维新运动失败后慈禧太后废除新政，停罢学堂，恢复书院……

几经反复后，书院最终于 1902 年前后彻底退出历史舞台。

二、野草春风烧更新——书院教育思想与人格美育

> 海阳儒学荡城尘，野草春风烧更新。
> 不向山林思变作，谩将书院诱业臻。
> ——李退溪《文宪书院》

宋代书院活动家最具代表性的要数朱熹。书院的兴衰与理学的发展大体是同步的，朱熹的书院活动使书院发展更为蓬勃，同时，通过书院这一基地，朱熹的理学思想和治学之道得以广泛传播。朱熹有着浓浓的书院情结，与书院有着不解之缘，其书院活动包括修建书院、主教书院与书院师儒讨论学理、受邀至书院讲学、为书院题匾作记等。如 1167 年与张栻辩学，即著名的“朱张会讲”，学者云集，“一时舆马之众，饮池水立涸”，可谓盛况空前。又曾作《白鹿洞书院揭示》，以“父子有亲，君臣有义，夫妇有别，长幼有序，朋友有信”为五教之目，从为学、修身、处事、接物几个方面订立守则，以之为教人为学之法而“揭之楣间”。

朝鲜半岛深受中国文化影响，在书院文化上也不例外。同样，中国书院文化特别是朱熹的书院活动也深深地影响着退溪及其书院活动。退溪曾评论白鹿洞学规云：

> 本之五伦而以穷理笃行为学者，朱先生白鹿洞规也。①
>
> 公亦尝闻朱先生白鹿洞规乎？滉以为欲治五病，在此一规。盖其为教也，本于明伦，而以博学、审问、慎思、明辨为穷理之要。自修身以至于处事接物，为笃行之目。夫学问思辨而物格知至，则理无不明，而学术可造于精微矣。修身主于忠信笃敬，而补之以惩窒迁改，则行无不笃，而心虑不至于躁杂，行已不至于颠倒矣。处事以正义明道，接物以行恕反己，则笃行又见于事物，而浮妄非所忧、泛忽非所虑矣。②

退溪根据白鹿洞学规，制成《白鹿洞规图》作为《圣学十图》第五图（见图 5-6）：

① 《伊山书院记》，《增补退溪全书》（二），第 362 页。

② 《答金而精》，《增补退溪全书》（二），第 91～92 页。

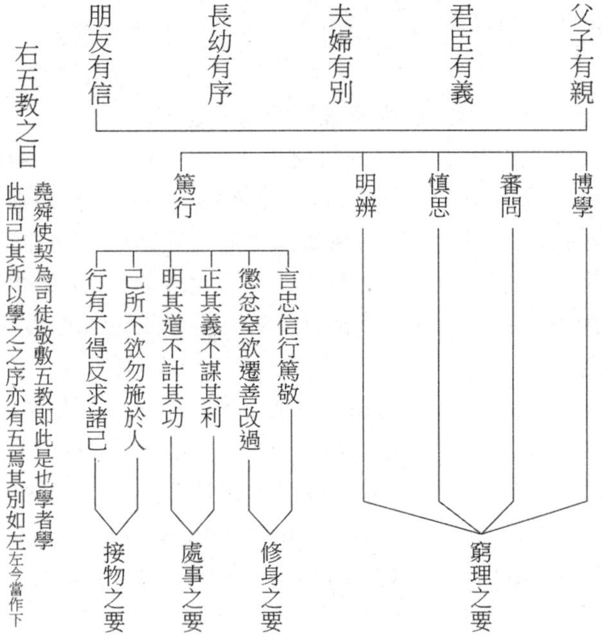

图 5-6　白鹿洞规图

退溪在图后的《洞规后叙》中说："盖唐虞之教在五品，三代之学皆所以明人伦。故规之穷理力行，皆本于五伦。且帝王之学，其规矩禁防之具，虽与凡学者有不能尽同者，然本之彝伦而穷理力行，以求得夫心法切要处，未尝不同也。"再次强调了制图的目的在于教育，而教育的目的是教人明人伦、本彝伦、穷理力行。在对朱熹的评价上，退溪认为南宋书院之盛与朱熹的书院活动有很大关系。同样是在《洞规后叙》中，他首先对白鹿洞书院作了一番介绍："洞在南康军北匡庐山之南，有唐李渤隐于此，养白鹿以自随，因名其洞。南唐建书院，号为国庠，学徒常数百人。宋太宗颁书籍，官洞主，以宠劝之。中间芜废。朱子知南康军，请于朝重建，聚徒设规，倡明道学。"并下结论云："书院之教，遂盛于天下。"可见他对朱熹的书院活动是极为欣赏的。从影响上说，"由于李滉、黄仲举(俊良)等朱子学说学者的'考证'和'集解'，《白鹿洞学规》的原则精神亦为大多数朝鲜书院所接受，成为指导其师生教学授受的普遍准则，从深层影响和规范着朝鲜书院的发展"①。

退溪后半生很多活动都与书院有关，如建立陶山书堂(后正式建为陶山书院)等。韩国陶山书院网站(http://www.dosanseowon.com)介绍陶山书院如下：

① 邓洪波：《中国书院史》，第 361 页。

陶山书院是为了追思回忆退溪李滉(1501～1570)的学问与德行，于 1574 年所建造的，它坐落于庆尚北道安东市陶山面土溪里。李滉曾于 1561 年建造陶山书堂及陇云精舍，并在这里修养人格与研究学问。书院的建筑物整体上非常简洁、朴素，并能充分反映出效法退溪品格及学问的儒者姿态。

书院依建筑构造来看，大致可分为陶山书堂及陶山书院。陶山书堂为退溪先生的住所，亦为教导弟子之处；陶山书院则是退溪先生死后所建成的。陶山书堂于 1561 年建立，是退溪先生归乡后，为了研究学问与栽培后辈而建造的，为书院内历史最悠久的建筑。据说是由退溪先生亲自设计建造的，至于儒生们的住所——陇云精舍及下库直舍也是当时一并兴建而成的。退溪先生过世后的第四年，宣祖御赐韩石峰亲自提笔的"陶山书院"匾额，就此陶山书院成为赐额书院。1969 年，正式被指定为史迹第 170 号，用以追慕先生的学问思想及宣扬爱国精神。

对于陶山书院的建立，《年谱》记载如下：五十七岁时，"得书堂地于陶山之南"。六十岁时，"陶山书堂成。自是又号'陶翁'。堂凡三间，轩曰'岩栖'；斋曰'玩乐'；精舍七间，名曰'陇云'。先生每至陶山，常居'玩乐斋'，左右图书，俯读仰思，夜以继日。……其后，学徒于精舍之西筑室以处，名曰'亦乐'，取《论语》'自远方来'之义也"。退溪于《陶山杂咏(并记)》自记云：

> 始余卜居溪上，临溪缚屋数间，以为藏书、养拙之所。盖已三迁其地，而辄为风雨所坏。且以溪上偏于阒寂而不称于旷怀，乃更谋迁而得地于山之南也。爰有小洞前俯江郊，幽敻辽廓，崖麓峭蒨，石井甘洌，允宜肥遯之所，野人田其中，以资易之。有浮屠法莲者干其事，俄而莲死，净一者继之。自丁巳至于辛酉，五年而堂舍两屋初成，可栖息也。堂凡三间，中一间曰玩乐斋，取朱先生《名堂室记》"乐而玩之，足以终吾身而不厌"语也；东一间岩栖轩，取云谷诗"自信久未能，岩栖冀微效"之语也；又合而匾之曰"陶山书堂"。舍凡八间……

退溪故后三年，陶山书院在陶山书堂的基础上正式建立，"乃就书堂后数步，而辟地营建焉"。从设陶山书堂一事，即可看出退溪热衷和重视书院兴建及书院活动，如其自谓"于书院一事，未尝不欲尽其心焉"[①]。至七十岁时仍乐于书院活动："五月，与诸生会易东书院。出陶山，与诸生讲《启蒙》。七月，至易东书院，与诸生讲《心经》，有《斋中夜起看月》诗。八月，易东书院落成，往赴。"

朝鲜李朝书院的兴盛，与退溪的书院活动有直接关系。他认为，书院乃"乐育人材之地"[②]，没有书院是一大憾事，因此要仿效中国兴建书院："而独书院之设，前未有闻，此乃吾东方一大欠典也。……兴书院之教于东方，使可同于上国也。"[③]

① 《上沈方伯》，《增补退溪全书》(一)，第 263 页。

② 《拟与荣川守论绍修书院事》，《增补退溪全书》(一)，第 338 页。

③ 《上沈方伯》，《增补退溪全书》(一)，第 263 页。

《年谱》载其四十九岁时，“上监司书，请白云洞书院匾额、书籍”，“以为东方旧无书院，今始创见，然教不由于上，则恐遂废坠。上书监司，请转闻于上，依宋朝故事颁降书籍，宣赐匾额兼给土田、臧获，使学者有所依归。监司沈通源以闻于朝，于是赐号曰‘绍修书院’，令大提学申光汉作记，颁降四书五经、《性理大全》等书。书院之兴始此”。在他的努力下，朝鲜书院得以迅速发展。有学者统计，“以李滉为代表的一大批儒家学者倡导于下，朝廷褒扬于上，第二阶段这 62 年的时间内，就新建了 22 所书院，比前一阶段增加 4.2 倍还强”①。

退溪认为，在教坏学崩、国学乡校徒具其表的现实境况下，兴建书院势在必行，因为书院对于人文培养具有重要作用，“有关于风化也甚大”②。在当时的境况下兴建书院也具有可行性，除了国家许可和支持这一硬性条件外，在人员这一软性条件方面也有可行性：“隐居求志之士，讲道肄业之伦，率多厌世之嚣竞，抱负坟策，思逃于宽闲之野、寂寞之滨，以歌咏先王之道，静而阅天下之义理，以蓄其德，以熟其仁，以是为乐，故乐就于书院。”③退溪此处说的是中国宋代的情况，但从其前后文可以看出，他认为朝鲜当时的情形是相似的。

就现实状况而言，当时的国学乡校已经失去了育人的本质功能而沦为科举应试的工具，与之相比，书院本意非为举业而设，“夫书院何为而设也？其不为尊贤讲道而设乎”？退溪回答说，中国在国学乡校之外，另设书院且兴盛于宋元明数代，其原因就是书院轻科举、重教化：“国学乡校有科举法令之拘，不若书院可专于尊贤讲道之美意，故或因私立而国宠命之，或国命立之而择人教养也。”④这种轻科举重教化的教育方式，在人才化育上是官学无法比拟的，因为官学一方面有科举、学令的拘束，一方面受到外物的严重干扰：“其视国学乡校，在朝市城郭之中，前有学令之拘碍，后有异物之迁夺者，其功效岂可同日而语哉！由是言之，非惟士之为学得力于书院，国家之得贤亦必于此而优于彼也。”⑤可见，退溪十分强调书院不以科举为目的而应该成为为国家培养和输送人才的重要基地。

具体而言，在退溪看来，书院有哪些功能与作用呢？从近处讲，退溪认为书院活动可以纠偏当时浮薄的士林习气。如韩国李家源《退溪学研究之诸课题》评论说：

> 退溪教育思想与方法，另有特色。实慨官学之注重于科学出身，真才实学，难以得到，故非常用心于书院及书堂之私学考试，创昭修、伊山诸院，教育

---

① 邓洪波：《中国书院史》，第 353 页。

② 《迎风书院记》，《增补退溪全书》(二)，第 363 页。

③ 《上沈方伯》，《增补退溪全书》(一)，第 263 页。

④ 《拟与丰基郡守论书院事》，《增补退溪全书》(一)，第 341 页。

⑤ 《上沈方伯》，《增补退溪全书》(一)，第 263 页。

地方子弟，又筑书堂于陶山。或在溪上，或驻山寺，远近从学者坌集。人文之兴，于斯为盛。亦以士夫家子弟在连遭士祸之后，士习浮薄，官学尤甚，唯此私学教育，可以痛涤旧习，创造新机运故也。①

从大处讲，书院可以补救当时教坏学崩、国学乡校“仅有文具”的缺失，于“圣治”大有裨益：“惟有书院之教盛兴于今日，则庶可以救学政之缺，学者有所依归，士风从而丕变，习俗日美而王化可成，其于圣治非小补也。”②其区别是“溃人心术”与“成己而成人”：

抑尝闻之，人之有道也，无教则近于禽兽，圣人有忧之，教以人伦，三代之学皆所以明人伦也。至于后世圣王不作，古道崩灭而文词、科举、利禄之习，溃人心术，驰狂澜而莫之回，则内而国学，外而乡校，皆昧然莫如其教，漠然无事乎学矣！此有志之士所以发愤咏欢，抱负坟策，而遁逃于山岩薮泽之中，相与讲所闻以明其道，以成己而成人。③

对于科举与“为己之学”的矛盾，退溪认为，虽然科举不可全废，但它只是外在的，最根本的应该是“圣贤为己之学，正心修身之道”④，二者判若霄壤，是内与外、本与末、重与轻、急与缓的关系。因此，入院之士必须明确学习方向，以正心修身的“为己之学”为要务，提高身心修养；如果以科举为目的，身虽在书院，心却不能近圣贤门墙。“士之来游者，虽未脱科举之累，亦未偷讲道之方，然犹知重道义尚礼让，彬彬乎习于士君子之风。此书院之所以为贵，而入院之士或比之登瀛者然也。”⑤可以说，以书院重人格教育的尊贤讲道之风来纠偏当时浮薄恶劣的士林风气、提高士人的人格修养、美化风俗并使天下大治是退溪书院思想的主旨。其《易东书院记》有一段关于“君子儒”、“小人儒”的议论，并鼓励士人争作“君子儒”：

孔子谓子夏曰：“汝为君子儒，无为小人儒。”君子儒为己，前之所称是也；小人儒为人，后之所云是也。以子夏之贤，圣人犹发此戒，余人当何如哉？故孟子曰：“术不可不慎也。”凡我入院之士，欲为君子儒乎？欲为小人儒乎？于是而能知其所择，则其庶可免矣。⑥

张居正认为：“所谓君子儒者，其学道固犹夫人也，但其心则专务为己，不求人知，理有未明，便着实去讲求，德有未修，便着实去体验，都只在自己身心上用力，而略无干禄为名之心。”相比而言，“所谓小人儒者，其学道亦犹夫人也，但其心专是为

① ［韩］李家源：《退溪学研究之诸课题》，《退溪学报》第14辑，第64页。

② 《上沈方伯》，《增补退溪全书》(一)，第264页。

③ 《伊山书院记》，《增补退溪全书》(二)，第362页。

④ 《迎凤书院记》，《增补退溪全书》(二)，第364页。

⑤ 《拟与丰基郡守论书院事》，《增补退溪全书》(一)，第341页。

⑥ 《易东书院记》，《增补退溪全书》(二)，第371页。

人，不肯务实，知得一理，便要人称之以为知，行得一事，便要人誉之以为能，都只在外面矫饰，而无近里着己之学”。从结果上来讲自也不同：“得君子之儒而用之，则必能守正奉公，实心为国，而社稷苍生皆受其赐。若用了小人之儒，则背公营私，附下罔上，而蠹国殃民之祸，有不可胜言者。”[①]可见张居正是从“为己之学”和为人之学方面来区分的。

退溪的看法与张居正的看法极其相似，都认为“君子儒”与“小人儒”最核心的区别在于，前者“为己”而后者“为人”。在否定性的一面，其一，“为人之学，则不务心得躬行而饰虚，徇外以求名取誉者是也”[②]。入院士人不能专于科举利禄，否则就是“为人”，沦为“小人儒”。“惟记诵是力，纂组是工，汲汲焉，遑遑焉，惟科举利禄之为谋，由是而得其志，则决性命之正，以饕富贵，由是而失其图，则椓礼义之防，以疾贫贱。以言乎其人，则进退皆跆；以言乎斯院，则本宾俱丧，斯不亦可羞之极，可畏之甚乎！”[③]这种本末倒置的做法，是退溪极力反对的。其二，“为人”之学不求提高自身修养而只重矫饰，或取悦他人，或向人炫耀，最终只会陷于祸败，自取其咎：“人有饰智矫情，掠虚造伪以得名者，其陷于祸败固所自取。”[④]退溪认为，一旦有了为学的名声，就会招来百般责备甚至是无中生有的怨怪，何况“自相以无实之辞称美推许，以招人之笑怒哉”[⑤]！这还只限于个人伤害的一面，从大的方面来说，则会伤及风俗国政，甚至带来更为严重的后果：“今庸下之人，挟虚名而欺君父，见大利而忘己分，但知贪得，罔思酬报，不知礼义之为何物、廉耻之为何事。则其弊岂止于伤风俗、坏国政而已。”[⑥]这种危害，远远大于“不知学之人”所造成的弊病：“殊不知不求为己，务饰外，图好看，其弊病反有甚于不知学之人也，岂不可惧哉！”[⑦]

相反，在肯定性的一面，“为己之学，以道理为吾人所当知，德行为吾人之所当行，近里着工，期在心得而躬行者是也”[⑧]。入院士人必须通过躬行践履，提高自身修养而入圣人门墙，成为君子，成为君子儒：

> 人病不求耳，求则无不知之理；人病不践耳，践则皆可行之道。由切琢而致嗟磨，入门墙而睹堂奥，习悦而朋乐，雨化而义长，济济乎其游息，亹亹乎其成立。居则怀仁而抱义，出则尊主而庇民焉，所谓本意与实事者，于是乎可得

---

① 张居正撰，王岚、英魏整理：《四书直解》，九州出版社 2010 年版，第 114 页。

② 《退溪先生言行通录》卷二，《增补退溪全书》（四），第 32 页。

③ 《易东书院记》，《增补退溪全书》（二），第 371 页。

④ 《答卢伊斋》，《增补退溪全书》（一），第 288 页。

⑤ 《答洪应吉》，《增补退溪全书》（一），第 349 页。

⑥ 《答朴参判》，《增补退溪全书》（一），第 279 页。

⑦ 《答李平叔》，《增补退溪全书》（二），第 261 页。

⑧ 《退溪先生言行通录》卷二，《增补退溪全书》（四），第 32 页。

而言矣。[①]

“为己之学”在于完善自我，自我成圣，成就理想人格，达到理想的人生境界，如同深山茂林之中的兰草终日薰香而不自知。与前述否定性的一面比较起来，退溪认为，即便得名，也只不过是一种运气而已，并没有什么值得高兴的，只有充实自身才是真正的快乐：“虽然名之偶合于家与州者，天也；乐之实得于己以及人者，人也。君子不以得于天而偶合者为幸，而必以实得于己以及人者为贵。”[②]为己之学的实质正是在于“实得于己以及人”，并由此而达“乐”之境界。因此，退溪时常勉励书院诸生奋力于“为己之学”，体得圣贤气象：

> 敢请院之诸生毋自灭裂，而各奋其志思，尽力于此学之名实，则于圣贤之遗教，国家之迪才，庐侯之所望，其庶几乎！若其群居，游息之乐，则各在其人之自知，固不待滉言，然而楼之高明，可以体子思鸢鱼之妙，坛之风咏，可以追曾点凤凰之象，亦在夫学问之功深造而自得之耳！[③]

拳拳之心，溢于言表。同理，退溪时时密切关注儒学的兴衰，重视书院在其中所起的作用，其《文宪书院》诗云：“海阳儒学荡城尘，野草春风烧更新。不向山林思变作，谩将书院谤业臻。”表现出了对书院衰败的痛心，同时也表达了修炼“为己之学”的决心以及儒学在书院的推动下必将如烧不尽的野草般兴盛的信心。

据此，退溪对书院师生要求甚严。书院掌教一般称为“洞主”或“山长”，退溪认为只有“人才德望，实必有出类超群之懿，卓然为一世师表者”[④]才能担当，否则，“入院之士，徒有斐然狂简之志，而竟未免夺于俗习之卑，忘圣人之教，失后贤之意”[⑤]。也因此可以看出，对掌教的高要求，目的仍然在于以“圣人之教”来提升人格、免于“俗习之卑”。掌教还须尊重学生，以身作则而引书院风气常新。时有金仲文失待士之道而坏院事，“倨傲鲜腆，视诸生如小儿，至发鄙贱之语，则诸生之激怒，空院而去”[⑥]。退溪对此极不满意：“士子，礼义之宗也；书院，尊贤之地也。彼以礼贤之道来勤亦至矣，我以呼斥之贱待之其可乎？”认为金仲文既然主管着书院，就应当恭敬谨慎地恪尽职守，使更多士人乐就于书院，但他做出相反的事情，与书院“尊贤养士”的初衷和“乐育人才”的目的背道而驰。退溪哀叹金仲文辱儒冠而坏院事极度有辱斯文，因而要求书院掌教“尤当自重其身，率先群士，励行检而美院风，庶

① 《易东书院记》，《增补退溪全书》(二)，第 371 页。

② 《书周景游〈题金季珍诗贴〉后》，《增补退溪全书》(二)，第 372 页。

③ 《迎凤书院记》，《增补退溪全书》(二)，第 364 页。

④ 《上沈方伯》，《增补退溪全书》(一)，第 264 页。

⑤ 《伊山书院记》，《增补退溪全书》(二)，第 362 页。

⑥ 《拟与荣川守论绍修书院事》，《增补退溪全书》(一)，第 338 页。

不失立院之意，而斯文有赖”[①]。如此书院才能风气良好，才能吸引更多士子入院而扩大规模，否则，“以訑訑之声音颜色，间诱其易动易制者，一个半个而遣之入学，以求食于咄啐之余，而曰如是足以为书院，则是书院之名虽在，而书院之实已亡矣”[②]。

以个人修养和教育论为核心，退溪建立了一套书院教育制度。他为书院订立的训条，基于天理人欲的思想，强调个人修养的重要性，并以之为立足点，与维护三纲五常的伦理道德、维护封建社会秩序的重要性相联系起来。其《拟与丰基郡守论书院事》云：“男女，大欲之所存；夫妇，人伦之所始。故先王之教每窒其源而谨其妨。今群居谈谑，尽是欲坑之事，秽念常在于襟裾，媟语不惮于闺门，甚至形于书札，转相赞诵，拍肩击节，嘔噱终日。”[③]如前所述，饮食男女，是天理人欲对立统一的维系点。人欲之险，险在稍不留神即脱离天理而滑入酒色人欲的泥淖之中。退溪这里所说的情形如“谈谑”、“秽念”等，即为天理之消而人欲之长。他认为，书院是为尊贤、论道而设，儒生受人侮辱，就已经是书院的羞辱了，更何况现在的儒生自侮其行。个人行为、书院风气等，关系到世道的升降，“四维横决，如山移海翻，无所底止，一时风俗之坏，至此极也，殊非吉祥之兆，不独为一院之忧也。昔五胡之乱，何预于清谈而尚论者？归咎于王夷甫诸人。矧今之所尚，又非清谈之比也，则岂不关于世道之升降耶”[④]？

具体而微，在对院生的要求方面，退溪曾制作《伊山院规》来规范院生的行为举止：

> 一、诸生读书，以四书五经为本原，《小学》、《家礼》为门户。遵国家作养之方，守圣贤亲切之训，知万善本具于我，信古道可践于今，皆务为躬行心得、明体适用之学。其诸史、子集、文章、科举之业，亦不可不为之旁务博通，然当知内外、本末、轻重、缓急之序，常自激昂，莫令坠堕。自余邪诞、妖异、淫僻之书，并不得入院近眼以乱道惑志。
>
> 一、诸生立志坚苦，趋向正直，业以远大自期。行以道义为归者，为善学；其处心卑下，取舍眩惑，知识未脱于俗陋，意望专在于利欲者，为非学。如有性行乖常，非笑礼法，侮慢圣贤，诡经反道，丑言辱亲，败群不率者，院中共议摈之。
>
> 一、诸生常宜静处各斋，专精读书。非因讲究疑难，不宜浪过他斋虚谈度日，以致彼我荒思废业。

---

① 《拟与丰基郡守论书院事》，《增补退溪全书》(一)，第341～342页。

② 《拟与荣川守论绍修书院事》，《增补退溪全书》(一)，第340页。

③ 《拟与丰基郡守论书院事》，《增补退溪全书》(一)，第342页。

④ 《拟与丰基郡守论书院事》，《增补退溪全书》(一)，第342～343页。

一、无故无告，切无频数出入。凡衣冠、作止、言行之间，各务切偲相观而善。

一、泮宫明伦堂书揭伊川先生《四勿箴》、晦庵先生《白鹿洞规十训》、陈茂卿《夙夜寐箴》，此意甚好。院中亦宜以此揭诸壁上，以相规警。

一、书不得出门，色不得入门，酒不得酿，刑不得用。书出易失，色入易污，酿非学舍宜，刑非儒冠事。（刑，谓诸生或有司以私怒棰打外人之类，此最不可开端。若院属人有罪，则不可全赦。小则有司，大则与上有司同议论罚。）

一、院有司，以近居廉干吕官二人差定。又择儒士之识事理、有行义、众所推服者一人为上。有司皆二年相递。

一、诸生与有司，务以礼貌相接，敬信相持。

一、院属人完恤有司与诸生，常须爱护下人。院事、斋事外，毋得人人私使唤，毋得私怒罚。

一、立院养士，所以奉国家，右文兴学，作新人才之意，人谁不尽心？继今莅县者，必于院事有增其制，无损其约。其于斯文，岂不幸甚！

一、童蒙非因受业与招致，不得入入德门内。

一、寓生不拘冠未冠，无定额，成才乃升院。①

其中值得注意的有几个方面：其一，“诸生读书，以四书五经为本原，《小学》、《家礼》为门户”，即儒生所学，须以《小学》和《朱子家礼》作为入门读本，以四书五经作为根本，体现的是对朱熹的直接继承关系和传统儒家对教育的基本要求。不准阅读“邪诞、妖异、淫僻之书”，以免败坏道德、迷惑心志，这与现今禁止学生阅读淫秽书籍及其他不利于学生身心发展的书籍等要求是完全一致的。其二，相信古代圣贤之道在今日之世亦可践行，都是“躬行心得、明体适用之学”。退溪在这里强调的，仍是他一再重申的持敬心法和践履工夫。其三，院生须“立志坚苦，趋向正直”，“以道义为归”，不能“性行乖常，非笑礼法，侮慢圣贤，诡经反道，丑言辱亲，败群不率”，如此则为“善学”；而“处心卑下，取舍眩惑，知识未脱于俗陋，意望专在于利欲者，为非学”。这与退溪“遏人欲，存天理”的主张是完全一致的。其四，在更为具体的方面有书斋读书、衣冠、作止、言行、女色、酿酒、刑罚等要求，其核心仍然在于美好人格的培养，即便在今天看来，仍然具有积极意义。其最终目的，正如其条文所言之“立院养士，所以奉国家，右文兴学，作新人才”，即振兴教育文化事业，为国家培养人才。

① 《伊山院规》，《增补退溪全书》（二），第346页。

三、切戒寻常事捉风——书院诗歌创作与人格美育

丽季程朱教始东，只今诸说满区中。
当年首发公徵史，继世真传孰任躬。
主敬龙门千圣法，明伦鹿洞一原功。
吾侪讲习非他绪，切戒寻常事捉风。
——李退溪《易东书院示诸君三首》其二

退溪的书院活动还包括书院诗歌创作，而其书院思想也部分地包括在这些诗歌之中。如前所述，退溪后半生很多活动都与书院有关：在社会活动方面有建立书院等实践；在其诗歌创作中，部分与书院有直接关联。作为理学家，退溪必然会在这些活动和诗歌创作中表达和糅入自己的理学思想。比如在书院选址上就与"天人合一"的哲学思想有直接关联，这种关联同时也体现在退溪的书院活动和书院诗歌之中。

与朱熹一样，退溪与书院有着浓浓的书院情结，与书院有着不解之缘，书院的一草一木、一举一动都会引起他的注意并入诗。"自喜山堂半已成，山居犹得免躬耕。移书稍稍旧龛尽，植竹看看新笋生。未觉泉声妨夜静，更怜山色好朝晴。方知自古中林士，万事浑忘欲晦名。"(《陶山言志》)看到"山堂"(指由其亲建的陶山书堂)快要顺利落成，心中涌起无限欣喜和期望。"锦水寒添夜雨清，朝云新卷众山青。野棠满路吹香雾，角角时闻雄稚鸣。"(《四月二十二日将见诸生于白云书院马上即事》)因快与诸生见面于书院之中而欢喜不尽，途中之景全然化为内心之情，可见其书院情结之浓。

作为诗人的退溪，无疑也会在其书院诗歌中记录和赞叹书院与自然、人与自然的合一、和谐之美。《易东书院示诸君三首》其三云："……入眼山光青似染，满庭草色翠如匀。与君共此闲中乐，珍重相看日日新。"该诗在对仗、平仄、韵律上都很工整，显示出作者很深的诗歌创作功力。其中"入眼山光青似染，满庭草色翠如匀"句，即是对书院景色的直接描写，并由此转入对"闲中乐"的向往。退溪之"乐"，是一个综合范畴，可以分为道德之乐和纯粹审美之乐并最终指向圣贤气象。圣贤气象是理学家最为崇尚的理想人格，其内核是伦理道德，但又不限于此而包括由道德彝伦、伦理操守衍生出来的"为天地立心，为生民立命，为往圣继绝学，为万世开太平"的社会责任感、忧患意识和理性精神，"民胞物与"的博大的胸怀以及个体精神的超越即兴趣超妙的洒落胸襟。如果说道德之乐偏向于社会责任感、忧患意识、理性精神等，那么纯粹的审美之乐则与个体的洒落胸襟的关系更为密切。内心体得"孔颜乐处"之妙而入随处充满、无少欠阙的天人合一的精神境界，见于外则为兴趣

超妙、洒落自得的情怀胸襟。故此，该诗于此处转入“闲中乐”，可见对书院与自然的和谐之美以及由此推及的在优美的书院中修业而体得的上下同流之美之深切向往。除此，退溪还有其他书院诗歌描述了人与自然、书院与自然的和谐之美，如“小白南墟古顺兴，竹溪寒泻白云层……”(《白云洞书院示诸生》)，“画岩形胜画难成，立院相招诵六经……”(《画岩书院》)，“人材渊薮古临瀛，辟学丘山涧石清……”(《丘山书院》)等。

退溪作为理学家，创作书院诗歌的目的当然不只是为了写景。其书院诗，基本上都属说理诗，写景是为了说理，或者说是景与理一。其书院诗歌，旨在弘扬程朱理学、凸显和传承儒家道统、追寻圣贤气象、纠正其时学风而最终化育天下。

其诗《竹溪书院》云：“竹溪风月焕宫墙，肇被恩光作国庠。弦诵可能追白鹿，明诚谁似导南康。”诗中所言“白鹿”是指白鹿洞书院。周敦颐与朱熹都曾“知南康军”，诗中所言“南康”当为二者其一，而最有可能是指朱熹——这一点可以从前引《洞规后叙》中退溪对白鹿洞的介绍可以看出来，甚至可能指地名“南康”，如“邹鲁”、“洙泗”之寓。总体说来，该诗传达出退溪这么一种信念：仿效中国宋代书院如白鹿洞书院，通过书院之兴普及理学，带动学风、社会风气的好转。他为易东书院起名并作《书院成，名以“易东”，一绝见意》：“邈邈田门叹易东，吾东程易昉吾公。更攀朱郘名兹院，要见天心皦日中。”所谓“吾东”、“攀朱郘”等，所表达也是这一信念。

书院的核心功能是育人。退溪《临皋书院成祭郑文忠公文》云：“恭闻圣宋，书院创制，以尊先正，以范来裔。大明吾道，于斯最美。……于乐菁莪，发挥遗经。阐教是务，弘道为荣。”《西岳精舍》诗亦云：“东都贤祀谤何频，变置真成学舍新。但使菁莪能长育，涵濡圣泽属儒绅。”两诗都提到了“菁莪”。《诗·小雅》有《菁菁者莪》篇，序云：“菁菁者莪，乐育材也，君子能长育人材，则天下喜乐之矣。”范仲淹有“矧尝赫赫之瞻，敢昧菁菁之乐”(《上张侍郎启》)句，退溪所宗之朱熹亦有“乐菁莪之长育，拔隽髦而登进”句。可见“菁莪”引申为育材、以育材为乐之意。从两诗来看，退溪对宋代书院极为推崇，同时也意识到了书院育人的巨大作用。然而，当时的国学乡校已经失去了育人的本质功能而沦为科举应试的工具。“萧条篱落数家村，鸡犬桑麻昼掩门。纸笔峰前池水涸，当时弦诵更谁论。”这首《过顺兴乡校旧址(有纸笔峰砚墨池)》诗，不仅是对当时国学乡校的衰败的记录，更是对这种衰败的叹息和“弦诵”缺失的哀恸。

在退溪看来，当时的官学之弊严重，比如科举。书院则不能以科举为目的而应专注于传经诵道、化育人才。其《总论诸院》诗云：“白首穷经道未闻，幸深诸院介斯文。如何科目波翻海，使我闲愁剧似云。”可见退溪对当时科举大行其道的状况深表忧虑，并认为书院在解决这一问题上作用重大、任重道远。对于所赞赏的正面积极的书院活动，退溪也有诗："小白南墟古顺兴，竹溪寒泻白云层。生材卫道功何远，立庙尊贤事匪曾。景仰自多来后硕，藏修非为慕骞腾。古人不见心犹见，月照方塘冷欲冰。"(《白云洞书院示诸生》)退溪诗歌擅用典，从中随处可见古人印迹。《礼记·学记》云："君子之于学也，藏焉，修焉，息焉，游焉。"郑玄注："藏，谓怀抱之；修，习也。"可见"藏修"即不为外物所动而潜心修习之意。"骞腾"为飞黄腾达之意，这里即指不利于修习的科举，卢纶有"飒然成一叟，谁更慕骞腾"句，秦观有"迁谪生华发，骞腾上紫微"句。"藏修"与"骞腾"正好形成鲜明对照，如"为己"与"为他"之别。"方塘"典出朱熹名诗《观书有感》。照退溪的理解，"半亩方塘一鉴开"讲的是心之全体湛然虚明的气象，"方塘一鉴，虚明能应，光影徘徊，万象无逃，以谕人心虚灵不昧，寂感无边，应用不穷也"[①]。退溪强调的是天理的本原地位和心之虚明，即体用关系，意谓心灵须不为物欲所累，不为功利所动，"虚明"如明镜止水，方能真正悟道。

退溪要求常持懔惕之心以防人欲之险，即以敬为本、以持敬治心；以敬为本，在于以持敬之心抑制人欲，使人心在日用之际活跃于穷理致知、反躬践实等活动之中，在体用、动静、理气的相互关系中把握性情的尺度而得圣贤境界。相应地，退溪强调士人的修习不能为外物所扰，其书院诗歌，特别是规劝后学的书院诗歌对此多有论及。如其《次〈丘山书院〉韵》云："看图知院称嘉名，病谢铺张愧不情。寄语诸君好坚坐，从来出入害工程。"其中的"坚坐"与"出入"相对相反。所谓"坚坐"，即为持敬方式之一，有如朱熹《敬斋箴》"正其衣冠，尊其瞻视；潜心以居，对越上帝。足容必重，手容必恭……"云云；所谓"出入"，指内心经受不住外物的诱惑而不能潜心修习，如此会害了修习"为己之学"的"工程"。《易东书院示诸君三首》其一亦云："儒馆经营洛水边，幸同今日会群贤。初来易道乾坤辟，渐贲文献日月悬。好待后人能契发，恭闻此学在精专。莫将外慕相挠夺，无价明珠得自渊。"前部分"儒馆"、"群贤"、"易道"、"文献"等讲书院与儒学，而后部分则是对后学的训诫。所谓"精专"，与下一句"莫将外慕相挠夺"相呼应，要求心法的持敬，最后一句"无价明珠得自渊"则从正面讲述了修习圣贤之学，即真正的学问来自持敬的心法和长久地坚持。

持敬心法在于"日用之际、心目之间"，即在于日常践履。因此，其《易东书院示诸君三首》其二云："丽季程朱教始东，只今诸说满区中。当年首发公徵史，继世真传孰任躬。主敬龙门千圣法，明伦鹿洞一原功。吾侪讲习非他绪，切戒寻常事捉风。""公徵史"指高丽时理学传播者禹倬。《高丽史》载："程朱理学初来东方，无能知者。倬乃闭门月余，参究乃解。教授生徒，理学始行。"这首书院诗歌，前半部分

① 《答金而精》，《增补退溪全书》(二)，第98页。

如“丽季”、“公徵史”等谈及朝鲜理学的历史和发展；后半部分谈有关学问修习，“主敬龙门”与“明伦鹿洞”分别典出程颐与朱熹，即认为程颐在龙门讲学提倡、强调的“敬”是修习的“圣法”，朱熹之教“本于明伦，而以博学、审问、慎思、明辨为穷理之要”是祛病之规。这些要法、统规应落实于日常践履，即要在日常践履中持敬而不为外物所迁夺，所谓“功戒寻常事捉风”。关于“捉风”，《朱子语类》卷八有“进取得失之念放轻，却将圣贤格言处研穷考究。若悠悠地似做不做，如捕风捉影，有甚长进”等语，不过退溪该诗的引典更加强调“寻常”的工夫践履，因此更加偏向于日常工夫不应为外物所挠夺之意。总之，从此类书院诗歌中，我们可以看出退溪对日常践履与持敬心法的思想的极力强调。

退溪强调道统的传承、圣贤的垂范作用以及圣贤圣学对风俗的影响，在其书院诗歌之中亦有表现。比如《画岳书院》：“画岩形胜画难成，立院相招诵六经。从此伫闻明道术，可无呼寐得群醒。”退溪于《书李大用〈研经书院记〉后》附该诗赠书院众人，并云：“倡起奋发，实从事于为己之学，相观而善，相勖以成者，必有其人也。”“人虽有与尧舜同归之性，而其志道为学，必须如是之奋发刚勇，硬着脊梁，克自担当，尽死力而痛理会，如血战然，乃可以得之。不然，悠悠泛泛，终无可得之理故也。”[①]讲的就是书院与圣学修养的关系。其《蓝溪书院》云：“堂堂天岭郑公乡，百世风传永慕芳。庙院尊崇真不忝，岂无豪杰应文王。”从所引典故“郑公乡”、“文王”等看来，退溪寄望书院重人格教育的尊贤讲道之风来纠偏当时浮薄恶劣的士林风气、提高士人的人格修养、美化风俗并使天下大治，同时也表现了他对后学的拳拳期冀。退溪作有陶山组诗，并作《陶山记》云：

> 余恒苦积病缠绕，虽山居不能极意读书，幽忧调息之余，有时身体轻安，心神洒醒，俯仰宇宙，感慨系之，则拨书携筇而出，临轩玩塘，陟坛寻社，巡圃莳药，搜林撷芳。或坐石弄泉，登台望云；或矶上观鱼，舟中狎鸥，随意所适，逍遥徜徉，触目发兴，遇景成趣。至兴极而返，则一室岑寂，图书满壁，对案默坐，兢存研索。往往有会于心，辄复欣然忘食；其有不合者，资于丽泽又不得，则发于愤悱，犹不敢强而通之，且置一边，时复拈出，虚心思绎，以俟其自解。今日如是，明日又如是。若夫山鸟嘤鸣，时物畅茂，风霜刻厉，雪月凝辉，四时之景不同而趣亦无穷。自非大寒大暑、大风大雨，无时无日而不出，出如是，返亦如是。是则闲居养疾，无用之功业，虽不能窥古人之门庭，而其所以自娱悦于中者不浅，虽欲无言而不可得也。于是逐处各以七言一首纪其事，凡得十八绝……

《陶山杂咏》组诗之《陶山书堂》：“大舜亲陶乐且安，渊明躬稼亦欢颜。圣贤心

① 《书李大用〈研经书院记〉后》，《增补退溪全书》(二)，第385页。

事吾何得，白首归来试考槃。”此为自然之趣与圣贤气象、圣贤之乐的内在关系。又如《玩乐斋》：“主敬还须集义功，非忘非助渐融通。恰臻太极濂溪妙，始信千年此乐同。”实为退溪由“敬”入“妙”、“乐”而体圣贤气象的人格美论的诗性表达。

其他相关书院诗歌，如“一粟吾生海外身，可怜圣贤未同辰。若非云谷千言鉴，何异蘧庐一宿人。入眼山光青似染，满庭草色翠如匀。与君共此闲中乐，珍重相看日日新”（《易东书院示诸君三首》其三）、“圃翁风烈振吾东，作庙渠渠壮学宫。寄语藏修诸士子，渊源节义两堪宗”（《临皋书院》）、“人材渊薮古临瀛，辟学丘山涧石清。降圣千年名已近，乞灵今日教将明”（《丘山书院》）等，都与道统传承、儒家经典研习、风俗移易有关。

总体而言，退溪书院诗歌与其理学思想融然一体，内容涉及学问、圣贤、道统、学风、育才、风俗教化等领域，旨在弘扬程朱理学、追寻圣贤气象、凸显和传承儒家道统、纠正其时学风而最终化育天下。在风光渲染处，淡妆浓抹，藏理于景，理景无碍；在理规劝诫时，谆嘱善导，托情出景，情景交融。其心也正，其意也深，其情也浓。

退溪的书院思想和书院活动，直接促使了朝鲜李朝书院的兴盛。退溪通过对“为己之学”与为人之学、君子儒与小人儒的分析，认为书院重人格教育的尊贤讲道之风，可以纠偏当时浮薄恶劣的士林风气、提高士人的人格修养、美化风俗并使天下大治。其重人格教育并以之美化风俗的书院思想，对于现今的人文素质教育仍有积极的借鉴意义。

第三节 士人人格与进退之义

退溪强调在恶劣的环境中更应加强士人的人格修养。他以此为出发点，虽面临着朝廷的催促和外界舆论的压力而以自身行动保持着内圣与外王之间微妙的平衡。这种出处进退与人格修养之间的协调，为朝鲜李朝的儒者树立了一个良好的典范，最终功化及物。

一、退其身而徇其义——内与外之二难抉择

> 义有所不行则必退其身，然后可以徇其义。当此之时，虽有大不忍之情，不得不屈于义所掩也。
>
> ——李退溪《答奇明彦》

内圣和外王最早出自《庄子·天下》，但却是儒家修行的纲领。自宋以来，随着

儒、道、释的合流和理学的出现，内圣和外王开始被用来阐释儒学。所谓内圣，是理想人格的自我完成，即通过道德修养的方式，将个体内在的“天之道”转化为一种完美的道德人格，达到自觉履行道德规范的人格典范以及个体自我道德修养的最高境界。内圣的功夫，实际上是一个培养道德品质的过程。而所谓外王则是一种政治人格，是内圣的向外扩展，指在内在的道德人格的基础上，把圣人的王道理想在社会生活和国家政治中体现出来，实现“治国、平天下”的圣王理想。学者杜道明认为：“一般来讲，‘外王’不属美学讨论的范畴，而‘内圣’却是儒家理想的人格美，也是儒家心目中最高的‘美’的理想。由于儒家以修身为本，所以他们对美与审美理想的认识，必然要与人性及人生境界的探讨结合在一起。换言之，儒家对人格修养和对人生境界的追求，实际上内在地制约和规定了他们对审美理想的追求。”[①]儒家追求修行的内外兼顾，既求内圣又求外王。退溪偏重于内圣甚于外王，但同时又强调践履，二者之间是否有着不可调和的矛盾呢？

退溪所处时代，士祸迭起，一方面造成士林风气败坏；另一方面致使有识之士、有能之人隐而不出，谈政色变，人人自危。当时“士林丧气，不敢进取。残酷倾轧，连绵士祸，冤狱迭兴，入朝做官如履薄冰，仕途变作畏途。今日堂上为官，来日变成阶下之囚；此刻飞黄腾达，彼刻横遭诛戮”[②]。因此，就当时的朝鲜儒者而言，“理学家开始由‘入世’转向‘出世’；由注重‘务实’，转向空谈‘性理’，由标榜‘经世治国’，转向‘只谋私禄’，由崇儒排佛振兴儒学，转向理学内部无休无止的烦琐争辩”[③]。

在这样的社会背景下，退溪大力提倡作为士人应有的道义准则和人格，更具有历史意义。除了上文论述的人格美之外，士人的道义准则和人格主要体现在其忧患意识及进退思想之中。忧患意识与人们在困境时心理上所产生的那种为了摆脱个人利害得失的忧患心绪不同，它既是一种特殊的意识，是一种精神动力；也是一种防范意识和预见意识，源于自觉的危机感、紧迫感、责任感和使命感，是历史主体所表现的对人的生存价值的终极关怀和对国家民族利益的关注。忧国忧民的意识，是退溪忧患意识中最为核心的、作为士人的品格中最为重要的内容。所谓“修己以敬”、“修己以安人”、“修己以安百姓”（《论语·宪问》）。《退溪先生言行通录》记云：“爱君忧国之心，不以进退而有间。闻一政令之善，喜不能寐；或举措失宜，忧形于色。常以辅养君德、扶护士林为先务。出处进退，一徇乎义。义有未安，则必奉身而退。难进易退之节，壁立万仞，尤著于晚节。”[④]退溪的忧患意识，具体地说，首先表现在他对个人修为、志向的关怀上，这是其人生观，即对个人人生意义的看

① 杜道明：《中国古代审美文化考论》，学苑出版社2003年版，第247页。

② 谢宝森：《李退溪与朝鲜朱子学》，团结出版社1992年版，第52页。

③ 谢宝森：《李退溪与朝鲜朱子学》，第54页。

④ 《退溪先生言行通录》卷四，《增补退溪全书》(四)，第69页。

法。其次表现在他对当时朝鲜李朝的国家以及民生命运的关注上，他所忧虑的是国家兴衰、民众安危。这二者其实是统一的，归结为一点即为儒家所尊崇的信条“正心、修身、齐家、治国、平天下”。

毫无疑问，退溪的忧患意识，与当时的士林风气、社会背景等紧密相系。就第一点即个人修为、志向而言，鉴于当时“士风大污”，退溪力倡士人的道义准则和人格——这主要体现在退溪关于“为学”的言论中，又着重表现于其践履思想。

第一，坚定为学的志向，在险恶的环境中更须如此。这主要见于退溪给友人、后学的信件之中，谆谆教诲，溢于言表。他在给金伯纯的信中，告诫不要受到浮薄社会风气的影响而改变自己的志向：“示谕向来之误今日之觉，不幸已往，至幸方来，惟在加之意，慎无以得少为足，亦深以作辍为戒，勿为浇俗所迁夺，积之以久何忧于卒无得耶？苟为不然，前日见人之行不掩言以为甚病者，勿反在我，是尤可惧也。”[①]退溪对金应顺在衰败的风气（“颓波”）中能痛切地改正以前的旧习而大加赞赏：“一时之悔过自新非难，而能终始不变，卓然立脚于颓波之中者，为难也。以足下之才气，苟能辨得此心，何所学而无成？何独止于为今世之名士而已哉！所患乍立还毁，有始而或无终，则真未可必耳。”[②]这里强调的是在恶劣的风气环境中坚持为学的重要性。他还告诫奇明彦说：

> 一蹉则入于安常袭故，随俗俯仰之陋。必常有不可夺之志，不可屈之气，不可昧之识见，而学问之力，日淬月锻，然后庶可以牢着脚跟，不为世俗声利、威风所掀倒也。不然，味无味而无得，钻弥坚而不入。少间，不免心懒意阑，志虑回挠。而世俗利害祸福之说，又从而怵近迫恐喝，寖销寖铄，则其不变其初服，而以谐世取容、背道趋利为得计者，鲜矣。是尤可惧之甚者也。[③]

在“浇俗”、“颓波”之中，不是没有有识之士、有能之人，但他们随波逐流，不可能取得较大成就而有益于国家社稷：

> 西汉之末，士尚谀佞而亡天下；晋宋之间，士尚清虚而乱天下；李唐之时，士尚文词而敝天下。彼一时，岂尽无特立独行之士生于其间哉？其所以同波混辙，举一世靡然趋之者，其故何欤？三军可夺帅，匹夫不可夺志。彼其风振百代，壁立万仞，不待文王而兴者，何寥寥也。[④]

第二，坚定为学的方向。退溪常告诫友人后学坚定为学的志向，因为它与世道的盛衰是紧密相关的。他说：“孟子曰：‘士尚志。’夫士之所尚，系时之污隆，可不谨

① 《答金伯纯》，《增补退溪全书》（一），第 350 页。

② 《答金应顺》，《增补退溪全书》（二），第 176 页。

③ 《答奇明彦》，《增补退溪全书》（一），第 404 页。

④ 《策问》，《增补退溪全书》（二），第 341～342 页。

哉？”[①]但退溪之志向指的是什么呢？整体地从退溪理学思想来看，当指个人与社会相系的礼、义、廉、耻。“今庸下之人，扶虚名而欺君父，见大利而忘己分，但知贪得，罔思酬报，不知礼义之为何物、廉耻之为何事。则其弊岂止于伤风俗、坏国政而已。”[②]“四维横决，如山移海翻，无所底止，一时风俗之坏，至此极也。”[③]其中的“四维”即为礼义廉耻，它是关系到国家兴衰的大堤坝，个人修养与社会风气之间的关系，即系于礼、义、廉、耻这四维。关于这一点，退溪还提出了许多具体的道义准则，并强调将之落于实处。比如士人不能“饰智矫情，掠虚造伪”，须努力“为善”，不可沽名钓誉、追求私利，当洁身自好：

人有饰智矫情、掠虚造伪以得名者，其陷于祸败，固所自取。其有实积而华发，形大而声宏，德充而誉溢者，名之所归，谤亦随之，或因而不免焉。斯可尽以为其人之罪乎？古之人有云：“苟欲避名，无为善之路。”今人之于人，显斥其为善，公排其向学，曰：“恶近名也，戒召患也。”至于为善而自怠，向学而中废者，其自诿亦然。举俗靡靡，日趋于颓坏。呜乎！孰谓治病之剂，而反为迷人之毒乎！[④]

第三，学问道德，皆须践履。对于傲物凌人、短于谨言、疏于检身等陋习，退溪力劝痛改。至于具体方法，退溪说：“断置百杂，杜门扫地，温理旧业，大覃思而极操约，如忠信笃敬、参前倚衡等。凡圣贤至训，皆不以空言视之，必期于吾身亲见而实验之，庶不负重责所归也。”[⑤]强调践履工夫，将圣学操守如忠信笃敬、参前倚衡落于实处，如此才能担起重任。而践履之工，须随时随地而持之以恒：

常人之学，所以每至于无成者，只缘一觉其难，遂辍而不为。若能不疑、不辍，毋以欲速而过于迫切，毋以多悔而至于挠夺，讲究践履，久久渐熟，则自当见意味浃洽，眼目明快。凡读书玩理，随时随处，皆可以用工矣。[⑥]

同时，践履之际须切于义理，有违碍处须细加究审：

若真实着力研穷，着脚推行，积渐积久，其间必有所深喜，亦必有所深疑，可指出以与同志往复论难者，惟如此，然后庶乎有益于彼此。苟为不然，向道之意虽切，愿学之志虽恳，实未曾下手用工，读书泛泛，度日悠悠。义理未精，不审其如何而可精；践履有违，不究其如何而无违。往往环顾其中，与不学之人初无相远，徒以是概然发叹，自咎自责于对众言谈之间、朋友书尺之际。穷

① 《策问》，《增补退溪全书》(二)，第 341 页。

② 《答朴参判》，《增补退溪全书》(一)，第 279 页。

③ 《拟与丰基郡守论书院事》，《增补退溪全书》(一)，第 342 页。

④ 《答卢伊斋》，《增补退溪全书》(一)，第 288 页。

⑤ 《答奇明彦》，《增补退溪全书》(一)，第 460 页。

⑥ 《答李宏仲》，《增补退溪全书》(二)，第 215～216 页。

恐非但无益于此学，反以取笑于流俗，非细故也。[①]

学问道德，离开了践履，仍然无益于国家社会，这是退溪在一篇策问中的命题。退溪遗策问两篇，在其中的一篇，退溪首先进行了史实回顾："昔东汉之士，尚节义而扶世道；赵宋之士，尚道德而淑人心。然而扶世道者，终不能卫社稷；淑人心者，卒不能化奸慝。若是乎，道德节义之无益于国也。"继而切入当时朝鲜社会的状况并引起道德与践履与社会的话题：

> 若其鸿儒硕士，为荐绅领袖，自谓任斯道之责者，夷考其行，其于道德之实，节义之守，皆未满人意，则其以文词鸣于世而已耶？寄命于耳目，胜理于口舌，而曰"我尚道德"。平时则大言高论，遇变则趋利避害，而曰"我尚节义"，则与彼尚文词、尚清虚、尚庚倭者，奚择哉？然则人心何由而淑，世道何由而扶乎？天开景运，圣神继作，迪之以好恶之正，浸之以诗书之泽，所以待文王而兴者，此其时也。然则本朝之士，所尚可得闻欤？道德虽云难得其真，节义虽挺或患其媮，文词虽盛渐至衰敝，何欤？抑诸生将由科目而发身，文词之尚固不能免也。然而抱道德、砥节义，尚志而尚论素定于胸中久矣！[②]

道德践履之重要性，是退溪极力强调的。由此看来，退溪所谓"何独止于今世之名士而已"的志向，其内涵当包括道德有实、节义有守、义理审精、践履无违诸多内容。

个人修为、志向，折射出国家和民生命运，二者是密不可分的。后者主要体现在退溪关于进退受辞的思想之中。退溪的进退受辞思想以"以退为义"为核心。它与"明哲保身"有本质的区别。"明哲保身"在一定程度上是中性词。《诗经·大雅·烝民》云："既明且哲，以保其身。"这里的"明"、"哲"为褒义；然现代汉语中的"明哲保身"为贬义，指明智的人回避或不参与可能给自己带来危险的事，因怕犯错误或有损自己利益而对原则性问题持不置可否的处世态度。退溪三十多岁时入仕为官，当时的权相金安老有田庄在荣川郡，而荣川郡是退溪夫人许氏的家乡。金安老因同乡的关系，愿见退溪，但遭退溪拒绝。金安老因而怀恨在心，嗾使台谏官论劾退溪。从此事可以看出，退溪从入仕开始即表现出一种不屈服于权贵的独立的士大夫人格，"明哲保身"的态度与此是不可相提并论的，"不可俯仰随人如桔槔，斯则为古今仕者之第一义，虽死不可变吾守耳。又非不知'隐几工夫大，挥戈事业卑'，而特地衰慵，不能自力于尊所闻、行所知，以是恒自愧惧，每思纵不能收效于吾身，得见人之收效于此事，亦一幸也。"[③]其实，退溪入世与出世二者并存，二者相互矛盾的同时又相互调和，具体须视不同情况而言。首先，退溪进退之义的前提是忧国忧民，以天下为己任，所谓"先天下之忧而忧，后天下之乐而乐"。其次，退溪进退

---

① 《答朴子进》，《增补退溪全书》(一)，第395页。

② 《策问》，《增补退溪全书》(二)，第341～342页。

③ 《答黄仲举》，《增补退溪全书》(一)，第490页。

之义，体现于内圣与外王的二难选择。个人所处的特殊历史背景、儒学特别是理学思想的熏陶，是为退溪进退受辞的根本原因，与“明哲保身”的圆滑的处世原则无关。

第一，忧国忧民，以天下为己任。

“士不可以不弘毅，任重而道远。仁以为己任，不亦重乎？死而后已，不亦远乎？”（《论语·泰伯》）儒家的核心价值观，在于国家兴亡匹夫有责，在于“治国平天下”的以天下为己任的经世治民、心忧天下的忧患意识以及“民胞物与”的博大胸怀。儒家历来强调孟子所说的“乐以天下，忧以天下”（《孟子·梁惠王下》）的入世精神。范仲淹《岳阳楼记》“先天下之忧为忧，后天下之乐而乐”是妇孺皆知的名言，其“言政权之源流，议风俗之厚薄，陈圣贤之事业，论文武之得失”（范仲淹《奏上时务书》），同样被儒家奉为处世经邦的座右铭。这种精神，正是圣贤气象的一个重要价值取向，因此朱熹极力称赞范仲淹说：“范公平日胸襟豁达，毅然以天下国家为己任。”（《朱子语类》卷一二九）

退溪为官期间，事迹为世人称道；退闲之后，也念念不忘国家民族的安危以及人民的疾苦。据《退溪先生言行通录》载：

> 其爱君忧国之心，虽闲居，未尝一日而忘于怀。每闻朝廷一政事之失，则忧形于色；一举措之得，则喜见于言。晚年所虑，非止于此，深以辅养君德、清源正本为当今急务。[①]

所谓身在林泉，心怀魏阙，从他的往来信件中可见一斑。如饥荒边衅之忧：

> 本原之忧既然，又今八道饥荒，二边有衅，而闻有西征之举。若止为敌至策应之备，则固不得已。如其不然而先举讨罪之兵，虽曰名正言顺，衅隙一启，兵连祸结，奈无后段何？此又莫大之忧。诸公其必念之，而非野外所宜言也。[②]

无物群盗之忧：

> 此间旱灾方酷，人将靡孑，而月初旬得雨，焦欲多苏，人始有生生之望。然水田全弃者过半，其他列邑赤地无物，人尽嗷嗷待死，势必群盗大起，不知国家将何以救之。思之至此，夜不能寐，苦事苦事，奈何奈何？[③]

无兵无食之忧：

> 滉刑兵两剧与病作祟，今方在告计，至晦间当得就闲。但本欲因此闲隙乞假南归，而今则八道俱告旱荒，救荒之政方急。看此风色，虽至秋成受由之禁，想必不开，则又不谐归计也。去年虽饥，吾乡则不至甚也，今闻赤地无物，门族举将流离颠踣。每一念至，不胜吁天之痛。八道中，湖南、沿海、岭南，阖境尤

---

① 《退溪先生言行通录》卷一，《增补退溪全书》（四），第12页。

② 《答郑子中·别纸》，《增补退溪全书》（二），第30页。

③ 《答李公干》，《增补退溪全书》（一），第392页。

甚云。而倭畔多端，难保鲸波之不腾，北方自草串构畔之后，一次入寇一次窃发，传闻秋冬必大举入寇云，故备御之策廷中时方骚骚，大概无兵无食，虽有善筹者，岂不寒心哉?[①]

国罹三空之忧：

国罹三空之厄，抚摩之责，如救怀襄，未免神虑之劳，如何！如何！郁攸灾酷，又丁此际，上下忧惶，罔知攸济，天之何为屡变，靡悔之极耶?

烈寒饥迫之忧：

去冬京师大雪凝冱，真所谓五十年中所无。病骨冰堗，极难温存，深蛰牢关，苦待春妍。今兹泰阳已启，尚尔坚惨，人日又大雪，继以烈寒，何望昭苏之期？闻岭南过腊无白，不知近雪能普被未乎？饥迫之状，远想心痛，况为父母亲抚摩，何忍！何忍![②]

如此等等，不一而足。除了往来信件之外，其诗歌也表现了他的忧国忧民之情。其诗论对此同样注重，他评杜甫及其诗是主于忠爱而忧时感事：

生于盛唐之时，得其光岳之全，追踪乎《风》、《雅》，凌驾乎屈、宋。忠爱之诚，出于天赋。忧时感事，触目皆然。故北征之篇，作于仓卒而谆复乎国事；慈恩之诗，作于游遨而意在乎天宝。其不为空言也，类如是，故唐史称其为诗史。[③]

学者周月琴认为："退溪在艰难的求退中还时时关注着乱世中的国计民生，并为国家不能救民于水火之中而深深忧虑，这充分证明退溪的隐退为学绝不是'明哲保身'，而是为了国家与民族的安危，他要抛开个人的荣辱得失，从思想上接过程朱性理前辈的人性理论，对人性之恶的根源作进一步探寻，以期能为隐于士祸之恶性政治循环中的士林、民族与国家找到一条新的人生出路。"[④]诚然，虽然退溪因顾虑自己的处世关乎士林的安危而未轻易出山，但他仍然通过与在朝为官的门人弟子的书信往来，表达自己对时势的分析和判断，希望利用这种间接的方式来帮助当政者正确认识国家局势。苦心如此，爱国忧民之情，令人敬仰。忧国忧民与为官归隐之二难选择，正是退溪美学思想在其人生实践中的实际运用。

第二，退溪进退受辞之义，表现于内圣与外王的两难选择。

退溪曾赠诗栗谷："持心贵在不欺，立朝当戒喜事。"郑飞石《李退溪小传》评价说，初看之下，它似乎不是什么了不起的句子，但对栗谷而言却是最适切的箴言，因为退溪把儒学的本道放在"立言垂后"，而栗谷却把儒学的本领用在"出世行道"，换

① 《答吴仁远》，《增补退溪全书》(一)，第399页。

② 《答黄仲举》，《增补退溪全书》(一)，第467～468页。

③ 《策》，《陶山全书》(四)，第314页。

④ 周月琴：《退溪哲学思想研究》，第162页。

言之，退溪是把做学问的基本目的放在使世人悟正道之上，而栗谷是把做学问的基本目的依照自己的意思实行于世上，"这一点，也可以说是退溪和栗谷的儒学观根本的不同之处。由于退溪已经看穿了年轻的栗谷之思想，在意识上写下这样子的座右铭"①。

在理论上，退溪并不反对入仕为官。爵禄与为官，确实关系甚紧，但排除名利因素却并无实质关联："古人亦或有之，本非害义。"②但只为爵禄而不顾出处之义则是他所反对的：

> 我之进退前后似异。前则闻命辄往；后则有征必辞，虽往亦不敢留。盖位卑则责轻，犹可一出；官尊则任大，岂宜轻进！昔有人除大官则辄往，曰："上恩至重，何可退也？"余意则似不然。若不顾出处之义，而徒以君宠为重，则是君使臣，臣事君，不以礼义而以爵禄也。其可乎？③

从中也可以看出他进退以义，终其一生都未改变。其进退受辞思想的核心在于，以进为义还是以退为义，需因人因事因时而有所区别，"盖义之所在，随人随时变动不居。在诸公则进为义，欲使之为我所为。不可也；在我则退为义，欲使之为诸公所为，亦不可也"④。他强调"反求诸己"，外王的实现首先须内圣。进退受辞，须视具体情况而定，但首先得加强自身修为即"自为"。李退溪答李栗谷云："足下之心诚切于学如许，则求之于四书有余师，求之于程朱书有余地矣。古人云，少年登科一不幸。足下之失于今榜，殆天所以大成就也。"⑤与之同意，他在《答奇明彦》信中对奇明彦"学未成"而不出的想法大加赞赏，誉之为"今世之所未见"："大抵出处去就，当自决于心，非可谋之于人，亦非人所能与谋。……今观来喻之意，自谓学未成而遽出，恐仕宦之夺志，欲归而卒究大业尔，此乃古人之所难得，而今世之所未见。"⑥在退溪看来，过早入仕并非好事，首要的是加强自身的修为。

退溪回顾自己为学做官的历程时说，少年时曾有志于学问，稍有所获时染上重病，其时应该退居山林读书养志，学问则应有所成。但那时却去应举觅官，最后弄得受虚名牵累，想要退归，却已进退两难，且又遭到诸多议论诽谤。他反思道："尝自念山野之性，虽不由爵禄之慕，而学不明理，昧于时义，一误其初，后虽有悟，难于收拾以至此。"⑦可以看出，在退溪的进退受辞思想中，为官（外王）须以学有所成

---

① [韩]郑飞石：《李退溪小传》，第 81～82 页。
② 《与韩永叔》，《增补退溪全书》(二)，第 279 页。
③ 《退溪先生言行通录》，《增补退溪全书》(四)，第 69 页。
④ 《答奇明彦》，《增补退溪全书》(一)，第 448 页。
⑤ 《答李叔献》，《增补退溪全书》(一)，第 373 页。
⑥ 《答奇明彦》，《增补退溪全书》(一)，第 402 页。
⑦ 《答奇明彦》，《增补退溪全书》(一)，第 403 页。

(内圣)为基础,学问没有明理,糊里糊涂地屈从舆论应举觅官,最终难以收拾;外王不能实现主要是因为内圣尚未完成;与其临渊羡鱼,不如退而结网,正如其所言:"义有所不行则必退其身,然后可以徇其义。当此之时,虽有大不忍之情,不得不屈于义所掩也。"[1]

儒者即便归于自然,远离政治,但通常并未放弃"先天下之忧而忧"的社会责任心,在儒者身上经常出现既关心政治又不得不远离仕途的双重矛盾,退溪亦如是。其进退受辞思想,基本上可以用《答奇明彦》信中的一段话来概括:

> 夫士生于世,或出或处,或遇或不遇,归洁其身行其义而已,祸福非所论也,然尝怪吾东方之士,稍有志慕道义者,多罹于世患,是虽由地褊人浇之故,亦其所自为者有未尽而然也。其所谓未尽者,无他,学未至而自处太高,不度时而勇于经世,此其取败之道,而负大名当大事者之切戒也。故为公今日之道,勿太高于自处,勿遽勇于经世,凡百勿太过于自主张;身既出世而许国,则何可专守其退志;志以道义为准则,则又何可有就而无去。直以夫子学优仕优之训为处身之节度,而精审于义理之所安。其行于世则职思其忧之外,常须退一步低一头,而专意于学曰:"我学未至,何遽任经济之责乎?"其达于时则一丝莫管于外,必须或乞闲或图退,而专意于学曰:"我学未至,静修进益今其时矣。"如是久远为期,一进一退,莫不以学为主,深知义理之无穷,常歉然有不自满之意,喜闻过,乐取善,而真积力久,则道成而德立,功自崇而业自广。向之所云,经世行道之责,至是始可任矣。[2]

要之,第一,进退受辞,当自决于心,并以孔子"仕而优则学,学而优则仕"(《论语·子张》)之训为"处身之节度";第二,或辞或受,或进或退,皆须"归洁其身行其义";第三,为官须先"自为",即提高自身的学问修养,"精审于义理之所安";第四,进退之间,"以学为主"。

二、乐能兼济乐及民——隐与出之功化及物

> 五亩荒园四海春,浇花剖竹总经纶。
> 可知此乐能兼济,终转乾坤乐及民。
>
> ——李退溪《洛社独乐》

虽然退溪以孔子学优仕优为训,但他多次辞官,主要偏于内圣的一面。其理由,据他自己所言,主要如下:

---

① 《答奇明彦》,《增补退溪全书》(一),第446页。

② 《答奇明彦》,《增补退溪全书》(一),第403~404页。

大愚也，剧病也，虚名也，误恩也。四者丛于身，而掣肘矛盾，互相妨夺。欲及于古之人，则古人无似我大愚也；欲同于今之人，则今之人无似我剧病也；欲逃虚名，则虚名每相逐；欲辞误恩，则误恩转益加。以大愚而欲实虚名，则为妄作；以剧病而欲承误恩，则为无耻。夫挟无耻以行，妄作于德，不祥于人，非吉于国，有害。滉之不乐仕、常退身，岂有他哉？凡以为四丛所困、二患所迫故耳。①

夫庸人而处卑，无名老病而弃置远外，是本分事也。今乃不然，以性极愚、材极劣、病极深、老极衰之人，反遭名太滥、责太重、位太高、恩太隆之变，如使滉如古识微虑远之君子，虽值其中之一事，犹以为不祥之兆、必败之征，亟引而去之，况以四极而遭四太，其处之当如何也？不幸而不知则已；幸而自知之明，则又安可犯此兆征而敢应吾君之命乎？虽然其所以不敢应者，亦岂为私计而然哉？尝闻朱文公之言曰："士大夫之辞受出处，又非独其身之善而已，其所处之得失乃关风俗之盛衰，故尤不可以不审也。"夫以大贤之出处，其间有小违碍，犹尚以此为患，况今庸下之人，挟虚名而欺君父，见大利而忘己分，但知贪得罔思酬报，不知礼义之为何物、廉耻之为何事。则其弊岂止于伤风俗、坏国政而已。②

所谓"四丛"、"二患"仅是退溪自谦自责之语，仅是其不愿受职而归隐山林的表面现象或原因之一，比如他自己就曾说过："一进一退，一去一就，如权之称轻重，如度之度长短，锱铢必察，不失尺寸，非俗人浅见所能尽知，而亦非可以易而论也。"③其辞退的根本原因，还须诉诸具体事实详加分析。

首先，天生秉性使然。这方面多有记载，如《年谱》载："自少好学，不喜为官……官虽高而不以自取。""雅意林壑，不求闻达……且知俗情难与俯仰，自预司马之选，无复荣进之意。逍遥泉石，菽水为欢，若将终身。""先生趣尚高洁，常有急流勇退之志，虽处荣官，非其所乐也。"退溪应举为官，很大程度上是由于家境贫寒而亲老劝其由科第取利禄的结果，"先生自中司马试，无意举业。史大宪公白母夫人，劝之赴举"。《言行录》载其"尝欲废举子业，为(叔)父兄所敦劝，遂应举登第"，"以家贫亲老黾勉就举以至显途，而非其所乐也"。他自己也说："自少徒有慕古之心，身多疾病，亲旧或劝以放意遨适，则庶可以已疾。复缘家贫，亲老强使之由科第取利禄。滉当彼时实无见识，辄为人言所动，一向措身于诞妄之地。"④

这种性格还体现在他对隐逸风范的向往之中。十四岁即喜爱渊明诗，慕其为

① 《答奇明彦》，《增补退溪全书》(一)，第446页。

② 《答朴参判》，《增补退溪全书》(一)，第278～279页。

③ 《退溪先生言行通录》卷一，《增补退溪全书》(四)，第12页。

④ 《与曹楗仲》，《增补退溪全书》(一)，第282页。

人，十五岁作《石蟹》诗，以蟹的生活态度喻指乐于林泉、与世无争、悠然自得的淡泊心境，颇具哲学、美学意味。虽说是天生秉性使然，然而说到底，还是儒家圣贤气象在退溪身上的矛盾显现。如程颢《下山偶成》云："襟裾三日绝尘埃，欲上篮舆首重回。不是吾儒本经济，等闲争肯出山来？"在隐归山林与出山入世之间，显然退溪更倾向于前者，但在获得山林之乐并由此进入洒落气象的同时又满怀着儒家入世的忧患意识，这显然是退溪对圣贤气象之内圣与外王两个侧面的艰难抉择。

其次，仕途险恶，不愿卷入政治风波，但不是所谓"明哲保身"。退溪从入仕开始即表现出一种不屈服于权贵的独立的士大夫人格，这一点是评论退溪进退之义的立足点。更重要的是，退溪对当时的政治形势和自己所处的地位有着清醒的认识，自己的出处关乎士林的安危。持身与事君无异，口绝夸辞、手无虚着、脚踏实地乃为本分，稍有异动则难以收拾。他当时的处境，"进退两难，谤论如山，而危虑极矣"①，同时又与士林安危相关，他说："滉今此所遭大段狼狈，至于此极。若不有在朝相知之人，超出常情之表，急出手救拔，则势必至于得大谴谪而后已。又恐为旁窥摘衅者之所乘，则所关岂止于滉一身耶？"②其进退受辞，已不是他一个人的事了。

再者，仕途难有作为，理想的做法是乞身避位，遁于山林求学问道。他说：

> 近世士林之祸，率因虚着而作。覆车在前，故踵后者尤难进步。病人聋耳，犹闻浮器之徒，动以小己卯目之，此乃载祸相饷之言。滉不幸而当虚着之局，及至于败，未知诸公其得晏然而已乎？愚意尝谓己卯领袖人，学道未成而暴得大名，遽以经济自任，圣主好其名而厚其责，此已是虚着取败之道。又多有新进喜事之人，纷纭鼓作以促其败势，使谗者得售其术。恐此当为踵后者之至戒，不可忽也。③

从士祸的前车之鉴，退溪认识到政治中的纷繁杂冗，各种人事关系还得谨慎应对，如"新进喜事之人"、"旁窥摘衅者"的影响和败坏。很多事情，由于"朝廷不和、上下否隔"④而很难处理，处理不好，反而使自己陷入有辱朝廷、蒙羞于士林的窘境。继续为官，对退溪而言已没有多大意义，正如其所说："一入都门，百责填委，乞免不免，欲办不办。忧窘惶迫之余，一死固好，不死则必至于逃归。其为辱清朝、羞士林，岂非朱子所谓'关风俗之盛衰'者耶？"⑤因此，虽屡退屡召，但退溪从来都没有放弃过辞退的决心。他在《与曹楗仲》信中表达了坚决辞退的意愿和辞退的目的："乞身避位，抱负《坟》、《典》而来投于故山之中，将以益求其所未至，庶几赖天之灵，

① 《答奇明彦》，《增补退溪全书》(一)，第403页。

② 《与郑子中》，《增补退溪全书》(二)，第31页。

③ 《答朴参判》，《增补退溪全书》(一)，第281页。

④ 《退溪先生言行通录》卷一，《增补退溪全书》(四)，第15页。

⑤ 《与郑子中》，《增补退溪全书》(二)，第32页。

万有一得于铢累寸积之余,蕲不至虚过一生,此滉十年以来之志愿。”[①]退溪所说“志愿”,大抵是不乐仕宦、常思退身、隐居山林、追求学问、偏向内圣、得乐于胸。他对前朝辞官归隐的李资玄评价很高,写有《过清平山有感》诗赞:“峡束江盘栈道倾,忽逢云外出溪清。至今人说庐山杜,是处君为谷口耕。白月满空余素抱,晴岚无迹遣浮荣。东韩隐逸谁修传,莫指微疵屏白珩。”在该诗的序中,他说:“余以是知其胸中必有所自乐者,而非世俗之云云者,余所以惓惓于资玄者也。”[②]退溪认为,李资玄隐于清平山,不是“为名”,其“胸中必有所自乐”,是崇尚的典范。与之相反,自己却陷入了为名所累的矛盾之中,其诗《得郑子中书益叹进退之难吟问庭梅》云:“梅花孤绝称孤山,底事移来郡圃间。毕竟自为名所误,莫欺吾老困名关。”以梅之性喻示自己的愿望与烦恼,最后的解决办法即退其身而徇其义,以求胸中之乐。这种胸中之乐、田园之乐不止是私人的,退溪更希望这种乐为天人所共有:“五亩荒园四海春,浇花剖竹总经纶。可知此乐能兼济,终转乾坤乐及民。”退溪这首诗,标题为《洛社独乐》,诗文却说“此乐能兼济”、“乐及民”。退溪“乐”意,由此可见。

综上所述,内圣与外王,退溪更偏重于前者,志于“暮境歌咏先王之道”[③]。余英时先生认为,内圣和外王之间存在着一种紧张关系,“‘内圣’与‘外王’之间的内在紧张对两型理学家同样造成了心理压力,但性质各异。第一型理学家的压力来自怎样才能使‘内圣’之学发挥实际的政治、社会效用。……第二型理学家则承受着另一种压力,即怎样在职务繁忙的生活中仍能不断汲取精神上的源头活水。”[④]退溪偏重于前者,这种紧张关系是否对他造成了心理压力,不得而知,然而以道义为归并把身外之物看得很轻很淡的人生态度,是由忧转乐的基本条件。而实际上,在退溪身上,内圣与外王二者并没有绝对地割裂、对立。他说:

> 抑尝闻之,上国之俗,虽未必道之大行于世,山林讲道之士,所在有之,人皆景慕,而国亦尊尚。故元明以来,士之因书闻道者,比比相望。呜乎!曾谓吾东方箕畴之遗教,礼义之善国,加以列圣相承,崇儒重道之美如此其至,而尚不知讲明道学之为何事,非唯不知且讳之,非唯讳之且怒之。其视圣贤之书,不过以为决科取禄之资,是上有文王而下无有兴起者,岂不为士夫之大耻也耶?诸君乐古道、抱奇尚,其必有下帷,而发愤抚卷,而永叹者矣。伊欲因书以求道,由大明以求其大行其道。[⑤]

即使身在山林,也需读圣贤之书、行孔孟之道,同时关心内圣之学向外延伸的政治、

① 《与曹楗仲》,《增补退溪全书》(一),第 282～283 页。

② 《过清平山有感(并序)》,《增补退溪全书》(一),第 53 页。

③ 《答黄仲举》,《增补退溪全书》(一),第 476 页。

④ 余英时:《朱熹的历史世界》,三联书店 2004 年版,第 405 页。

⑤ 《策问》,《增补退溪全书》(二),第 341 页。

社会效用，“不但‘兼济天下’与‘独善其身’经常是后世士大夫的互补人生路途，而且悲歌慷慨与愤世嫉俗，‘身在江湖’而‘心存魏阙’，也成为中国历代知识分子的常规心理以及其艺术信念”①。实际上，内和外的两种倾向，理学家们终不免或偏于彼、或偏于此。退溪作为学者和思想家，对内圣之学的兴趣甚于外王的实践（这里有个人原因，也有社会因素的影响），在内圣领域更有发展空间，且的确取得了不俗的成就，也正因如此，他对于外王之实际政治的兴趣自然不能不相应地减弱。然而，内圣与外王并非完全对立，而是相互消长的，正如其后学评价他的进退之义的影响说：

> 筮仕四十年，更历四朝，而出处进退，一循乎义。义有未安，则必奉身而退。如是者前后凡七度。难进易退之操，虽自谓贲育，莫能夺。近世士大夫读书，则惟知决科之利，而不知有圣贤之学。居官则惟知宠禄之荣，而不知有恬退之节。泯泯蚩蚩，无耻无义。自先生之起，为士夫者，始知所以为人之道，不在彼而在此。间有闻风而兴起，虽时不遇，学不见试，而功化之及物者，已不浅矣。②

进退之义与人格修养论二者的统一，不但成就了退溪自己心目中的完满人生，同时功化及物，对后世产生了极大影响。

① 李泽厚：《美学三书·美的历程》，安徽文艺出版社1999年版，第59页。

② 《退溪先生言行通录》卷一，《增补退溪全书》（四），第16页。

第六章 退溪美学思想的历史价值和现代意义

三国及其以后时期，传统儒学一直是朝鲜半岛教育的主要内容。高丽末李朝初即中国元代，程朱理学传入朝鲜半岛，在李朝得到大力倡导，并于16世纪达至高峰，退溪李滉与栗谷李珥是这一时期的主要代表。程朱理学成为朝鲜李朝几百年来的主导思想，其核心思想是儒家一脉相承的“三纲”（君为臣纲、父为子纲、夫为妻纲）、“五伦”（父子有亲、君臣有义、夫妇有别、长幼有序、朋友有信）、“八德”（孝、悌、忠、信、礼、义、廉、耻），是调整和规范社会道德、人伦关系的准则，目的在于维护社会秩序。

虽然儒家思想对当代韩国究竟起着多大的作用一直是人们热议的话题而莫衷一是，但它对韩国当代社会的影响仍然广泛而深刻，韩国在现实社会生活的方方面面现今仍然遵循儒家调和人际关系的伦理道德准则。韩国崔英辰教授指出：“与人为可以改变的制度不同，传统的意识和习俗在本质上具有延续性。尤其是在东亚汉字文化圈中，韩国是前近代社会的指导理念——儒教传统发挥作用最强的国家。我们可以举出以下代表性的例子：在中、日、韩三国中，韩国至今仍把儒教式祭祀作为家庭最重要的活动；对韩国人而言，儒教不是一个抽象的概念，而是日常生活中所经历的现实机制。正因如此，韩国的社会学界也将儒教视为热门话题，并依此尝试分析韩国社会。”[1]韩国高丽大学编著的《韩国民俗大观》指出：

---

① ［韩］崔英辰：《韩国儒学思想研究》，邢丽菊译，东方出版社2008年版，第401～402页。

끝으로 儒教는 오늘날도 韩国社会에서 절대적인 비중을 지나고 있다 ... 사실 유교로 인해서 바뀐 것은 사상이다 성격만이 아나고 社会构造도惯习·制度도 큰 큰 변동을 가져왔다. 그래서 오늘날의 현대화·서구화바람 속에서도 韩国은 东洋 三国中 가장 家父长权이다 血缘主义가 강한사회를 이룩하고 있다. 韩国人이 지니는 韩国人다운 性品도 思考나 行动도아직껏 여기에 기준을 두고 있는 바가 크며, 그것은 사회의 밑바닥에까지 지금도 깊이 뿌리를 내리고 있다. 유교는 아직도 크게 살아서 기능하고있기 때문에 이에 대해서는 더욱 많은 정리와 비판이 필 요하다.[①](儒教至今在韩国社会中仍然占据绝对的比重……事实上,儒教不仅改变了思想和性格,也极大地改变了社会结构、习惯和制度。因而,在如今现代化、西欧化的风潮下,韩国仍然是东方三国中家长制和血缘主义最强的国家。韩国人所具有的韩国人式的性格、思维和行为迄今仍以之为准则,儒教至今仍深深扎根于韩国社会之中。儒教至今还强大地活着并起着作用,因而有必要对其进行更多的整理和批评。)

另外,"更引人注目的是,现代韩国从国家到民间越来越积极地推崇儒学,大有复兴儒家文化之势头,力图以东方儒家文化之精神文明补救西方物质文明高度发达下精神文明的相对贫乏"[②]。韩国现有几种纸币上的头像都与儒学有关:1000 元韩币上印的是被尊为"海东朱子"、"东方百世之师"的李退溪的头像;5000 元韩币上是理学"主气论"学派的代表人物、与李退溪合称李朝思想"双璧"的李栗谷;1 万元韩币上是对儒学的普及和发展作出极大贡献的李朝第四位国王世宗大王;5 万元韩币上是被尊为贤妻良母的典范、著名女性诗书画家、李栗谷的母亲申师任堂。

退溪美学思想,包括文艺美学、自然美学、人格美学等,对现今的价值危机、道德危机、生态危机甚至社会危机的化解具有一定的借鉴作用,对现今的人文素质培养更具有实际的参考价值。美学的基本品格是精神哲学、情感哲学,作为一门人文科学,它体现的是人文关怀。退溪美学与我们通常所理解的美学学科的意义一样,充满浓厚的美育色彩,主要指向生活与审美之态度和人生之意义。这些特点与宋儒和退溪极力推崇和提倡的圣贤气象具有莫大的关联。这种关怀集中体现于圣贤气象,换言之,从圣贤气象的角度看,李退溪美学具有浓厚的人文关怀色彩。

① 高丽大学校民族文化研究所编:《韩国民俗大观》第 1 册,高大民族文化研究所出版部 1980 年版,第 13 页。

② 徐远和主编:《儒家思想与东亚社会发展模式》,广西人民出版社 2002 年版,第 222 页。

第一节　退溪美学思想与圣贤气象

儒家重道统，崇圣贤。比如周敦颐所说的从士到贤到圣再到天的系列，即“圣希天，贤希圣，士希贤”(《周子通书·志学》)；朱熹、吕祖谦编《近思录》，专列圣贤为最后一卷，如其中编入《二程遗书》对于圣贤气象的描述：

> 仲尼，元气也。颜子，春生也。孟子并秋杀尽见。仲尼无所不包，颜子视不违如愚之学于后世，有自然之和气，不言而化者也。孟子则露其材，盖亦时然而已。仲尼，天地也。颜子，和风庆云也。孟子，泰山岩岩之气象也。观其言皆可见之矣。仲尼无迹，颜子微有迹，孟子其迹著。孔子尽是明快人，颜子尽岂弟，孟子尽雄辩。

“圣贤气象”一词内涵甚丰，外延甚广，与穷理明道、忧乐天下、洒落胸襟等方面都有关联，它是理学家最为崇尚的最高人格理想和人生境界，包括“穷理明道”的理性精神、“先天下之忧而忧”的忧患意识、“为天地立心，为生民立命，为往圣继绝学，为万世开太平”的责任感、使命感、“民胞物与”的博大胸怀以及个体精神的超越，即兴趣超妙的洒落胸襟。退溪对圣贤气象的推崇和践履，就是从这些方面表现出来的。以理性的精神探究价值本源，是其圣贤气象的根本精神；培养心灵美、人格美以及倡行与之相关的活动，比如建书院、讲学等，是进入圣贤气象的门径；虽然更注意儒学的内圣、立言垂教方面的作用，又具有强烈的忧患意识和责任感、使命感，并表现在其治国平天下的经世济民活动和进退受辞的思想和活动之中；而无论是对自然的欣赏还是对文艺的看法或对人生的看法，都显现出退溪个体精神的超越和洒落的气象。关于退溪美学思想与圣贤气象问题，前面各章节已有所论及，于此有必要集中起来进行有所增补的整体论述，便于窥视退溪美学与圣贤气象思想的整体面貌，理解其价值和现代意义。

一、清源正本——价值本源与圣贤气象

> 深以辅养君德、清源正本为当今急务。
>
> ——《退溪先生言行通录》

以理性的精神探究价值本源，是退溪圣贤气象的根本精神。圣贤气象的价值理想、价值本源，对于理学家而言，在于“理”。因此，对“所以然”之故和“所当然”之则的探究，实际上也是在为圣贤气象寻求根本根据。在这一点上，退溪的特点是重践履，强调在日用工夫中探究“所当然”之则和“所以然”之故。

退溪引朱熹语：“凡事固有所当然而不容已者，然又当求其所以然者，何故？所

以然者理也。"[①]"知者，吾心之知；理者，事物之理。以此知彼，自有主宾之辨。"[②]"所以然"是物之为物的根源或本质规定性，具有普遍性和客观性，表面看似不涉及价值问题，实际上却是伦理道德价值的依据，如同理之为主宰、本体、本原、规律、法则，但却存在于形下之物一样。"所当然"显然与价值判断有关，是一个价值范畴，是道德认知和实践的准则，即应当如此，"理所当然"而不容置疑，否则就是"于理不合"、"理所不容"。退溪说："当然者亦固是理也。……究极论之，'当然'者为理之说为长。盖君仁臣敬之类，皆天命所当然之理，实精微之极致也。非外此而事别有所当然也。"退溪在这里似乎对"所以然"之故与"所当然"之则未加区别，或者说二者是浑然一体的，看上去是一种循环论证，实则与理学家关于"理"的思想是一致的，即宇宙万物皆统摄于一个"理"，但万物都分有这个"理"，所谓"理一分殊"、"月映万川"。"君仁臣敬"为"所当然"，为"天命所当然之理"，理当如此，它是从作为"所以然"这一内在根据流淌出来的，即二者统一于一个"理"，所谓"非外此而事别有所当然也"。这一思想，在他的这一句话里说得很明白："朱子曰'所当然之则，如君之仁、臣之敬；所以然之故，如君何故用仁、臣何故用敬'云云，皆天理使之然。新安陈氏曰：'所当然之则，理之实处，所以然之故，乃其上一层理之源头也。'"[③]

因此，格物穷理实质上就是对价值理想和价值本源的探究。对于"理"这一价值源泉和价值理想的探究是退溪的毕生努力。在对"所当然"之则和"所以然"之故的"格"、"穷"中，伦理道德显然是其价值取向。当然，它也是中国古代儒家的价值取向。理学家把伦理道德看作人的本质，以伦理道德为内核的"理"被看作宇宙万物根本法则和人的立身之本。对理的穷格探究，目的就是寻找人生价值之源，以之指导问学修业并转化为学者的自觉意识进而实现人生价值和意义，使人成圣，成为具有圣贤气象的人。退溪的这种理性精神，对于解决现今理想价值缺失、伦理道德沦丧、精神生活颓废等问题具有现实的借鉴意义。

穷理明道的途径之一是经典研习。退溪"自少好学"，他坚信圣人学而可为，可以通过奋发修业而达到圣贤气象。儒者历来教学者体圣贤气象并认为这是可以实现的。如《孟子·告子上》谓"圣人与我同类"，《孟子·告子下》谓"人人皆可为尧舜……亦为之而已矣"。朱熹说："仁义根于人心之固有，天理之公也。"(《四书章句集注》)人皆有"仁义根于心"为人人皆可成圣打下了理论基础，因此他相信："非独舜能为，人人皆可为。"(《朱子语类》卷五八)

人皆可为圣，然有上智、中人、下愚之分，原因在于气禀清浊，成善或成恶，与人自身的修为相关。退溪毕生勤于学问，同时又不遗余力地劝学。其《陶山十二曲·

① 《郑子中与奇明彦学有不合以书来问考订前言以答如左》，《增补退溪全书》(二)，第4页。

② 《格物物格俗说辩疑答郑子中》，《增补退溪全书》(二)，第38页。

③ 《郑子中与奇明彦学有不合以书来问考订前言以答如左》，《增补退溪全书》(二)，第4～5页。

愚圣几希》云："愚夫识而可行，岂不易乎？圣人为亦不足，抑或难哉？难易几希，惟忘食忘忧不知老之将至。"人人皆可成贤，上智下愚之分不过是是否努力的这一区别，如此而已，"人虽有与尧舜同归之性，而其志道为学，必须如是之奋发刚勇，硬着脊梁，克自担当，尽死力而痛理会，如血战然，乃可以得之。不然，悠悠泛泛，终无可得之理"[①]。"学者于圣贤之言，苟能用功，一言有余。苟不用力，虽多无益。"[②]退溪对于为学的要求是：一要坚定为学的志向，在险恶的环境中更须如此，不要受到浮薄的社会风气的影响而改变自己的志向，要有不可夺之志，不可屈之气，不可昧之识见；二要坚定为学的方向，坚定于礼、义、廉、耻之"四维"，因为它关系到世道盛衰；三要有践履工夫而将圣学操守落于实处、切于实处、细加究审并持之以恒。它们涵盖了道德有实、节义有守、义理审精、践履无违诸多内容。

程颐强调读书不能读死书，而要从中体得圣贤气象：

> 凡看文字，非只要理会语言，要识得圣贤气象。如孔子曰："盍各言尔志。"而由曰："愿车马，衣轻裘，与朋友共，敝之而无憾。"颜子曰："愿无伐善，无施劳。"孔子曰；"老者安之，朋友信之，少者怀之。"观此数句，便见圣贤气象大段不同。若读此不见得圣贤气象，他处也难见。学者须要理会得圣贤气象。[③]

退溪也说："须一切扫去杂念，日间只宜虚心平气，读书应事，厚以义理，浸灌培养之，久久，自当于理趣得力，则物欲之生自轻、自少。君子中正和乐底气象，渐可驯致。"[④]说到底，求圣学的目的最终就是要成为圣贤，成为具有圣贤气象的人，这正是穷理明道的价值关怀。

儒家的核心价值观，在于国家兴亡匹夫有责，在于"治国平天下"的以天下为己任的经世治民、心忧天下的忧患意识以及"民胞物与"的博大胸怀。虽然退溪更注意儒学的内圣、立言垂教方面的作用，但并不意味着他不重视治国平天下的经世济民活动。试举几例：

1. "忠君忧国之念，老而弥笃，虽退闲年久，意未尝不在朝廷。闻朝廷举措合理，则喜见于言，施为失宜，则忧形于色。每以培养根本、扶植士林为当今急务。"[⑤]此为忧国忧民意识。

2. 上疏陈六条：(1)重继统以全仁孝；(2)杜谗间以亲两宫；(3)敦圣学以立治本；(4)明道术以正人心；(5)推腹心以通耳目；(6)诚修省以承天爱。此为经邦治国的施政纲领。

---

① 《书李大用〈研经书院记〉后》，《增补退溪全书》(二)，第385页。

② 《与朴泽之》，《增补退溪全书》(一)，第335页。

③ 程颢、程颐：《河南程氏遗书》卷二二上，《二程集》，第284页。

④ 《答琴闻远》，《增补退溪全书》(二)，第240～241页。

⑤ 《退溪先生言行通录》卷一，《增补退溪全书》(四)，第18页。

3."古人之君,视民如伤,若保赤子。……安有为民父母而行政,于其疾病之极,饥寒之迫,则若不闻知,既绝其口食,又废其药物,而托辞于他事之重,忍所不忍,驱催蹙迫,以纳于水火之中。"[①]"在州郡以爱民为主,而行之以诚心。"[②]"吏治,一以简静不扰为尚。其收赋于民也,虽甚轻约,而若民所当为者,亦无所增减,不为违道干誉之事……先生悃愊无华,一以其正。其待吏民一以诚信,不逆其欺诈也。"[③]此为爱民以正。

4. 患于"人心无恒,习俗渐讹,清芬罕闻而蘖芽间作"而立乡约,并作序云:"古者乡大夫之职,导之以德行道艺,而纠之以不率之刑。为士者亦必修于家,著于乡,而后得以宾兴于国。若是者何哉?孝悌忠信,人道之大本,而家与乡党,实其所行之地也。先王之教,以是为重,故其立法如是。至于后世,法制虽废,而彝伦之则,固自若也,恶可不酌古今之宜,而为之劝惩也哉!"[④]此为救时行道的具体施政。

5."古语云:一谷不登,民受其饥。今则百谷不登,民何以充腹?木花扫无,民何以蔽体?饥寒切身,民无所顾籍,皆思破家流散,结包荷担而立。四方监司等官目睹其惨,忧灾恤荒,报闻相继。国家未尝发一号、出一令以为救民生涂炭之命之计,方且家搜户括,渔丁猎僧。酷吏暴胥,因缘作奸,胁驱侵督,急于星火;剥肤推髓,靡有限极。"[⑤]此为对腐败的痛心疾首和直言披露。

6."先生之去丹阳,行到竹岭,官卒负麻束而前曰:'此衙田所收,例为行需,故追纳之。'先生曰:'非我所令,汝何负来?'却之。解丰基,归家之日,行橐萧然,唯书籍数驮而已。其所盛杻笼,到家还付官卒。"[⑥]此为廉洁自守与尊古崇今。

退溪的忧患意识和责任感、使命感又体现在其进退受辞的思想和活动之中。首先,退溪进退之义的前提是忧国忧民,以天下为己任。其次,退溪进退之义,在于内圣与外王的两难选择。个人所处的特殊历史背景、儒学特别是理学思想的熏陶,是为退溪进退受辞的根本原因。退溪在士祸迭起,士林风气败坏,有识之士有能之人隐而不出、谈政色变、人人自危的社会背景下,强调在恶劣的环境中更应加强士人人格修养,大力提倡作为士人应有的道义准则和人格。他自己虽面临着朝廷的催促和外界舆论的压力,但以自身行动保持着内圣与外王之间微妙的平衡。这种出处进退与人格修养之间的协调,为儒林树立了一个良好的典范,最终功化及物。

退溪为官期间,事迹为世人称道;退闲之后,也念念不忘国家民族的安危以及

① 《戊辰经筵启札》(一),《增补退溪全书》(一),第 194 页。

② 《退溪先生言行通录》卷一,《增补退溪全书》(四),第 18 页。

③ 《退溪先生言行通录》卷四,《增补退溪全书》(四),第 79 页。

④ 《乡立约条序》,《增补退溪全书》(二),第 351～352 页。

⑤ 《戊辰经筵启札》(一),《增补退溪全书》(一),第 194 页。

⑥ 《退溪先生言行录》卷三,《增补退溪全书》(四),第 214 页。

人民的疾苦，“其爱君忧国之心，虽闲居，未尝一日而忘于怀。每闻朝廷一政事之失，则忧形于色；一举措之得，则喜见于言。晚年所虑，非止于此，深以辅养君德、清源正本为当今急务”①。所谓身在林泉，心怀魏阙。虽然退溪不愿任职，但他仍然通过与在朝为官的门人弟子的书信往来，以表达自己对时势的分析和判断，希望利用这种间接的方式来帮助当政者正确认识国家局势。忧国忧民与为官归隐之二难选择，正是退溪美学思想在其人生实践中的实际运用。退溪前半生有为官之情而后半生七进七退。在理论上，退溪并不反对入仕为官，即使是为了俸禄而为官，“古人亦或有之，本非害义”②。只不过，是以进为义还是以退为义，则因人因事因时而有所区别，但首先都必须得加强自身修为，即“自为”，在《答奇明彦》信中对奇明彦“学未成”而不出的想法大加赞赏，誉之为“今世之所未见”③。退溪在回顾自己为学求官的历程时说，少年时曾有志于学问，稍有所获时染上重病，其时应该退居山林读书养志，学问则应有所成。但那时却去应举觅官，最后弄得受虚名牵累，想要退归，却已进退两难，且又遭到诸多议论诽谤。总之，退溪的进退受辞的观点，主要体现为：第一，进退受辞，当自决于心，并以孔子“仕而优则学，学而优则仕”之训为处身之节度；第二，或辞或受，或进或退，皆须归洁其身行其义；第三，为官须先自为，即提高自身的学问修养，精审于义理之所安；第四，进退之间，以学为主。

退溪的进退思想和实际行动表现出来的忧患精神和责任感使命感，是一种以“仁”为内涵的社会群体意识和价值，是圣贤气象在道德义上的表现。然而，圣贤气象并不囿于道德层面，还包括个体精神的超越，即兴趣超妙的洒落胸襟。

二、清风洒然——天人合一与精神超越

> 清风洒然，无一点私累。簿书之暇，惟以书史自娱，或超然独往，徜徉水石间。田翁野老，望若神仙。
>
> ——《退溪先生言行通录》

以理性的精神探究价值本源、穷理明道是圣贤气象的根本，忧患意识与责任感使命感则是圣贤气象的社会价值，是穷理明道的社会外化。穷理明道、忧患意识与责任感使命感是群体意识，兴趣超妙的洒落胸襟则是个体精神的超越。唐君毅先生说：

> 圣贤之人格，非吾之学养所能论也。宋明儒者，恒教学者体圣贤气象。气

---

① 《退溪先生言行通录》卷一，《增补退溪全书》(四)，第 12 页。

② 《与韩永叔》，《增补退溪全书》(二)，第 279 页。

③ 《答奇明彦》，《增补退溪全书》(一)，第 402 页。

> 象者，心领神会而后可旦暮遇之，亦非吾之所得而论也。……中国儒家之圣贤者，天人之际之人格，持载于人文世界与人格世界之人格。儒家精神，乃似现实而极超越，既超越又归于现实。然儒家之精神，在开始点，乃纯为一理想主义之超越精神。[①]

此谓“现实”与“超越”，大致也是从这个意义上讲的。不过，圣贤气象的这一特征与前者严格说来是密不可分的，朱熹就曾说过：“曾点气象，固是从容洒落。然须见得它因甚到得如此，始得。若见得此意，自然见得它做得尧舜事业处。”（《答欧阳希逊》）退溪也说：“颜子之心不违仁，而为邦之业在其中；曾子之忠恕一贯，而传道之责在其身。”[②]然而，如果说前两点还更多地属于道德义的话，那么这一点则是圣贤气象的真正意义上的美学特征。

美学对于修德进业、实现人生价值和意义的作用，须从“美”、“善”关系说起。从历史上看，孔子思想的最高范畴是“仁”，许慎《说文解字》云：“仁，亲也，从人从二。”可见“仁”最基本的含义指的是以血缘为基础的人与人之间的情感、伦理关系。具体在孔子那里，“仁”是内在品质和外在言行的最高标准，也是审美人生追求，即最高的道德原则、标准和境界。而美与善（仁）是什么关系呢？在孔子看来，善是美的源泉，所谓“乐云乐云，钟鼓云乎哉”（《论语・阳货》）、“人而不仁，如乐何”（《论语・八佾》），即文艺不仅仅是钟鼓等乐器及钟鼓之声，即美的一面，还必须包含内在本质，即善的一面。美是善的外在表现，所谓“子谓《韶》，‘尽美矣，又尽善也。’谓《武》，‘尽美矣，未尽善也’”（《论语・八佾》）。《韶》乐是舜乐，有美的形式，代表了当时的国家民族精神，有内在的内容，故尽善尽美，而《武》乐虽有美的形式但于礼不合，故“未尽善”。“在儒家学者看来，‘善’产生于人与人之间的伦理情感，‘美’则是这种情感的适度表达。如果这二者之间得到了很好的结合，就会达到‘子谓《韶》，尽美矣，又尽善也’（《论语・八佾》）的境界；如果后者的表达失去了前者的基础，就会出现‘八佾舞于庭，是可忍，孰不可忍也！’（《论语・八佾》）的情况。如此说来，‘善’是‘美’的源泉，‘美’是‘善’的表征；‘善’具有核心的价值，‘美’只有从属的地位。‘《诗》可以兴，可以观，可以群，可以怨’（《论语・阳货》）也好，‘兴于《诗》，立于礼，成于乐’（《论语・泰伯》）也罢，‘《诗》三百，一言以蔽之，曰：思无邪’（《论语・为政》）也好，‘恶紫之夺朱也，恶郑声之乱雅乐也，恶利口之覆家邦者’（《论语・阳货》）也罢，儒家的一切艺术标准和审美实践都是按照这套伦理优先的原则进行的。”[③]虽然孔子强调道德优先原则，但文艺和美并未被忽视，看似与道德处于平等地位，其地位作用举足轻重，所谓“游于艺”、“兴于《诗》”、“成于乐”，“礼乐不可斯须

---

① 唐君毅：《中国文化之精神价值》，江苏教育出版社 2006 年版，第 278 页。

② 《进〈圣学十图〉札》，《增补退溪全书》（一），第 197～198 页。

③ 陈炎：《多维视野中的儒家文化》，第 52 页。

去身”。秉承孔子思想，儒家历来强调以学问而正心，虽然其核心在于伦理道德之理，但文艺却也占得了一席之地，承载着“修道”、“成人”之功能。也正因为如此，儒家的文艺浸染着伦理道德的色彩，儒家文艺观与伦理道德、与人格教育是密切联系在一起的，同理，儒家美学也有着深厚的美育品格。

退溪美学思想，同样有着鲜明的美育品格。与同为李朝儒学代表、与其并称儒学“双璧”的李栗谷将儒学化为外王、出世行道相比，退溪更注意儒学的内圣、立言垂教方面的作用。而其立言垂教，不仅仅表现在伦理道德的垂范和训示，也表现在审美人生的垂范以及文艺、美学思想的述作等方面。在退溪看来，理是无情意、无造作的本然之体，理之用是随寓发见而无不到的至神之用，故而，道无所不在，流行发见于天地宇宙万物之间，当然也包括于文艺、自然、日用、人伦之间。退溪的文艺观、自然观等思想统摄于这一思想之下，无论是文艺、自然、日用、人伦都承载着道，都是道的自然发见流行之实。与天地万物上下同流即与万物同在、与天理同流，因而，以文艺、自然、日用、人伦等践履体得无处不在的天理流行，是为通向圣贤气象之途。它们与圣贤气象的关系，前面章节已各有分述，现梳理退溪关于文艺与自然的美学思想与圣贤气象思想的关系，归总于下，即可看出退溪对于圣贤气象的追求。

退溪在诗章字画方面恒力至深，一如其求学问道，认为它们虽为余事，但对修身养性功不可没。在退溪看来，文艺是道的载体，是近道的一种途径；工文艺，是近道的过程，是达到天理的践履行为。因此要求在工文艺的过程中持敬的态度和虚明能应之心，端庄于诗书之事，方为近道之正途。因此，人品与文品相统一，穷理与作文相统一，是退溪的一贯要求。它们的统一在于物理之真与主观情感之真。退溪强调文字之由胸中流出，正是文品与人品相统一、文道合一思想的体现。如诗歌，如果人品与文品不统一，那么词句越是清丽奇伟，就越显出其品质的丑恶；诗歌本于性情，有温柔敦厚之实，则文辞和正而不浮华；有大节之正，作为末技、余事的诗歌自然亦正。退溪创作了大量的诗歌，其中的说理诗、叙事诗，寄寓学术思想与道德情操于其中，山水田园诗、梅竹菊诗，充满着对自然山水的赞美和热爱，寄托了作者的审美情趣和道德情操。二者都是“乐”的人格美的践履与完成，亦为圣贤气象的文艺寄寓。人品与人品、穷理与作文的统一，就退溪的文艺创作而言，体现为典实简淡的风格。典实简淡首先是一种自然平易却很难达到的文风，在更深的层次上说它是一种平实高尚的精神理想。作为诗风，它在自然而然、平易亲切的表述中表现出隽永的风味，虽淡不槁、虽平实腴、虽浅实深。理学家们强调由诗文风格之平易而入精微的腴而深的义理之境，所谓“气象近道”。只讲义理而没有平易的风格，则过于刚直严猛；没有义理作为底蕴，则流于低浅粗俗。这样的风格和境界，与其性情观、重理趣的精神以及温柔敦厚的思想是相统一的，且都是退溪作为理学家对圣贤气象这一最高人格境界的追求在文艺上的表现，同时亦可见诗文之境对于圣贤气象的作用。无论是孔子的“尽善尽美”、“游于艺”还是朱熹的文道合一，最终的落脚点都在于圣贤人格，退溪的文道观最终也是为了圣贤人格的完成。

同样，在自然美方面，天理是宇宙万物的法律和规则，而鸢飞鱼跃、花开花落、阴晴圆缺等自然现象，无不是天理之运用，是道体的流行发见。对自然的欣赏，在于体悟无处不在的天理流行，在于体悟圣贤气象。自然山水如云、雨、风、雪、夜、籁、山、麓、月、谷、岩、矶、潭、塘、泉、草、井、涧、浒、烟林、雪迳、鸥渚、鹤汀、江寺、官亭、长郊、远岫、土城、校洞、杜鹃、柳、薇、霜、梅、松、竹、牛、羊、鱼、鹅、雪、鹿、鹤等等，无不是自然的造化，其生生不息无不“与自家意思一般”。对自然造化的体验，是一种天人合一的美感体验。因此，自然山水成为退溪体得圣贤气象的重要途径；山林之乐，成为圣贤气象的重要方面。贤者不逐名利而追求山林之乐，追求发于沂水之上的与点之欢、咏于芦峰之颠的卒岁之愿，寻自然山水之乐，得饮酒咏诗之趣，无世俗之念累于灵台，在自然之中与天地合为一体。这是由自然山水之乐而显露出来的圣贤气象，它是洒落胸襟的精神超越。从自然山水的游历中得到乐的赏适贯穿于退溪的一生之中，从游历而升华为胸中的真切赏适之乐。

总体说来，退溪的人格境界，大致可用“洒落气象”一词来概括。这种洒落的圣贤人格，主要指向于生活与审美之态度、人生之意义。在《退溪先生言行通录》中，退溪后学说他“清风洒然，无一点私累”，“淡然无欲，此心常伸于万物之上，天地之间无一物婴其怀者”，“襟怀洞澈，如秋月洋壶，气象温粹”，如此这般洒然淡然洞澈的审美心境，正是个体精神超越的洒落胸襟。

说到底，理为世界的本原，而形下之物包括文艺、自然等又都体现着理：有了这个理，形下之物才有了存在的价值；也只有通过形下之物的践履，才能体悟理之流行，体悟圣贤气象。这是退溪美学的人文关怀，也是整个儒家美学的人文关怀。退溪美学思想所具有的这种人文品格，深刻地影响了当时的朝鲜以及当代韩国，对现今的人文素质教育也有极好的借鉴意义。

第二节　退溪美学思想与现代社会

1948 年韩国成立之初，社会贫困，民生凋敝，百废待举。立国后十余年，韩国快速崛起，经济迅速腾飞，创造了令世人惊叹的“汉江奇迹”，成为“亚洲四小龙”之一，一跃成为中上等发达国家。当然，在国家崛起的同时，也产生了很多负面的社会问题。韩国成立后，虽然西方观念对其社会秩序和民众意识产生了非常大的影响，但儒家思想作为根深蒂固的传统文化观念，其主流价值观的地位并未受到动摇，甚至可以说对韩国现代化进程的影响最为持久和深刻。儒家思想的地位和作用,历来是争论不休的话题。而其本身在历史长河中也曾是几经起伏。在列强的冲击下,韩国也曾出现过“儒教亡国论”与“儒教勃兴论”的对立思潮,二者孰是孰非,自有公论。而事实上,虽然西方观念当代韩国在现代化进程中影响很大,但在现实生活、文化教育、经济运行等方方面面,传统儒家文化仍居于极为重要的地位,这种文化取向也从侧面显示出儒家文化的生命力之强。

朱子学在朝鲜李朝一直居于正统地位,与退溪的努力倡导有直接关系。后者学人因循其足迹,努力提倡儒学。这种努力同时又使他在现代韩国享有崇高的地位,在现代韩国产生了很大的影响,“以韩国人而论,无不知退溪其人;且退溪之精神,实直间接深渗于吾人生活之中”[①]。那么,退溪精神具体有哪些影响呢?

张立文教授在《退溪哲学精神的现代价值》一文中指出,退溪学的文化精神,是在格知的追究和人生、社会的遭遇的感悟中得以呈现,而体现为五种时代精神:第一,忧患精神。退溪的忧患精神,是对于社会冲突、天人冲突、权力冲突、君臣民冲突、道德冲突、理欲冲突等的体验,是对错综复杂的社会危机的体悟,只有这种忧患精神才能自觉地协调各种关系,积极地化解各方面冲突,使国家整体机制处于优化的、良性的动作之中。任何社会的政治、经济、文化结构,在其发展中都会出现冲突和危机。所以,忧患精神在21世纪还会继续发挥其价值指导的作用。第二,理性精神。退溪“格物穷理”的穷究是为了在理性精神的指导下从事修德进业,通过道德主体的自觉操持,实现万物存有的价值以及人生意义。在工具理性膨胀、价值理性衰微的现代,应在理性精神的化解中得以和合,使由于工具理性偏颇而造成的生态危机、社会危机和道德危机获得化解。第三,敞开精神。退溪敞开心胸,吸收各家之长,表现出极大的兼容心态和开放精神,对学术虚怀若谷,不执着己见或自以为是真理,也不因守成见,僵化不变,而是在学术论争中,不断修正自己,使自己思想更加完善、严密。敞开精神便无排他性、独断性,不夹杂门户、党派、意气之争,而促使朝鲜性理学的繁荣。这种和合的文化敞开精神,在21世纪更显其积极的价值。第四,创新精神。退溪虽笃守朱子学,但从朝鲜现实社会的需要而有所选择,据此而提出新思想,并旨在给予李朝的认知和实践提供新东西的思维活动。其创新精神使朱子学在朝鲜生根、发展、繁荣。第五,力行精神。退溪的力行精神是他入世的品格和刚健精神的凸显,并具有重视力行践履的学术风格。现代应发扬退溪的力行精神,作实事实功,使退溪学这朵灿烂的花结出实果。退溪学所体现的这五大精神,是退溪学的生命智慧和生命价值所在,对于21世纪的东亚社会、经济、文化的发展仍有其重要意义。[②] 我们亦可从退溪的道统和文化传承精神、从其美

---

① [韩]郑飞石:《李退溪小传》,第7页。

② 参见张立文:《退溪哲学精神的现代价值》,《当代韩国》2000年秋季号,第13～20页。

学思想中的文艺观、自然观、美育观及其体现出来的圣贤气象等几个方面来具体分析对现代人文素养、教育、经济诸方面的影响。

一、兰臭袭人——道统尊续与文化传承

尘编蠹简，圣贤遗馥，不啻如兰臭之袭人。

——李退溪《答奇明彦》

中国具有高度的文化传承性，原因之一是儒家倡道统、重文化传承。儒家思想在韩国不间断地传承，其原因之一同样也在于此。退溪是儒家道统的忠实维护者。在道统论的影响下，退溪极度尊崇儒家先贤，极力提倡和实践着儒家文化的传承。

退溪极其推崇李侗、朱熹师徒。他认为李侗延平具有绝异资质，潜心研究和实践儒家圣学之道，上承二程伊洛理学之传，下启朱子之学之端绪，其功盛矣！对于道统传续之列贤，退溪从来不吝赞美之辞，却又体察实际而不盲目崇拜，如他认为朱子在未遇见李侗之前犹出入于释老之间，见到李侗后其问学才近于平常实际而最终得千载道统之传，“周程既往，一再传而大义已乖微，先生孰得而反之正乎？发圣人之蕴，教万世无穷者颜子也。而先生庶几近之。”韩愈道统的提出，实出于当时儒家学派的式微和释老之学的冲击之考虑，从而达到复兴孔孟之道、弘扬儒家文化之目的，如其所云：“斯吾所谓道也，非向所谓老与佛之道也。”(《韩昌黎全集·原道》)。退溪对道统的推崇，也在于对非儒家如释老“异端”的排斥，比如他盛赞李侗并评价其与禅学之异时说，骤然读到李侗的言论，觉得平淡而质朴，好像无甚奇异之处，但其旨意却精深浩博，无边无际，从大处说可以说是“明并日月，幽参造化”，从具体处说则在于日用酬酢、动静语默等用功亲切之处，与其不相分离，“此先生静坐求中之说，所以卓然不沦于禅学，而大本达道靡不该贯者也”①。而朱熹在退溪的心目中可以说是至高无上的，他认为朱熹具有“亚圣”孟子的资质，继承了中国儒家文化之精华，道德高巍而尊贵，功业广大而崇高，发挥儒家经传之主旨来教导天下后世，“既皆质诸鬼神而无疑，百世以俟圣人而不惑矣”②。因而他最尊崇朱子并以之为宗：“孟子曰：‘能言距杨墨者，圣人之徒也。’愚亦曰：‘能尊考亭之道者，是亦考亭之徒也。’”③

不仅如此，退溪又在以政事、经义试士的《策问》中写道：

> 抑尝闻之，上国之俗，虽未必道之大行于世，山林讲道之士，所在有之，人皆景慕，而国亦尊尚，故元明以来，士之因书闻道者，比比相望。呜乎！曾谓吾

---

① 《〈延平答问〉跋》，《增补退溪全书》(二)，第 378 页。

② 《〈朱子书节要〉序》，《增补退溪全书》(二)，第 348 页。

③ 《宋季元明理学通录·小叙》，《增补退溪全书》(三)，第 250 页。

东方箕畴之遗教，礼义之善国，加以列圣相承，崇儒重道之美如此其至，而尚不知讲明道学之为何事，非唯不知且讳之，非唯讳之且怒之。其视圣贤之书，不过以为决科取禄之资，是上有文王而下无有兴起者，岂不为士夫之大耻也耶？诸君乐古道、抱奇尚，其必有下帷，而发愤抚卷，而永叹者矣。伊欲因书以求道，由大明以求其大行其道。"①

"上国"（即中国，当时为明朝）之士未必都在力行践履圣王之道，但隐居山林讲道之士不少，既得人人景慕，又得国之尊尚，这是为下文作转入本国情势分析作铺垫；与中国相比，朝鲜有箕畴（箕子《洪范·九畴》）之遗教，有礼义作为国之善政，有圣贤列传相传，在这样的崇儒重道的美风之下而不知讲道、明道而只以之为获取功名利禄的资本，是为士大夫之莫大耻辱。如此心迹正如后学记述退溪言行的记载所云："和叔从两程甚久，而一念之邪，便为索性小人，学者可不惧哉！"②可见退溪对于时势具有很深刻的洞察力，并从道统传承和文化精髓传统上规劝时人和后人，影响是深远的。

与重道统相应，退溪十分注重儒家经典的研习、劝学和传承。对于圣贤之书，退溪说："尘编蠹简，圣贤遗腹，不啻如兰臭之袭人。"③力劝后学由圣贤之书体得圣贤气象，在其遗著中不胜枚举："以吾弟明敏之资，趣向之正，学问之勤，苟亲见圣贤，而受其炉锤，则终可见实得力而有大成就者。……见喻近将《近思录》、朱子书读之，其悦味犹旧，甚善甚善！更宜以一部《心经》为早晚诵习，夹辅用功之地，则所谓障川之柱、指南之车、烛幽之鉴，皆可于吾身亲见其实矣。"④"使今之读是书（按：指朱子书）者，苟能虚心逊志，耐烦理会，如夫子之训，则自然知其入处，得其入处，然后知其味之可嗜，不啻如刍豢之悦口。而所谓大规模严心法者，庶可以用力矣，由是而旁通直上，则泝伊洛而达洙泗，无往而不可。向之所云圣经贤传，果皆为吾之学矣，岂偏尚此一书云乎哉！"⑤其时调《陶山十二曲》之《效古仿贤》吟云："古今不相见，今古无与闻。先贤路何在，导我康庄途。古道终可迹，吾辈勿止息。"朱子学在朝鲜李朝一直居于正统地位，与退溪的大力提倡是分不开的。

退溪的这些努力，其现代影响主要体现在现代韩国的学术研究和文化教育方面。韩国拥有众多的儒学研究机构，包括退溪学研究院、国际退溪学会、檀国大学退溪研究所、釜山退溪研究院、栗谷研究会、栗谷思想研究院、栗谷文化院、圃隐思想研究院、儒教学会、忠南大学儒学研究院、周易学会、成均馆学术院、成均馆大东

① 《策问》,《增补退溪全书》(二),第 341 页。

② 《退溪先生言行录》卷五,《增补退溪全书》(四),第 230 页。

③ 《答奇明彦》,《增补退溪全书》(一),第 434 页。

④ 《答郑子中》,《增补退溪全书》(二),第 27～28 页。

⑤ 《〈朱子书节要〉序》,《增补退溪全书》(二),第 350 页。

文化研究院、民族文化推进会、韩国精神文化研究院、泰东古典研究院等，或专门研究儒家文化，或进行古代文献的收集、整理、翻译、出版，或培养古典研究人员，或进行古典普及活动，其共同特点是以儒学为中心继承和振兴民族文化，如作为韩国儒学象征的成均馆大学，其办校宗旨即儒家的"仁、义、礼、智"四端。这些研究机构经常召开儒学会议，开展各种儒学研究活动，出版相关学报、论文集等，对于推进儒学的研究和发展、打造崇儒的社会氛围起到积极的作用。另外，韩国至今还完整保存着很多散布于全国各处的"书院"、"书堂"、"书塾"，虽大多不复传统的教育功能，却都有传统文化教育基地的作用。敬学尚贤、尊师重教是儒家的精华思想之一，所谓"有教无类"、"得天下英才而教育之"。韩国教育事业的发展，与这种传统思想应该说不无关系，与退溪通过修建书院等方式讲学并立言垂教也不无关系，而教育事业对于国家发展的重要性是不言而喻的。退溪的教育活动和教育思想的重要性和价值，也越来越为现代学人所注意，如韩国洪瑀钦《李退溪之"三自精神"与21世纪之韩国家庭教育》一文分析了退溪的自学精神、自立精神、自主精神，认为这些精神对于制止物质万能与利己为主的家庭教育的怪异现象具有引导作用，以这些精神来制止这些怪异现象，来宣扬涵养人间本性而启发自学、自立、自主之子女教育，不仅是为实行天人合一之道，而且为讲究自己家庭的幸福与世界人类的繁荣之道。①

在经济活动方面，现代韩国强调和遵循儒家的义利观。儒家的义利观是对于经济活动与道德伦理之间的关系而言的，是一种价值判断。义者，"事之所宜也"，是伦理规范、道德原则；利者，"人之用"也，是物质利益。二者孰轻孰重，是义利观的核心所在。儒家从来强调重义轻利，如孔子赞颜回"贤哉，回也！一箪食，一瓢饮，在陋巷，人也不堪其忧，回也不改其乐"，即是强调只要义存于心，无论物质条件如何简陋，也能做到道德之乐。因此，孔子强调无论是富贵还是贫贱，都必须以"义"为准绳，如《论语·里仁》所云"君子喻于义，小人喻于利"以及"富与贵，是人之所欲也，不以其道得之，不处也；贫与贱，是人之所恶也，不以其道得之，不去也"。当二者出现矛盾时，董仲舒主张以义导利："正其义不谋其利"，"圣人之制民，使之有欲不得过节；使之敦朴不得无欲。无欲有欲，各得以足，而君道得矣。"当义利不能两全之时，儒家的选择是先义后利、舍利取义甚至舍生取义。儒家在这方面的强调，不可谓不丰，如孟子："鱼我所欲也，熊掌亦我所欲也；二者不可得兼，舍鱼而取熊掌者也。生亦我所欲也，义亦我所欲也，二者不可得兼，舍生而取义者也。生亦我所欲，所欲有甚于生者，故不为苟得也；死亦我所恶，所恶有甚于死者，故患有所不避也。"朱子："不谋利，不计功"，"必以仁义为先，而不以功利为急。"王夫之："生

① 参见中国孔子基金会编：《儒学与廿一世纪——纪念孔子诞辰2545周年暨国际儒学讨论会会议文集》，第825～830页。

以载义，生可贵；义以立生，生可舍。”

退溪的义利观是建立在他的人心人欲论之上的。

对于人心与人欲的关系，他认为，“人心者，人欲之本；人欲者，人心之流”[①]。人欲来自人心，由外界的物质诱惑而生，道心生于理，为善；人心生于形气，易受外界物欲的影响，易趋于恶和私。人心包含着人欲，人心与人欲的关系在于前者为后者之本而后者为前者之流，然二者并非二物，其界线只在几微之间。人必然有感性需求、自然欲望，这种需求欲望是人欲，如饥食、渴饮等事，即使是上智之人、圣人也不能避免，其中含着天理之正。天理与人欲既对立又统一。其对立之处在于二者的不相容，为两极；统一之处在于二者共存于饮食男女之事当中，而且人的情欲本身就是人性的一部分。生命之欲和道德之善共同存在于人生，是人的两个基本方面。故而，人欲并不是非要全部扼杀的，正当的欲望要得到正常的满足。过分的利己情欲或感情欲念须置于仁、义、礼、智、信的规范之中，受其引导并加以限制和克服。道心应支配人心，人心应服从于道心的正确引导，因为仁、义、礼、智、信反映的是人心的理性精神或道德理性。就情感而言，儒家所重视的是道德情感。道德情感发自道德本性，通过仁、义、礼、智、信的引导，最终达到仁的境界。在退溪看来，声利欲念最易使人迷失，只有励志于真知实践，正确引导才能不被负面欲望淹没，如不能硬着脊梁、站稳脚跟，则鲜有不堕落的。

与人心人欲观相似，退溪的义利观也是辩证的。他说：

> 盖利字之义，循其本而言，只是顺遂便益之名。君子之处事，以义未尝不顺遂便益，故曰“利者，义之和”，如云循天理则不求利而自无不利者是也。若以利为人欲，则天理中一毫着不得，何云“义之和”耶？大抵此利字、私字皆与寻常利、私字迥然不同，所指处虽异（形气之私，指知觉发用处言；义和之利，指操术谋为处言），而类似则相似（私是自家所有而已，非私欲也；犹利是顺遂便益而已，非利欲也）。[②]

正如将人欲分为私欲与正当之欲一样，退溪将利分为私利与正当之利（“顺遂便益之名”，“大抵此利字、私字皆与寻常利、私字迥然不同”）。利本身并不为害，“盖利虽在于义之和，毕竟与义相对为消长胜负者，非利之故然，人心使之然也。……说利字初非不好，缘被谋之之心便成不好了。”[③]正因为义利时有对立，此消彼长，因此，也如欲需要置于道德规范之下一样，利也要以义引导，如此自能“不求利而自无不利者是也”。

利的另一极是“义”。义的落脚点在于“人”。此谓“人”是一个特殊的概念，主

---

① 《答□侄问目》，《增补退溪全书》（二），第307页。

② 《重答黄仲举》，《增补退溪全书》（一），第480～481页。

③ 《答黄仲举论〈白鹿洞规集解〉》，《增补退溪全书》（一），第477页。

要是指具有血缘关系的“人”。儒家“亲亲”、“爱人”、“泛爱众”等对“人”的爱，是有差等的爱，在内涵上与西方所谓人的平等与博爱之爱是有差别的。与中国古代一样，韩国古代的社会结构也是家国一体化，毋宁称为“社稷”而非真正意义上的“国家”。家庭以及由家庭延伸出来的家族，是社稷的基本单元，是“国家”赖以建立的基础，因此先正家后可以正国。在这种宗法制社会结构中，儒家所提倡的人之爱是建立在血缘关系之上的，并由此向外延伸，由“父父、子子”推及“君君、臣臣”，由“家”推及“国”，“‘国’只不过是放大了的‘家’，‘君君、臣臣’只不过是放大了的‘父父、子子’……君王不仅是威严的统治者，而且是仁慈的父母官；百姓不仅是消极被动的奴隶，而且是积极参与的臣民。说穿了，君王是父，臣民是子；君王要像对待儿子一样对臣民负责，臣民要像对待父亲一样为君王效力”[①]。虽然不再是古代严格意义上的君王家长制度，但儒家君臣父子思想在当代韩国仍然无处不在。比如韩国财阀企业实行的是家族式管理，这种家族管理，在实际上形成了一种有等级的伦常秩序，这种秩序又进一步延伸到与政府的关系中，在整体上形成了以具有血缘关系的个人组成的家庭、家族为单位，以国家为中心的“家庭→家族→国家←家族←家庭”结构。这正是儒家君臣父子思想的体现，不过古代的“君”被巧妙地换成了“国家”、“政府”而已。血缘之爱成为黏合剂和向心力，把个体、家庭、家族、国家紧密地结合在一起，更有利于社会稳定、矛盾调和和民族凝聚。只有从这一角度，我们才能够理解为何在 1997 年金融危机中韩国民众自愿捐赠大量黄金、自愿购买国货，才能理解为何受到严重冲击和危害的韩国能够很快从那场危机中复苏过来。

总之，这样的义利观，对现代经济有着重要的引导作用。作为一种道德判断，它与经济运行并不违背，相反，它对于抵制物欲的膨胀并由此而产生的有违于经济运行的非法行为起着积极的作用。不是不取利，但须以义为准绳，所谓“君子爱财，取之有道”。这一点对于韩国经济的有序运行起着很大的作用。另外，“一箪食，一瓢饮，在陋巷”、“饭蔬食饮水，曲肱而枕之，乐亦在其中矣”、“食无求饱，居无求安”等生活方式对于我们提倡节俭的理财之道、避免了因过分耽于物质享受而轻于精神追求而导致人的异化具有借鉴作用。

二、泽流后学——圣贤气象与人文关怀

道积于一身而言垂于百代，功光乎先圣而泽流乎后学。

——《退溪先生言行通录》

① 陈炎：《多维视野中的儒家文化》，第 37 页。

席勒认为，在近代社会中，人的天性的和谐受到破坏，人性分裂、堕落而不再完美。他指出：

> 人永远被束缚在整体的一个孤零零的小碎片上，人自己也只好把自己造就成一个碎片。他耳朵里听到的永远只是他推动的那个齿轮发出的单调乏味的嘈杂声，他永远不能发展他本质的和谐。他不是把人性印在他的天性上，而是仅仅变成他的职业和他的专门知识的标志。即使有一些微末的残缺不全的断片把一个个部分联结到整体上，这些断片所领先的形式也不是自主地产生的（因为谁会相信一架精巧的和怕见阳光的钟表会有形式的自由？），而是由一个把人自由的审视力束缚得死死的公式无情地严格规定的。死的字母代表了活的知解力，训练有素的记忆力所起的指导作用比天才和感受所起的作用更为可靠。①

席勒的最高理想是健全的人性和优美的心灵，审美教育和艺术则是健全的人性和优美的心灵得以恢复和实现的桥梁。所谓“碎片”、“齿轮”等，直指当时社会中的人的异化。

马克思则指出：

> 异化劳动从人那里剥夺了他所生产的对象，从而也剥夺了他的类的生活、他的现实的、类的对象性，而把人对动物所具有的那种优点变成缺点，因为人被夺去了他的无机的身体即自然界。……总之，人从他的类的本质异化出去这一命题，说的是一个人从其他人异化出去，以及他们中的每个人都从人的本质异化出去。②

这种异化现象，自近代以来更为广泛地存在着。当代社会在近代的基础上更加破坏了古代社会人类与自然、个体与社会的固有和谐，进一步加大了二者之间的分裂和对峙。一方面，在宗教解体、道德失范的过程中，人变得更自由、更独立了，也变得更孤独、更无助了；另一方面，在知识经济、商品生产的过程中，自然变得更有用、更可塑了，也变得更疏远、更陌生了。从传统意义上讲，西方人的价值和意义主要来自于宗教，是上帝赋予的。但进入现代社会以后，基督教的信仰内容越来越受到人们的质疑。当尼采说出“上帝死了”那句惊世骇俗的话之后，西方人不仅获得了前所未有的精神解放，同时也陷入了前所未有的信仰危机。除了宗教信仰的缺失之外，还有哲学本体论的困境。就在传统宗教中的彼岸世界在科学技术的冲击下失去可靠依据的同时，传统哲学体系中预设的先验本体，如绝对精神、理念等等，在非理性思潮的冲击下，也陷入了前所未有的危机。当初，所谓本体、彼岸世界等虽

① ［德］席勒：《审美教育书简》，冯至、范大灿译，上海人民出版社2003年版，第48页。

② ［德］马克思：《1844年经济学－哲学手稿》，刘丕坤译，人民出版社1979年版，第51～52页。

然是既无法证实、也无法证伪的精神产品，却能在一定程度上给人以解释世界的理由并规定生命的意义；而现在，由于隔绝了本体、疏远了上帝，使人不再有固定的目标和可靠的希望，从而不知所措而倍感孤独。由于后现代哲学在一定程度上抛弃了旧形而上学的本质主义，人们不得不面对无中心、无秩序、无深度、无意义的多元世界，却找不到客观世界的本质属性和价值之源。在这种情况下，人们的情感体验也便没有了相对应的本质力量，甚至找不到控诉和发泄渠道，不像古代那样有着一个需要遵循的客观真理和值得坚持的主观意志，而是陷入一种进退维谷、哭笑不得的荒诞境地。

"上帝死了"预言了西方现代化与传统的断裂。上帝之死在现代化进程中带来了很多的问题和困境。科技虽然给人类带来极大便利，却也因战争杀戮、核弹等因素成为悬在人类头上的达摩克利斯之剑。历史发展到后现代，科技和机器对人在观念、行动、生活等领域产生了深远的影响，但却没有将人解救出来，反而造成、推动和刺激了人的功能化和物质化。对科技的过分依赖加剧了人性、道德、自由等价值观念的丧失，科技反过来控制人，使人变成了无家可归的流浪汉，缺少了归宿感和意义召唤。因此，当现代化冲破了宗教的樊篱，并在物质财富的创造上高奏凯歌之际，人们却突然发现自己失去了生活的意义。从传统到现代，人们从理性主体发展到非理性主体，进而成为丧失生活目标的"局外人"的过程，是从迷信某种确定意义，到怀疑某种确定意义，再到追求而又得不到任何确定意义的过程。主体不是不求深度、不求意义，而是求深度、求意义而不得，与其说是一种悲哀，不如说是一种无奈。现代化的进程最终带来了理想价值缺失、伦理道德沦丧、精神生活颓废等。

造成这种状况的原因，大致可归结于科技扼杀了信仰，法律取代了道德，多元淹没了价值理想。然而，科技是否应该取代信仰，法律是否应该取代道德，多元是否应该取代价值理想，本来就很值得怀疑，况且科技并不非常发达、法律并不十分完备、多元并不特别可信。中国与韩国在现代化进程中同样遭遇传统的断裂，何况中韩的现代化都是在西方文明的冲击下开始的，因此这种断裂更显吊诡，现代与传统的关系变得更加复杂。传统儒家思想在现代韩国仍然具有方方面面的影响，但在现代化的过程中，理想价值缺失、伦理道德沦丧、精神生活颓废仍然是无法避免的问题。

韩国釜山区域经济发展研究院院长金日坤《东아시아의经济发展 및儒家文化》（《东亚的经济发展与儒家文化》）一文认为，时下韩国价值观分裂、社会秩序相当混乱，为了社会统合，应该实现儒教伦理的现代复苏；如今来看儒家文化的经济伦理，生活上的勤勉、消费上的俭朴和节约、政治上对民生的重视等，是经济发展的必须要素；儒教所重视和强调的安贫乐道、富而不骄、为官清廉等精神，都是当今应该拯救的德目；就家庭而言，应谋求子女本位、教育重视、福祉的家庭内部化；就企业而言，与职工、与社会应处以家族、家庭的关系；就政府而言，应开展公共利益、国益优

先、民生本位的政策;如果没有精神文化底蕴,社会就会变得荒芜,因而需要复苏传统的儒教文化,节制欲望、广泛普及东道西器的价值观:

> 이제 儒家文化의 经济伦理생 각해본 다면① 生活에서의 勤勉 ② 消费에서의 俭素,节约 ③ 政治에서의 民生重视 등이 있는데 이것은 经济发展의 必须要素인 것이다. 그러면서도 儒教에 서 는 精神主义를 강조하여 ① 安贫乐道(이것은 각자가 분수를 지키는 安分乐道고 치는것 이좋 을듯)② 富而不骄 ③ 公职者의 清贫 등을 重要视하고 있다. 이것도 오늘에 살려야 할 德目일 것이다.
>
> 우리 다라는 오늘닐 价值观이 分裂되고 社会秩序가 대단히 어지럽다. 따라서 우리 社会를 统合하기 위해서는 儒教伦理가 现代的으로 되살아다야할 것이다.
>
> 家庭에서는 子女本位, 教育重视, 福祉의 家庭内部化를 꾀하고, 企业에서는 종업원을 家族처럽, 社会를 내집처럼 여겨야 하며, 政府에서는 公共利益, 国益优先, 民生本位의 政策을 펴나가야 할 것이다.
>
> 经济가 发展하면 사람들이 잘 살게 되지만, 거기에 精神文化의 뒷받침이 없으면, 社会가 荒废化될 수 있다. 따라서 우리는 앞으로 传统的인 儒教文化를 오늘에 살리면서 欲望을 节制하여 东道西器의 价值观을 널리 定着시켜 다갈 必要가 있을 것이다.[①]

从历史上看,儒家关注的中心是人,是如何成己进而成人。孔子讲:"己欲立而立人,己欲达而达人。"(《论语·雍也》)"兴于诗,立于礼,成于乐。"(《论语·泰伯》)《中庸》讲:"唯天下之至诚,为能尽其性;能尽其性,则能尽人之性;能尽人之性,则能尽物之性;能尽物之性,则可以赞天地之化育;可以赞天地之化育,则可以与天地参矣。"孟子讲:"无恻隐之心,非人也;无羞恶之心,非人也;无辞让之心,非人也;无是非之心,非人也。"(《孟子·公孙丑上》)就退溪而言,人生的终极关怀和为己之学联系在一起的,儒家的为己之学在于完善自我,自我成圣,成就理想人格,达到理想的人生境界。只有充实自身才是真正的快乐:"虽然名之偶合于家与州者,天也;乐之实得于己以及人者,人也。君子不以得于天而偶合者为幸,而必以实得于己以及人者为贵。"[②]为己之学的实质正是在于"实得于己以及人",并由此而达"乐"之境界。鉴于当时的困境,即在当时无人以继圣王、古代正道无以振作的情况下,在专事科举而取利禄的陋习、人心溃败而无法挽回的现实中,退溪的选择是,通过自身的习熟圣学并乐于圣学,在山岩薮泽之中,教习讲道以简明圣学,成己而成人。因此,退溪后学对退溪的历史地位和作用给予了很高的评价:"其纯粹之资,精诣之

---

① [韩]金日坤:《东아시아의经济发展및儒家文化》,《退溪学论丛》第3辑,退溪学釜山研究院1997年版,第5～6页。

② 《书周景游〈题金季珍诗贴〉后》,《增补退溪全书》(二),第372页。

见，弘毅之守，高明之学，道积于一身而言垂于百代，功光乎先圣而泽流乎后学，则求之东方，一人而已。”①其借鉴意义，可以从以下几方面见出：

其一，如前所述，格物穷理实质上就是对价值理想、对价值源泉的探究，目的是以之指导问学修业并转化为人的自觉意识进而实现人生价值和意义，使人成圣，成为具有圣贤气象的人。没有价值理想就会失去目标、迷失方向，陷入荒诞的境地。特别是在转型时期物质财富迅速增长的情况下，如果没有价值理想的引导，就会盛行拜金主义等不良风气而产生诸多社会问题。现代社会出现的诸多恶劣事件所折射的，正是价值理想的缺失和伦理道德的沦丧。美学固然不能直接消除这类具体事件，但它具有浓厚的人文关怀色彩，关心的是人文素质，能够从本源上提高人文素养，树立正确的人生价值和意义。退溪美学圣贤气象思想中的人文关怀、重义轻利等思想和实际行动，对于当今社会确立正确的价值理想、防止人的异化、培养人文素质进而建设高尚理想的精神家园具有借鉴作用。

其二，退溪以民为本，同时在官场中一直保持着独立的人格，为政时，提出经邦治国的施政纲领，实行救时行道的具体举措，对腐败的痛心疾首、直言披露，爱民以正，清正廉洁，不谋私利。其圣贤气象思想和实际行动所表现出来的忧患精神和责任感、使命感，作为一种社会群体意识和价值，对于当今培养独立人格、解决当今的社会腐败等具有借鉴作用。

其三，退溪美学鲜明的美育品格，对于人文素质的培养具有借鉴作用。退溪强调文艺要显出圣贤气象，文品体现人格，强调人与自然和谐相处的自然生态观，以及提倡和践履具有圣贤气象的洒落胸襟，对于当今人文素质的培养、人与自然的和谐相处关系等具有借鉴作用。

现代化并不意味着与传统的彻底决裂，一方面，历史具有承继性，与传统完全割裂的社会是不存在的；另一方面，当代社会发生了天翻地覆的变化，与古代已然大不相同。因此，对于古代思想应辩证看待。儒家提倡的诸如诚、廉、俭、孝等优秀品格，至今仍不过时，对于人格教化仍具有积极的意义。古代的美学思想，是历史，是过去，同时也属于现在，属于未来。退溪探究价值本源、重视道德人格、提倡人格美育、追求圣贤气象的美学思想及其躬行践履，在当下物质文明与精神文明失衡的境况下，对于确立价值理想、完备人格培养、抵制荒诞境况、防止人的异化、协调人与环境的关系等方面，都具有极好的借鉴意义。

① 《退溪先生言行通录》卷一，《增补退溪全书》(四)，第 20 页。

结语

美乐与共　忧乐相参

退溪不但是朝鲜半岛的文化和精神代表，在儒家体系中也有着重要的地位。退溪宗朱、崇朱，处处以之为楷模典范，终其一生研习和提倡朱子学，使性理学在朝鲜半岛得到广泛传播、走向兴盛并成为显学。除了继承，也有发扬。探究价值本源、心性人性等基本问题，把躬行践履作为最根本的方法等等，形成了退溪人生哲学和美学的基本特色。建立在忧患意识之上的社会责任感和使命感，与以退为义的精神及内心超越的洒落情怀并行不悖，不仅为当时朝鲜社会困境如士林境遇诸问题提供了解决办法，同时对后世产生了深远影响。总此则可概括为退溪对道德自律基础上的圣贤气象的努力追求以及这一追求的实际达成。

在西方，在一定的时期内，许多哲学家在其哲学体系中预设一个先验的、绝对的本体，如上帝、自由和灵魂不死，无条件地视之为哲学追求的最高目标，认为用理性的方法即可发现宇宙的真谛，人的理性是全能的、可靠的，拥有通向这些本体的绝对能力。这种绝对主义的形而上学思想，康德称之为“独断论”。在康德看来，独断论是一种“要依照理性早已运用的原则、单从概念（哲学概念）中来推进某种纯粹知识而从不调查理性达到这些知识的方式和权利的僭妄”，所以它是“纯粹理性没有预先批判它自己的能力的独断处理方式”①。在朱熹的理学体系中，作为本体的“理”是形而上的主宰、天地万物的总则，表现并植根于亲子血缘关系的道德彝伦。

① ［德］康德著，杨祖陶校：《纯粹理性批判·序》（第二版），邓晓芒译，人民出版社 2004 年版，第 25 页。

退溪沿着朱熹的足迹，以理为本，认为“理”的无情意、无造作的特性是理的本然之体，同时其能发能生、随寓发见而无不到的特性是其至神之用，不能浑沦地认其为死物。理本身是一而二、二而一的，这是一分为二、二合为一的方法。然而，从独断论这一角度来看，无论是朱熹还是退溪的“理”，都只不过是一种预设、一种理想，而且具有把儒学宗教化之嫌，故而它也是一种“独断处理方式”，是一个既无法证实也无法证伪的精神产品。

不过，这种“独断处理方式”却不一定是负面的。就价值理想而言，法国存在主义哲学家加缪说：

> 究竟哪种难以估算的情感剥夺了精神赖以生存的睡眠呢？一个哪怕是能用邪理解释的世界也不失为一个亲切的世界。但相反，在被突然剥夺了幻想和光明的世界中，人感到自己是局外人。这种放逐是无可挽回的，因为对失去故土的怀念和对天国乐土的期望被剥夺了。这种人与其生活的离异、演员与其背景的离异，正是荒诞感。①

一旦失去主观意志和愿望，失去价值目标的追求，就会陷入荒诞境地，成为对一切都漠然置之的“局外人”。失去了生活的价值之后，整个世界又有什么意义呢？理学对于价值理想的树立，特别是对于与美学有极大关联的圣贤气象的树立，无不具有人文关怀的价值意义。

理学的集大成者朱熹建立了一套思辨的哲学体系，包括本体义、知觉义和工夫义。本体义论理气，知觉义论心性，工夫义论知行，天人关系则形成了人生境界的思想，是由此三义经由“下学上达”所达到的圣贤气象般的人生境界和终极价值关系。退溪继承了朱熹思辨的思维方式，发展了其中的辩证因素并具体运用于其“四端七情说”，使理气性情关系更加完善。日本学者高桥进指出：“李退溪运用其以敬为中心的世界观、人生观乃至实践的道德论，扬弃了宋学特别是朱子学烦琐的思辨哲学而集其大成。”②与朱熹相较，退溪更注重人生的践履，由践履体得圣贤气象从而实现价值关怀，就此而言，他既是朱子学的实践者，也是朱子学的发扬者。

理学家思辨的思维方式对中国（儒家）美学不能不说起了很大的推动作用，“就哲学的理论形态而言，理学是中国传统哲学中最为精致化、思辨化的形态与体系，这一特色自然也表现在理学美学上。由于理学家是从哲学的眼光看人生中的审美问题，因此，其见解比一般艺术家更富于理论思辨的色彩”③。一方面，审美活动和艺术创作属于情感化、形象化的领域；另一方面，从本质上讲，美学是精神哲学、情感哲学，需要对感性的对象作理性的反思。故而，形而上的追求与感性的美的追求

---

① 柳鸣九主编：《加缪全集·散文卷Ⅰ》，上海译文出版社 2010 年版，第 79 页。

② ［日］高桥进：《李退溪和主敬哲学》，第 18 页。

③ 潘立勇：《朱子理学美学》，第 39 页。

不但是不矛盾的，而且应该是和谐统一的。如果说，朱熹对中国美学思辨性的加强起了很大的作用，那么在朝鲜李朝，退溪（对朱子学的继承和发挥）加强了在美的追寻中对理性本体的探求，在理气关系上发展和完善了儒家性理学，与之相应发展和完善了儒学美学的体用关系论，同时又更加注重并落实于现实人生。退溪把性理学的焦点集中于“敬”字，同时也使之成为其美学思想中的重要范畴。退溪以敬为中心，以践履为桥梁，将“下学上达”落于实处，并自然而然地表现在其美学思想上；以敬的心法为基础，形成无欲自得、清明高远的心灵修养和审美心境，在天人合一的框架之内，从道德和非伦理道德或曰超伦理道德两个方面将兴趣超妙、从容洒落的人格境界和圣贤气象落于实处。概而言之，退溪美学在特征上是以基于天人合一的理气性情论为哲学基础，以情感为逻辑起点，以忧乐的纠缠为运行方式，以精神超越的“乐”为最高范畴和逻辑终点，以感性身心的亲切体认、优游涵泳的日用践履为基本体验方法的美学；在本质上是本于庄敬涵养而以感性身心的亲切体认、优游涵泳的日用践履来探求和体悟“乐”的洒落人生境界的、基于“人生一宇宙”论的生命体验美学。

比如自然美，一方面具有山水比德的儒家传统思想，以梅、庭草等自然物为意象，状化育流行从而得仁智之乐，达到仁智气象；另一方面又从窗前草与“自家意思一般”过渡到超伦理道德的自然之乐。在文艺方面，退溪一方面以之为末技，另一方面又肯定文艺的功能和作用，肯定文艺对于人格美和人格境界的形成的作用，并强调情志在文艺中的地位和作用。这些特点同时又体现在他对异端，包括佛、道两家以及陈白沙、王阳明等人的批判中。理学本来就是宋儒在部分吸收和融合了佛道思想的产物，比如朱熹的思想多有援佛、道入儒的成分。退溪虽然没有直接受到佛道思想的影响，他的思想在宗于朱熹的同时不可能不含有佛道的成分，其理学家的身体里部分地流淌着佛道的血液，如他在批评庄子“坐忘”为以心观心的寂灭空见的同时，却又极为欣赏他“知鱼之乐”的物我两冥的审美境界。在这一矛盾结合体中，他既是动机论者又是体验论者。二者的结合或者说从前者向后者的过渡，体现在他对“乐”的几种态度中。其一，颜子不改其乐，求其所以到此地位，乃是从事于博文约礼而胸中自有所乐。孔颜之乐，在这一层含义上，乃是求圣贤旨意与吾身心性情吻合无疑。与道合一，带有浓厚的道德色彩，是德美合一之乐。其二，人格山水比德，道德之美寄寓于自然之美，自然之美包含着道德之美，自然山水如“沂水”、“芦峰”有助于激发胸中的仁、智。贤者不逐名利而追求山林之乐，追求发于沂水之上的与点之欢、咏于芦峰之颠的卒岁之愿。其三，山林之乐与悦道义、颐心性无关，只求无世俗之营营者而入我之灵台。如果说，动机论在哲学层面上与伦理道德相关涉，要求达到“仁”（善），那么体验论更接近于美学，要求达到“乐”（美）的境界。就“乐”的境界而言，一方面，退溪寄寓道德于审美，借助于美的功能，追求道德审美境界之乐——这是动机论的一种表现，是理学的内核，即状天理之化育流行，与朱熹所说的“胸次悠然，直与天地万物上下同流，各得其所之妙，隐然自见于言外”大致同意。另一方面又跳出了理学家们的一贯思路，更愿意把山林看作纯粹的审美对象，把山林之乐作为纯粹的审美，抛开一切事功心理，使心灵如明镜止水，至虚至静。应该说，这种审美体验，暗含着退溪极力排斥的“异端”成分。

退溪的美学思想，也体现在他进退人生之中，换言之，其进退之义是其美学理想在现实人生中的具体体现和运用。儒家历来强调以天下为己任的责任观，所谓“达则兼济天下”；在社会动荡、发生严重政治斗争和倾轧而个人境遇不得意的时代，则有“穷则独善其身”的补充。因而在儒者身上经常出现既关心政治又不得不远离仕途的双重矛盾。在某种意义上，如果仕途官宦生涯妨碍了个人的为己之学和成圣之道，弃外而就内则成为一种最可能的选择。退溪在政治上作过不少努力和贡献，然而，当时的环境使其无法在这一方面有更大的发展，处理不当还会妨碍了内圣的修为。与其临渊羡鱼，不如退而结网。从事外王一端，已无法达到从容洒落的气象；偏向内圣一域，方能“庭草一般，万物自得。小堂终日，乐亦无穷”。

> 或曰，君子有终身之忧；又曰，忧以天下；又曰，莫知我忧；又曰，先天下之忧而忧。此义又是如何？曰：圣贤忧乐二字，并行不悖。故魏鹤山诗云：“须知陋巷忧中乐，又识耕莘乐处忧。”古之诗人有识见者，如陶彭泽、杜少陵，亦皆有忧乐。如采菊东篱，挥杯劝影，乐矣，而有平陆成江之忧；步屟春风，泥饮田父，乐矣，而有眉攒万国之忧。盖惟贤者而后有真忧，亦惟贤者而后有真乐。乐不以忧而废，忧亦不以乐而忘。

罗大经《鹤林玉露·忧乐》这一段话所举之例，有陶渊明“采菊东篱下，悠然见南山”（《饮酒》）、“欲言无予和，挥杯劝孤影”（《杂诗》）、“八表同昏，平陆成江”（《停云》）之忧乐，有杜甫“步屟随春风，村村自花柳。田翁逼社日，邀我尝春酒”（《遭田父泥饮美严中丞》）、黄庭坚评杜甫“中原未得平安报，醉里眉攒万国愁”（《题浣花醉归图》）之忧乐。凡此种种，乃是忧中有乐，乐中有忧，忧乐并行不悖。以此观之，退溪之“忧”，忧在社会政治、国计民生；退溪之“乐”，乐在无欲自得、从容洒落。正因为忧的是社会政治、国计民生，所以个人的无欲自得、从容洒落之乐普于全民之乐方为真乐，故其《洛社独乐》诗云：“五亩荒园四海春，浇花剖竹总经纶。可知此乐能兼济，终转乾坤乐及民。”从“五亩荒园”、“浇花剖竹”之个人田园之乐到“兼济”而“乐及民”，即为由忧而乐的转化，也正是退溪进退思想的题中应有之义。然而在内圣与外王的取舍上，由于个人性格和经历以及社会环境等因素的影响，退溪更倾向于向内的个体人格修养，强调气节之乐，故而他高度赞扬前朝李资玄，说他虽然求富贵取高位如同拾地上草一般简单，但却拒绝荣华、远离显位，无拘无束地从浊秽的环境之中脱身而出，如鸿雁一样超脱于万物之表，即使用卑逊的言辞、庄重的礼节来请出也不能使他的气节屈服，无数的车马粮草也不能够使他的心动摇，从声利之场、富贵荣华中脱身而出，不怨不悔而始终不变。如果不是胸中有所乐，岂能安之若泰？这不仅仅为其思想之记录，亦为其行动之实际。退溪羡慕和高度赞扬这种气节和修为，实为借他人酒杯浇自己块垒，退溪自己的愿望正是"乞身避位，抱负《坟》、《典》而来投于故山之中"①。从美学的角度来看，惟"乞身避位，抱负《坟》、《典》"，方能达成内圣之学，成就个人人格修养在实践和理论上的完成；惟"投身于故山之中"，真切实际地对山听泉，方能境与意会，真正体悟天人合一之妙。

总之，退溪本身就是一个矛盾结合体，集忧与乐、进与退的矛盾于一身，恰如其诗《十八日风雨感怀》云："不觉吾心两用难，情悬北阙与南山。客中谩恨风和雨，病里深忧热共寒。官阁吟梅方属杜，水云咏雁又同韩。渠渠厦屋非干事，一芥千钟贵所安。"退溪之忧，是作为士人关心国事、关心内圣之学向外延伸的政治与社会效用的心理表现；退溪之乐，是现代术语"美"的代名，是通向善（理）的桥梁，它既是学理概念，更是人生境界。退溪进退受辞的人生实践，是在忧与乐二者的纠缠中完成的。总括退溪一生：美乐与共，忧乐相参；有进有退，有乐有忧；进而有则，退以为义；忧怀朝野，乐叹孔颜。退溪进退思想中，内圣与外王之间的紧张关系之所以没有对他造成太大的心理压力，忧乐的美学思想在其中不能不说起到了很大的调节作用。以美学思想引导人生实践，忧乐进退的二难矛盾得到缓和甚至最终得到解决，达成儒者心目中的完满人生。退溪自撰铭文，自谦、自省、自明，从中可见其心路历程和审美人生：

生而大痴，壮而多疾。
中何嗜学？晚何叨爵？
学求犹邈，爵辞愈婴。
进行之跲，退藏之贞。
深惭国恩，亶畏圣言。
有山嶷嶷，有水源源。
婆娑初服，脱略众讪。
我怀伊阻，我佩谁玩？
我思古人，实获我心。
宁知来世，不获今兮！
忧中有乐，乐中有忧。
乘化归尽，复何求兮！

① 《与曹楗仲》，《增补退溪全书》(一)，第282页。

主要参考文献

一、退溪原著

1. 成均馆大学校大东文化研究院编:《增补退溪全书》,景仁文化社 1971 年版。

2. 退溪学研究院编:《陶山全书》,《退溪学丛书》第Ⅱ部,高丽书籍株式会社 1988 年版。

3. 退溪学研究院编:《退溪全书》(退溪学译注丛书),骊江出版社 1991 年版。

4. 贾顺先主编:《退溪全书今注今译》,四川大学出版社 1991～1996 年版。

5. 张立文主编:《退溪书节要》,中国人民大学出版社 1989 年版。

二、相关著作

1. [韩]安炳周等:《退溪李滉的哲学思想》,国际退溪学会 2000 年版。

2. 卞孝萱、徐雁平编:《书院与文化传承》,中华书局 2009 年版。

3. 北京大学哲学系美学教研室编:《西方美学家论美和美感》,商务印书馆 1980 年版。

4. [韩]崔根德:《韩国儒学思想研究》,学苑出版社 1998 年版。

5. [韩]崔英辰:《韩国儒学思想研究》,邢丽菊译,东方出版社 2008 年版。

6. 陈献章:《陈献章集》,中华书局 1987 年版。

7. 程颢、程颐:《二程集》,中华书局 1981 年版。

8. 陈登原:《中国文化史》,世界书局 1937 年版。
9. 陈炎:《多维视野中的儒家文化》,山东教育出版社 2006 年版。
10. 陈炎:《文明与文化》,山东大学出版社 2006 年版。
11. 陈炎主编:《美学》,高等教育出版社 2013 年版。
12. [日]池田大作、[英]汤因比:《展望 21 世纪:汤因比与池田大作对话录》,荀春生等译,国际文化出版公司 1997 年版。
13. 方东美:《新儒家哲学十八讲》,中华书局 2012 年版。
14. [韩]丁淳睦:《그는 누구인가·退溪评传》,知识产业社 1987 年版。
15. 杜道明:《中国古代审美文化考论》,学苑出版社 2003 年版。
16. 邓洪波:《中国书院史》,东方出版中心 2004 年版。
17. 冯友兰:《贞元六书》,华东师范大学出版社 1996 年版。
18. 方克立主编:《中国哲学大辞典》,中国社会科学出版社 1994 年版。
19. 封孝伦:《人类生命系统中的美学》,安徽教育出版社 1999 年版。
20. [奥]弗洛伊德:《自我与本我》,林尘、张唤民、陈伟奇译,上海译文出版社 2011 年版。
21. 郭学信:《宋代士大夫文化品格与心态》,天津人民出版社 1997 年版。
22. [韩]高丽大学校民族文化研究所编:《韩国民俗大观》,高大民族文化研究所出版部 1980 年版。
23. [日]高桥进:《李退溪和主敬哲学》,王根生等译,延边人民出版社 1991 年版。
24. 高令印:《李退溪与东方文化》,厦门大学出版社 2002 年版。
25. 黄宗羲:《宋元学案》,清道光刻本。
26. 何怀宏:《良心论——传统良知的社会转化》,上海三联书店 1994 年版。
27. 胡经之主编:《西方文艺理论名著教程》(第二版),北京大学出版社 2003 年版。
28. 黄霖:《文心雕龙汇评》,上海古籍出版社 2005 年版。
29. 黄侃著,吴方点校:《文心雕龙札记》,中国人民大学出版社 2004 年版。
30. [日]合山究选编,陈西中、张明高注释:《明清文人清言集》,中国广播电视出版社 1991 年版。
31. 贾顺先:《儒学与世界》,四川大学出版社 2006 年版。
32. [德]康德著,杨祖陶校:《纯粹理性批判》,邓晓芒译,人民出版社 2004 年版。
33. [德]康德著,杨祖陶校:《判断力批判》,邓晓芒译,人民出版社 2002 年版。
34. [韩]李家源:《韩国汉文学史》,赵季、刘畅译,凤凰出版社 2012 年版。

35. 李泽厚:《论语今读》,天津社会科学院出版社 2007 年版。

36. 李泽厚:《美学三书》,安徽文艺出版社 1999 年版。

37. 李泽厚:《中国思想史论》,安徽文艺出版社 1999 年版。

38. 黎启全:《美是自由生命的表现》,广西师范大学出版社 1999 年版。

39. 李煌明:《宋明理学中的"孔颜之乐"问题》,云南人民出版社 2006 年版。

40. 柳鸣九主编:《加缪全集》,上海译文出版社 2010 年版。

41. [日]铃木大拙、[美]弗洛姆、德马蒂诺著,褚平校:《禅宗与精神分析》,洪修平译,辽宁教育出版社 1988 年版。

42. 牟宗三:《心体与性体》,吉林出版集团 2003 年版。

43. 蒙培元:《理学范畴系统》,人民出版社 1989 年版。

44. [德]马克思:《1844 年经济学—哲学手稿》,刘丕坤译,人民出版社 1979 年版。

45. 宁稼雨:《魏晋风度——中古文人生活行为的文化意蕴》,东方出版社 1992 年版。

46. 南怀瑾:《老子他说》,复旦大学出版社 2002 年版。

47. 潘立勇:《朱子理学美学》,东方出版社 1999 年版。

48. 潘立勇:《一体万化:阳明心学的美学智慧》,北京大学出版社 2010 年版。

49. 樊美筠:《中国传统美学的当代阐释》,北京大学出版社 2006 年版。

50. 钱穆:《中国学术思想史论丛》,九州出版社 2011 年版。

51. 钱钟书:《谈艺录》,中华书局 1984 年版。

52. 钱钟书:《七缀集》,上海古籍出版社 1985 年版。

53. 台湾师范大学退溪学会编:《近世儒学与退溪学国际会议(第四届)论文集》,学海出版社 1979 年版。

54. 唐君毅:《中国文化之精神价值》,江苏教育出版社 2006 年版。

55. 王甦:《退溪学论集》,台北文史哲出版社 1992 年版。

56. 王国维著,周锡山编校:《王国维集》,中国社会科学出版社 2008 年版。

57. 谢宝森:《李退溪与朝鲜朱子学》,团结出版社 1992 年版。

58. 徐远和主编:《儒家思想与东亚社会发展模式》,广西人民出版社 2002 年版。

59. 萧涤非:《杜甫诗选注》,人民文学出版社 1998 年版。

60. [德]席勒:《审美教育书简》,冯至、范大灿译,上海人民出版社 2003 年版。

61. 余英时:《朱熹的历史世界》,三联书店 2004 年版。

62. 郑燮:《板桥集》,清清晖书屋刻本。

63. [韩]郑飞石:《退溪小传》,丁范镇、陈祝三译,台湾师范大学、退溪学研究会 1979 年版。

64. 中国人民大学、国际退溪学会编:《退溪学在儒学中的地位——第十一届退溪学国际学术会议论文集》,中国人民大学出版社 1993 年版。

65. 中国孔子基金会编:《儒学与廿一世纪——纪念孔子诞辰 2545 周年暨国际儒学讨论会会议文集》,华夏出版社 1995 年版。

66. 张立文:《李退溪思想研究》,东方出版社 1997 年版。

67. 张立文、李甦平:《中外儒学比较研究》,东方出版社 1998 年版。

68. 朱仁夫等:《儒学国际传播》,中国社会科学出版社 2004 年版。

69. 周月琴:《退溪哲学思想研究》,杭州出版社 1997 年版。

70. 朱光潜:《谈美》,北京大学出版社 2008 年版。

71. 宗白华:《美学散步》,上海人民出版社 1981 年版。

72. 张世英:《进入澄明之境——哲学的新方向》,商务印书馆 1999 年版。

73. 张世英:《哲学导论》,北京大学出版社 2002 年版。

74. 张岱年:《中国哲学大纲》,江苏教育出版社 2005 年版。

75. 张毅:《儒家文艺美学——从原始儒家到现代新儒家》,南开大学出版社 2004 年版。

76. 赵士林:《心学与美学》,中国社会科学出版社 1992 年版。

77. 周振甫:《陶渊明和他的诗赋》,江苏教育出版社 2006 年版。

三、期刊论丛

1. [韩]《退溪学报》,退溪学研究院发行。
2. [韩]《退溪学论丛》,退溪学釜山研究院发行。
3. [韩]《退溪学과 韩国文化》,庆北大学校退溪研究所发行。
4. [韩]《동양예술》(《东洋艺术》),韩国东洋艺术学会发行。